中国气象灾害年鉴

(2003)

中国气象局

气象出版社
China Meteorological Press

内 容 简 介

　　本年鉴是中国气象局主要业务产品之一。全书共分为6章,第1章重点描述并分析了2002年重大气象灾害;第2章按灾种分析年内对我国国民经济产生较大影响的干旱、暴雨洪涝、台风、局地强对流、沙尘暴、低温冷冻害和雪灾、雾、雷电、高温热浪、酸雨、农业气象灾害、森林草原火灾、病虫害等发生特点、重大事例,并对其影响进行了评估;第3、4章分别从月和省(区、市)的角度概述了气象灾害的发生情况;第5章分析了2002年全球气候特征和重大气象灾害;第6章介绍了2002年中国气象防灾减灾重大事例。本年鉴附录给出气象灾害灾情统计资料和月、季、年气候特征分布以及港澳台地区的部分气象灾情。本书比较全面地总结分析了2002年我国气象灾害特点及其影响,可供从事气象、农业、水文、国土、矿业、地质、地理、生态、环境、保险、人文、经济、社会其他行业以及灾害风险评估管理等方面的业务、科研、教学和管理决策人员参考。

图书在版编目(CIP)数据

中国气象灾害年鉴. 2003 / 中国气象局编著. -- 北京 : 气象出版社, 2023.11
ISBN 978-7-5029-8057-3

Ⅰ. ①中… Ⅱ. ①中… Ⅲ. ①气象灾害－中国－2003－年鉴 Ⅳ. ①P429-54

中国国家版本馆CIP数据核字(2023)第191305号

中国气象灾害年鉴(2003)
Zhongguo Qixiang Zaihai Nianjian(2003)

出版发行:气象出版社			
地　　址:北京市海淀区中关村南大街46号		邮政编码:100081	
电　　话:010-68407112(总编室)　010-68408042(发行部)			
网　　址:http://www.qxcbs.com		E-mail:　qxcbs@cma.gov.cn	
责任编辑:张　斌		终　　审:王存忠	
责任校对:张硕杰		责任技编:赵相宁	
封面设计:王　伟			
印　　刷:北京地大彩印有限公司			
开　　本:889 mm×1194 mm　1/16		印　　张:12.5	
字　　数:400 千字			
版　　次:2023年11月第1版		印　　次:2023年11月第1次印刷	
定　　价:200.00 元			

本书如存在文字不清、漏印以及缺页、倒页、脱页等,请与本社发行部联系调换

中国气象灾害年鉴(2003)

编审委员会

主　任：张祖强

委　员（以姓氏拼音字母为序）：

巢清尘　方　翔　贾小龙　金荣花　李　建　李良序　李维京
梁　丰　刘传正　潘家华　王劲松　王亚伟　肖　潺　肖文名
袁　艺　张云霞

科学顾问：丁一汇

编辑部

主　编：巢清尘

副主编：叶殿秀　尹宜舟　廖要明

编写人员（以姓氏拼音字母为序）：

安月改　白素琴　蔡雯悦　陈　茜　陈鲜艳　戴　娟　邸瑞琦
格　桑　段居琦　高　歌　高学群　郭安红　贺芳芳　侯　青
侯　威　胡菊芳　黄大鹏　孔凡超　李　超　李荣庆　李晓燕
李亚滨　李艳兰　李艳春　李　莹　廖要明　刘　诚　刘　栋
刘绿柳　刘婷婷　吕伟涛　毛以伟　邱明宇　史瑞琴　孙　霞
汤　洁　王纯枝　王大勇　王　娜　王鹏飞　王希娟　王　兴
王业宏　王永光　王有民　吴利红　伍俊艺　肖　卉　谢　萍
邢开瑜　徐良炎　许红梅　杨海鹰　杨艳娟　叶殿秀　尹宜舟
于俊伟　张存杰　张建忠　张　青　张文娟　张永恒　赵长海
赵珊珊　郑　璟　钟海玲　周德丽　周小兴　周美丽　邹　燕
朱晓金

序　言

　　气象灾害是指由气象原因直接或间接引起的,给人类和社会经济造成损失的灾害现象。20世纪90年代以来,在全球变暖背景下,气象灾害呈明显上升趋势,对经济社会发展的影响日益加剧,给国家安全、经济社会、生态环境以及人类健康带来了严重威胁。随着我国社会经济发展进程的加快,气象灾害的风险越来越大,影响范围也越来越广。因此,必须把加强防灾减灾作为重要的战略任务,不断提高气象服务水平、完善服务手段,加强气象灾害的监测、分析、预警能力和水平,为我国经济社会可持续发展提供科技支撑。

　　气象灾害信息是气象服务的重要组成部分,也是气象灾害预测与评估的基础资料。中国气象局立足于经济社会发展,为满足提高防灾抗灾能力、保护人民生命财产安全和构建和谐社会的需求,由国家气候中心、国家气象中心、中国气象科学研究院、国家卫星气象中心以及各省(自治区、直辖市)气象局共同编撰出版《中国气象灾害年鉴》。《中国气象灾害年鉴》为研究自然灾害的演变规律、时空分布特征和致灾机理等提供了宝贵的基础信息,为开展灾害风险综合评估、科学预测和预防气象灾害提供了有价值的参考。

　　2002年,中国受干旱影响范围广,区域性、阶段性干旱明显;未出现大范围或持续的暴雨天气过程,但南方汛期降水量偏多,部分地区遭受暴雨洪涝或局地山洪、泥石流、滑坡等灾害,一些地区重复受灾。登陆我国热带气旋个数稍少于常年,造成的损失轻于常年。沙尘天气出现时段集中、影响范围广,强度偏强。冰雹、龙卷等强对流天气出现早、次数多,损失重于常年。多次出现低温连阴雨寡照天气,局地遭受雪灾或冻害。2002年

全国因气象灾害及其次生、衍生灾害导致受灾人口近 3.9 亿人次,死亡 2684 人,农作物受灾面积 4711.9 万公顷,绝收面积 656.1 万公顷,直接经济损失 1717.8 亿元。总体来看,2002 年气象灾害直接经济损失与 1990—2001 年的平均水平接近,属于气象灾害正常年份。

《中国气象灾害年鉴(2003)》系统收集、整理和分析了 2002 年我国所发生的干旱、暴雨洪涝、台风、冰雹和龙卷、沙尘暴、低温冷冻害和雪灾等主要气象灾害及其对国民经济和社会发展的影响,还收录了港澳台地区的部分气象灾情及全球重大气象灾害;给出了全年主要气象灾害灾情图表、主要气象要素和天气现象特征分布图。希望通过本年鉴对 2002 年气象灾害的总结分析,能为有关部门加强防灾减灾工作和减少气象灾害损失提供帮助。

国家气候中心主任

编写说明

一、资料来源

本年鉴气象资料和灾情数据来自我国各级气象部门的气象观测整编资料、天气气候情报分析、气象灾情报告、气候影响评估报告以及民政部、水利部、农业部、国土资源部、国家统计局等有关部门提供的数据。本年鉴所有统计数据截至 2002 年 12 月 31 日。

二、气象灾害收录标准

1. 干旱

干旱指因一段时间内少雨或无雨，降水量较常年同期明显偏少而致灾的一种气象灾害。干旱影响到自然环境和人类社会经济活动的各个方面。干旱导致土壤缺水，影响农作物正常生长发育并造成减产；干旱造成水资源不足，人畜饮水困难，城市供水紧张，制约二农业生产发展；长期干旱还会导致生态环境恶化，甚者还会导致社会不稳定进而引发国家安全等方面的问题。

本年鉴收录整理的干旱标准为一个省（自治区、直辖市）或约 5 万平方千米以上的某一区域，发生持续时间 20 天以上，并造成农业受灾面积 10 万公顷以上，或造成 10 万以上人口生活、生产用水困难的干旱事件。

2. 暴雨洪涝

暴雨洪涝指长时间降水过多或区域性持续的大雨（日降水量 25.0～49.9 毫米）、暴雨以上强度降水（日降水量大于等于 50.0 毫米）以及局地短时强降水引起江河洪水泛滥，冲毁堤坝、房屋、道路、桥梁，淹没农田、城镇等，引发地质灾害，造成农业或其他财产损失和人员伤亡的一种灾害。

华西秋雨是我国华西地区秋季（9—11 月）连阴雨的特殊天气现象。秋季频繁南下的冷空气与暖湿空气在该地区上空相遇，使锋面活动加剧而产生较长时间的阴雨天气。华西秋雨的降水量虽然少于夏季，但持续降水也易引发秋汛。华西秋雨主要涉及的行政区域包括湖北、湖南、重庆、四川、贵州、陕西、宁夏、甘肃等 6 省 1 市 1 区。

本年鉴收录整理的暴雨洪涝标准为某一地区发生局地或区域暴雨过程，并造成洪水或引发泥石流、滑坡等地质灾害，使农业受灾面积达 5 万公顷以上，或造成死亡 10 人以上，或造成直接经济损失 1 亿元以上。

3. 台风

热带气旋是生成于热带或副热带洋面上，具有有组织的对流和确定的气旋性环流的非锋面涡旋的统称，分为热带低压、热带风暴、强热带风暴、台风、强台风和超强台风六个等级。其中热带气旋底层中心附近最大平均风速达 10.8～17.1 米/秒（风力 6～7 级）为热带低压，达 17.2～24.4 米/秒（风力 8～9 级）为热带风暴，达 24.5～32.6 米/秒（风力 10～11 级）为强热带风暴，达 32.7～41.4 米/秒（风力 12～13 级）为台风，达 41.5～50.9 米/秒（风力 14～15 级）

为强台风，达到或大于51.0米/秒（风力16级或以上）为超强台风。热带气旋尤其是达到台风强度的热带气旋具有很强的破坏力，狂风会掀翻船只、摧毁房屋和其他设施，巨浪能冲破海堤，暴雨能引发山洪。在我国，通常将热带风暴及以上强度的热带气旋统称为"台风"。

本年鉴收录整理的台风标准为中心附近最大平均风力大于等于8级的热带气旋，且对我国造成10人以上死亡或直接经济损失1亿元以上。

4. 冰雹和龙卷

冰雹是指从发展强盛的积雨云中降落到地面的冰球或冰块，其下降时巨大的动量常给农作物和人身安全带来严重危害。冰雹出现的范围虽较小，时间短，但来势猛，强度大，常伴有狂风骤雨，因此往往给局部地区的农牧业、工矿企业、电讯、交通运输以及人民生命财产造成较大损失。龙卷是一种范围小、生消迅速，一般伴随降雨、雷电或冰雹的猛烈涡旋，是一种破坏力极强的小尺度风暴。

本年鉴收录整理的冰雹和龙卷标准为在某一地区出现的风雹过程，使农业受灾面积达1000公顷以上，或造成3人以上死亡的灾害过程。

5. 沙尘暴

沙尘暴是指由于强风将地面大量沙尘吹起，使空气浑浊，水平能见度小于1000米的天气现象。水平能见度小于500米为强沙尘暴，水平能见度小于50米为特强沙尘暴。沙尘暴是干旱地区特有的一种灾害性天气。强风摧毁建筑物、树木等，甚至造成人畜伤亡；流沙埋没农田、渠道、村舍、草场等，使北方脆弱的生态环境进一步恶化；沙尘中的有害物及沙尘颗粒造成环境污染，危害人们的身体健康；恶劣的能见度影响交通运输，并间接引发交通事故。

本年鉴收录整理的标准是沙尘暴以上等级，并且造成3人及以上死亡的灾害过程。

6. 低温冷（冻）害和雪（白）灾

低温冷（冻）害包括低温冷害、霜冻害和冻害。低温冷害是指农作物生长发育期内，因气温低于作物生理下限温度，影响作物正常生长发育，引起农作物生育期延迟，或使生殖器官的生理活动受阻，最终导致减产的一种农业气象灾害。霜冻害指在农作物、果树等生长季内，地面最低温度降至0℃以下，使作物受到伤害甚至死亡的农业气象灾害。冻害一般指冬作物和果树、林木等在越冬期间遇到0℃以下（甚至－20℃以下）或剧烈变温天气引起植株体冰冻或丧失一切生理活力，造成植株死亡或部分死亡的现象。雪灾指由于降雪量过大，使温室大棚、房屋被压垮，植株、果树被压断，或对交通运输及人们出行造成影响，造成人员伤亡或经济损失的现象。白灾是指草原牧区冬、春季由于降雪量过大或积雪过厚，加上持续低温，积雪维持时间长，积雪掩埋牧场，影响牲畜放牧采食或不能采食，造成牲畜饿冻或因而染病、甚至发生大量死亡的一种灾害。

本年鉴收录整理的低温冷（冻）害及雪（白）灾标准为影响范围1万平方千米以上并造成农业受灾1000公顷以上，或造成2人以上死亡，或死亡牲畜1万头（只）以上，或造成经济损失100万元以上。

7. 雾

雾是指近地层空气中悬浮有大量微小水滴或冰晶的乳白色的集合体，使水平能见度降到1千米以下的天气现象。雾使能见度降低会造成水、陆、空交通灾难，也会对输电、人们日常生活等造成影响。

本年鉴收录整理的雾标准为影响范围1万平方千米以上，持续时间2小时以上；并因雾造成2人以上死亡,或造成经济损失100万元以上。

8. 雷电

雷电是在雷暴天气条件下发生于大气中的一种长距离放电现象,具有大电流、高电压、强电磁辐射等特征。雷电多伴随强对流天气产生,常见的积雨云内能够形成正、负荷电中心,当聚集的电量足够大时,形成足够强的空间电场,异性荷电中心之间或云中电荷区与大地之间就会发生击穿放电,这就是雷电。雷电导致人员伤亡,建筑物、供配电系统、通信设备、民用电器的损坏,引起森林火灾,造成计算机信息系统中断,致使仓储、炼油厂、油田等燃烧甚至爆炸,危害人民财产和人身安全,同时也严重威胁航空航天等运载工具的安全。

本年鉴所收集整理的雷电灾害事件标准为雷击死亡3人及以上的灾害过程。

9. 高温热浪

本年鉴将日最高气温大于或等于35℃定义为高温日;连续5天以上的高温过程称为持续高温或"热浪"天气。高温热浪对人们日常生活和健康影响极大,使与热有关的疾病发病率和死亡率增大;加剧土壤水分蒸发和作物蒸腾作用,加速旱情发展;导致水电需求量猛增,造成能源供应紧张。

本年鉴收录整理的标准为对人体健康、社会经济等产生较大影响的高温热浪过程。

10. 酸雨

pH值小于5.6的雨水、冻雨、雪、雹、露等大气降水称为酸雨。酸雨的形成是大气中发生的错综复杂的物理和化学过程,但其最主要因素是二氧化硫和氮氧化物在大气或水滴中转化为硫酸和硝酸所致。酸雨的危害包括森林退化,湖泊酸化,导致鱼类死亡,水生生物种群减少,农田土壤酸化、贫瘠,有毒重金属污染增强,粮食、蔬菜、瓜果大面积减产,建筑物和桥梁损坏,文物遭受侵蚀等。

本年鉴按照大气降水pH值≥5.6为非酸性降水、4.5≤pH值<5.6为弱酸性降水、pH值<4.5为强酸性降水的标准对酸雨基本情况进行分析和整理。

11. 农业气象灾害

农业气象灾害是指不利的气象条件给农业生产造成的危害。农业气象灾害按气象要素可分为单因子和综合因子两类。由温度要素引起的农业气象灾害,包括低温造成的霜冻害、冬作物越冬冻害、冷害、热带和亚热带作物寒害以及高温造成的热害;由水分因子引起的有旱害、涝害、雪害和雹害等;由风力异常造成的农业气象灾害,如大风害、台风害、风蚀等;由综合气象要素引起的农业气象灾害,如干热风、冷雨害、冻涝害等。此外,广义的农业气象灾害还包括畜牧气象灾害(如白灾、黑灾、暴风雪等)和渔业气象灾害等。

本年鉴所收集整理的农业气象灾害为对农作物生长发育、产量形成造成不利影响,导致作物减产、品质降低、农田或农业设施损毁等影响较大的灾害过程或事件。

12. 森林草原火灾

指失去人为控制,并在森林内或草原上自由蔓延和扩展,对森林草原生态系统和人类带来一定危害和损失的森林草原火灾。

本年鉴收录整理的标准为造成森林草原受灾100公顷以上或造成人员伤亡或造成经济损失100万元以上的森林草原火灾。

13. 病虫害

病虫害是农业生产中的重大灾害之一,是虫害和病害的总称,它直接影响作物产量和品

质。虫害指农作物生长发育过程中,遭到有害昆虫的侵害,使作物生长和发育受到阻碍,甚至造成枯萎死亡;病害指植物在生长过程中,遇到不利的环境条件,或者某种寄生物侵害,而不能正常生长发育,或器官组织遭到破坏,表现为植物器官上出现斑点、植株畸形或颜色不正常,甚至整个器官或全株死亡与腐烂等。

本年鉴收录整理的标准为与气象条件相关的病虫害,造成受灾面积100万公顷以上。

三、港澳台地区灾情

全国气象灾情统计数据未包含香港、澳门和台湾地区,港澳台地区的部分灾情见附录F。

四、主要灾情指标解释

受灾人口

本行政区域内因自然灾害遭受损失的人员数量(含非常住人口)。

因灾死亡人口

以自然灾害为直接原因导致死亡的人员数量(含非常住人口)。

因灾失踪人口

以自然灾害为直接原因导致下落不明,暂时无法确认死亡的人员数量(含非常住人口)。

紧急转移安置人口

指因自然灾害造成不能在现有住房中居住,需由政府进行安置并给予临时生活救助的人员数量(包括非常住人口)。包括受自然灾害袭击导致房屋倒塌、严重损坏(含应急期间未经安全鉴定的其他损房)造成无房可住的人员;或受自然灾害风险影响,由危险区域转移至安全区域,不能返回家中居住的人员。安置类型包含集中安置和分散安置。对于台风灾害,其紧急转移安置人口不含受台风灾害影响从海上回港但无需安置的避险人员。

因旱饮水困难需救助人口

指因旱灾造成饮用水获取困难,需政府给予救助的人员数量(含非常住人口),具体包括以下情形:①日常饮水水源中断,且无其他替代水源,需通过政府集中送水或出资新增水源的;②日常饮水水源中断,有替代水源,但因取水距离远、取水成本增加,现有能力无法承担需政府救助的;③日常饮水水源未中断,但因旱造成供水受限,人均用水量连续15天低于35升,需政府予以救助的。因气候或其他原因导致的常年饮水困难的人口不统计在内。

农作物受灾面积

因灾减产1成以上的农作物播种面积,如果同一地块的当季农作物多次受灾,只计算一次。农作物包括粮食作物、经济作物和其他作物,其中粮食作物是稻谷、小麦、薯类、玉米、高粱、谷子、其他杂粮和大豆等粮食作物的总称,经济作物是棉花、油料、麻类、糖料、烟叶、蚕茧、茶叶、水果等经济作物的总称,其他作物是蔬菜、青饲料、绿肥等作物的总称。

农作物成灾面积

农作物受灾面积中,因灾减产3成以上的农作物播种面积。

农作物绝收面积

农作物受灾面积中,因灾减产8成以上的农作物播种面积。

倒塌房屋

指因灾导致房屋整体结构塌落,或承重构件多数倾倒或严重损坏,必须进行重建的房屋数量。以具有完整、独立承重结构的一户房屋整体为基本判定单元(一般含多间房屋),以自然间为计算单位;因灾遭受严重损坏,无法修复的牧区帐篷,每顶按 3 间计算。

损坏房屋

包括严重损坏和一般损坏房屋两类。其中,严重损坏房屋指因灾导致房屋多数承重构件严重破坏或部分倒塌,需采取排险措施、大修或局部拆除的房屋数量。一般损坏房屋指因灾导致房屋多数承重构件轻微裂缝,部分明显裂缝;个别非承重构件严重破坏;需一般修理,采取安全措施后可继续使用的房屋间数。以自然间为计算单位,不统计独立的厨房、牲畜棚等辅助用房、活动房、工棚、简易房和临时房屋;因灾遭受严重损坏,需进行较大规模修复的牧区帐篷,每顶按 3 间计算。

直接经济损失

受灾体遭受自然灾害后,自身价值降低或丧失所造成的损失。直接经济损失的基本计算方法是:受灾体损毁前的实际价值与损毁率的乘积。

目 录

序　言

编写说明

概　述 ………………………………………………………………… 1

第 1 章　重大气象灾害和气候事件 ………………………… 5

1.1　华北、华南等地出现冬春连旱 /5

1.2　华北、黄淮等地出现夏秋连旱 /5

1.3　南岭、武夷山一带出现历史罕见的晚秋汛 /5

1.4　台风"森拉克"重创浙江和福建 /6

1.5　强沙尘暴横扫 18 省（区、市） /6

1.6　7 月上中旬，中东部高温强度大、范围广 /6

1.7　1 月中旬，中东部大雾对交通影响较大 /6

1.8　冬季，内蒙古呼伦贝尔市降雪频繁导致雪灾 /7

1.9　黑龙江出现近年来罕见的"凉夏" /7

1.10　10 月中下旬，东部地区出现历史罕见低温 /7

1.11　7 月中旬，河南遭受局地强对流，损失重 /7

第 2 章　气象灾害分述 ………………………………………… 8

2.1　干旱 /8

2.2　暴雨洪涝 /13

2.3　台风 /17

2.4　冰雹与龙卷 /23

2.5　沙尘暴 /30

2.6　低温冷冻害和雪灾 /35

2.7　大雾 /38

  2.8 雷电 /42

  2.9 高温热浪 /47

  2.10 酸雨 /50

  2.11 农业气象灾害 /53

  2.12 森林草原火灾 /55

  2.13 病虫害 /58

第 3 章　每月气候灾害事记 ······ 61

  3.1 1月主要气候特点及气象灾害 /61

  3.2 2月主要气候特点及气象灾害 /63

  3.3 3月主要气候特点及气象灾害 /65

  3.4 4月主要气候特点及气象灾害 /67

  3.5 5月主要气候特点及气象灾害 /69

  3.6 6月主要气候特点及气象灾害 /71

  3.7 7月主要气候特点及气象灾害 /73

  3.8 8月主要气候特点及气象灾害 /75

  3.9 9月主要气候特点及气象灾害 /77

  3.10 10月主要气候特点及气象灾害 /79

  3.11 11月主要气候特点及气象灾害 /81

  3.12 12月主要气候特点及气象灾害 /82

第 4 章　分省气象灾害概述 ······ 85

  4.1 北京市主要气象灾害概述 /85

  4.2 天津市主要气象灾害概述 /86

  4.3 河北省主要气象灾害概述 /88

  4.4 山西省主要气象灾害概述 /89

  4.5 内蒙古自治区主要气象灾害概述 /90

  4.6 辽宁省主要气象灾害概述 /92

  4.7 吉林省主要气象灾害概述 /93

  4.8 黑龙江省主要气象灾害概述 /95

  4.9 上海市主要气象灾害概述 /96

4.10 江苏省主要气象灾害概述 /98

4.11 浙江省主要气象灾害概述 /99

4.12 安徽省主要气象灾害概述 /101

4.13 福建省主要气象灾害概述 /103

4.14 江西省主要气象灾害概述 /104

4.15 山东省主要气象灾害概述 /106

4.16 河南省主要气象灾害概述 /107

4.17 湖北省主要气象灾害概述 /109

4.18 湖南省主要气象灾害概述 /111

4.19 广东省主要气象灾害概述 /114

4.20 广西壮族自治区主要气象灾害概述 /116

4.21 海南省主要气象灾害概述 /118

4.22 重庆市主要气象灾害概述 /119

4.23 四川省主要气象灾害概述 /121

4.24 贵州省主要气象灾害概述 /122

4.25 云南省主要气象灾害概述 /124

4.26 西藏自治区主要气象灾害概述 /125

4.27 陕西省主要气象灾害概述 /127

4.28 甘肃省主要气象灾害概述 /129

4.29 青海省主要气象灾害概述 /130

4.30 宁夏回族自治区主要气象灾害概述 /131

4.31 新疆维吾尔自治区主要气象灾害概述 /133

第5章 全球重大气象灾害概述 ……………………………… 135

5.1 基本情况 /135

5.2 全球重大气象灾害分述 /135

第6章 防灾减灾重大气象服务事例 ……………………………… 139

6.1 华北、华南冬春连旱气象服务 /139

6.2 强沙尘暴天气过程气象服务 /139

6.3 台风"森拉克"气象服务 /140

  6.4 其他重大气象服务事例 /141

附　录 ··· 143
  附录 A 气象灾害统计年表 /143

  附录 B 主要气象灾害分布图 /149

  附录 C 气温特征分布图 /162

  附录 D 降水特征分布图 /167

  附录 E 天气现象特征分布图 /174

  附录 F 香港、澳门、台湾部分气象灾害选编 /176

Summary ··· 178

概 述

2002年，全国年平均气温10.0 ℃，比常年(8.9 ℃)偏高1.1 ℃，比2001年偏高0.1 ℃，是1961年以来仅次于1998年和1999年的第3高温年(图1)；冬季和春季气温偏高，夏季和秋季接近常年同期，其中冬季气温仅次于1999年，为1961年以来历史同期次高，春季气温与1998年持平，为1961年以来历史同期最高。全国平均年降水量653.7毫米，比常年(624.2毫米)偏多4.7%，比2001年偏多8.3%(图2)；冬季降水偏多，春、夏、秋三季均接近常年同期。

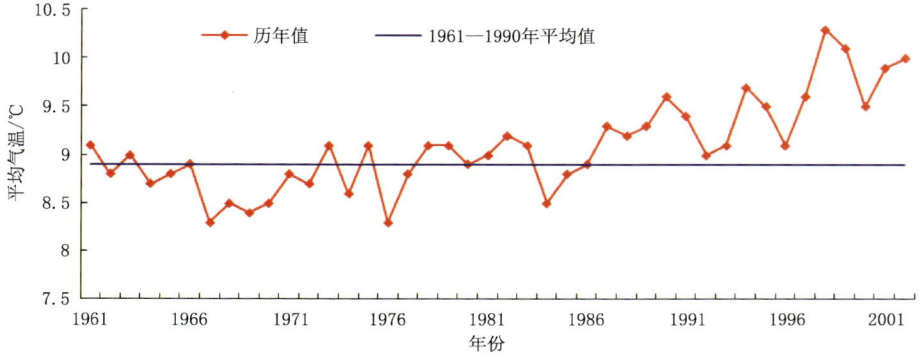

图1 1961—2002年全国年平均气温变化

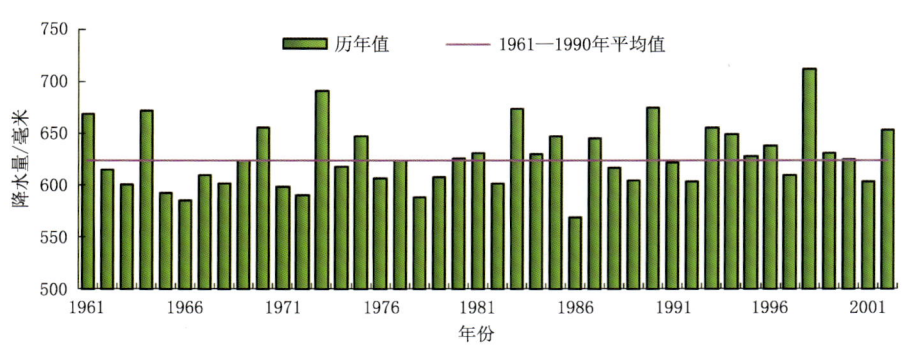

图2 1961—2002年全国平均年降水量变化

2002年，全国受干旱影响范围广，区域性、阶段性干旱明显；未出现大范围或持续的暴雨天气过程，但南方汛期降水量偏多，部分地区遭受暴雨洪涝或局地山洪、泥石流、滑坡等灾害，一些地区重复受灾；登陆我国台风个数比常年略偏少，造成的损失轻于常年；沙尘天气出现时段集中、影响范围广，强度偏强；冰雹、龙卷等强对流天气出现早、次数多，损失重于常年；多次出现低温连阴雨寡照天气，局地遭受雪灾或冻害。

据统计，2002年全国因气象灾害及其次生、衍生灾害造成3.9亿多人次受灾，2684人死亡；农作物受灾4711.9万公顷,绝收656.1万公顷;直接经济损失1717.8亿元(图3)。总体来看,2002年气象灾害直接经济损失与1990—2001年的平均水平接近,因灾死亡或失踪人数明显少于1990—2001年平均值,受灾面积略低于1990—2001年平均值。综合来看,2002年属于气象灾害正常年份。

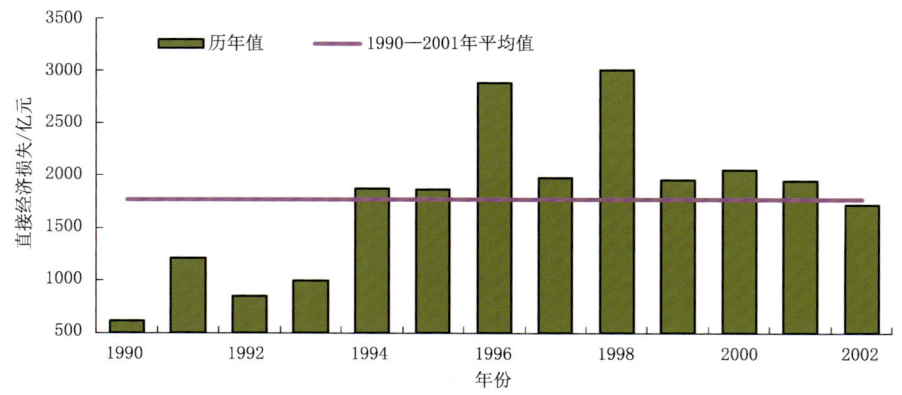

图3 1990—2002年全国气象灾害直接经济损失

图4给出2002年全国各项损失指标在主要气象灾害中所占比例。其中,暴雨洪涝在"死亡人口""倒塌房屋"和"直接经济损失"上所占比例最高,分别为59.8%、75.5%和39.7%,干旱在"受灾人口""受灾面积"和"绝收面积"上所占比例最高,分别为39.5%、47.0%和39.1%。

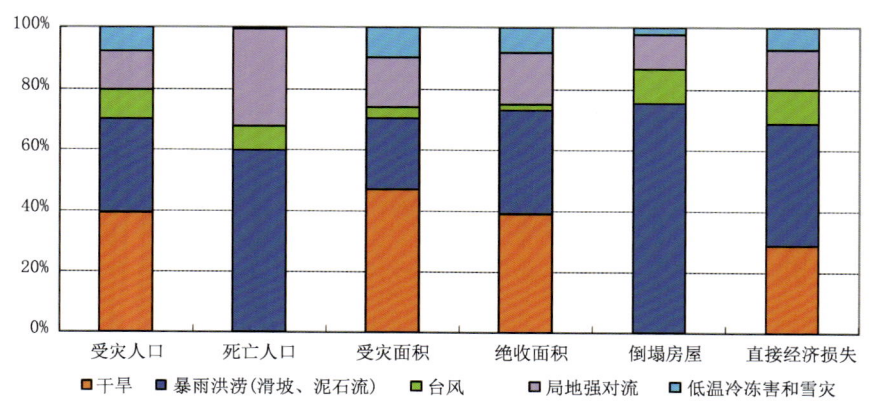

图4 2002年全国主要气象灾害各项损失指标比例

2002年主要气象灾害概述:

干旱 2002年,全国干旱受灾面积2215.9万公顷,较1990—2001年平均值偏小(图5)。但2002年区域性和阶段性连旱明显,华北及黄淮部分地区出现四季连旱、华南出现冬春连旱、西北地区东部、四川北部发生冬春连旱及伏秋连旱。2002年我国旱灾总体属于中等偏重年景。

暴雨洪涝(及其引发的滑坡和泥石流) 2002年,我国未出现大范围或持续的暴雨天气过程,除长江干流部分江段水位超过警戒水位外,其他六大江河水势基本平稳,未发生流域性的洪涝灾害,但暴雨天气过程多,局部洪涝和山洪地质灾害严重。长江中下游一带春汛明显;初夏北方出现局地洪涝;汛期,南方局地暴雨洪涝及山洪地质灾害比较频繁;南岭、武夷山一带出现晚秋汛。全国暴雨洪涝受灾面积1106.1万公顷,死亡1606人,直接经济损失681.8亿元,与1990—2001年平均值相比,受灾面积略偏少(图6)。总体上看,2002年全国洪涝灾害造成的损失轻于20世纪90年代以来同期的平均水平。2002年受灾较重的省(区)有湖南、广西、浙江、江西、福建等。

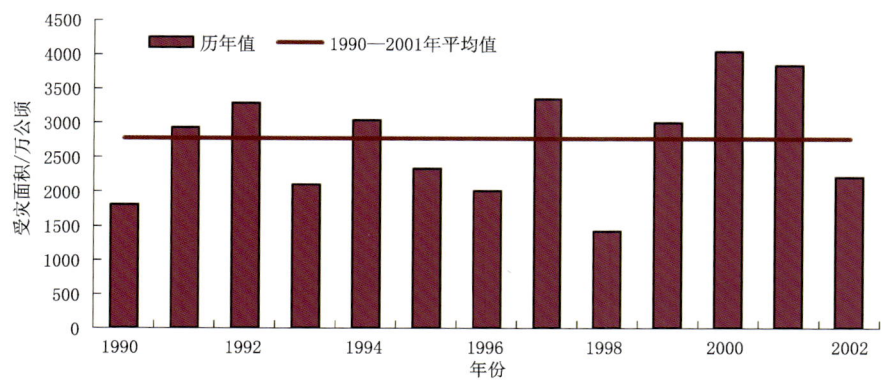

图 5　1990—2002 年全国干旱受灾面积

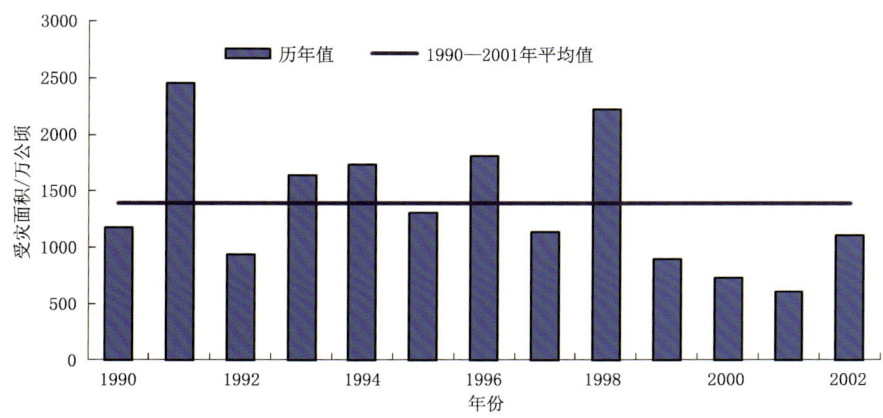

图 6　1990—2002 年全国暴雨洪涝受灾面积

台风　2002 年,在西北太平洋和中国南海共有 26 个台风(中心附近最大风力≥8 级)生成,其中 6 个登陆中国,生成和登陆数均比常年偏少。初台登陆时间偏晚,末台登陆时间偏早。无北上登陆台风,均集中在东南沿海一带。全年台风造成 212 人死亡,直接经济损失 196.7 亿元。与历年情况相比,2002 年台风登陆个数略偏少,强度偏弱,影响范围偏小,造成的损失偏轻。总体而言,2002 年台风灾情偏轻(图 7)。

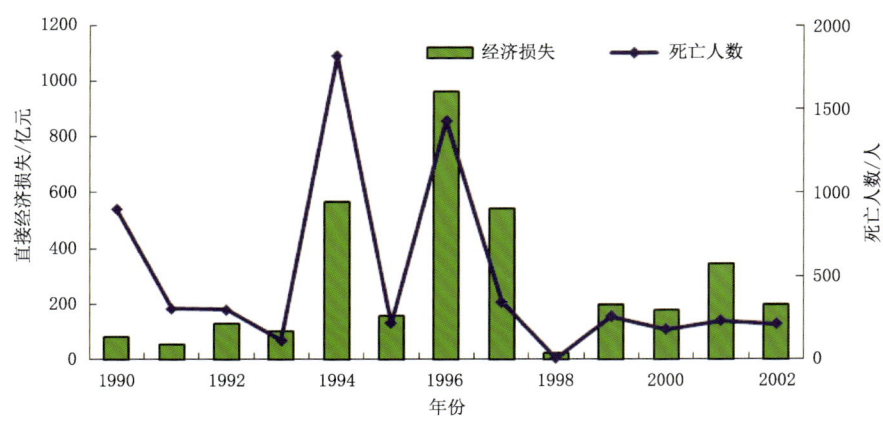

图 7　1990—2002 年全国台风直接经济损失和死亡人数

— 3 —

局地强对流(大风、冰雹、龙卷及雷电等) 2002年,全国平均强对流日数45.6天,比常年偏少,为1961年以来历史第3少。全年因局地强对流灾害共造成758.2万公顷农作物受灾,851人死亡(其中雷电死亡546人),直接经济损失221.7亿元。总的来看,2002年全国降雹次数比常年明显偏多,局地强对流造成的经济损失也比常年偏重。

低温冷冻害及雪灾 2002年,全国因低温冷冻害和雪灾共造成农作物受灾467万公顷,直接经济损失120.1亿元。年内,冬、秋季东北及内蒙古、新疆等地发生雪灾,内蒙古呼伦贝尔市局部地区灾情较重;春、夏季中东部地区出现阶段性低温寡照或阴雨天气,黑龙江、吉林、贵州、云南等省的部分地区遭受低温冷害;秋季东北、华北和黄淮、江南、华南等地降温早,江南、华南部分地区出现寒露风天气。

沙尘暴 2002年,我国共出现了17次沙尘天气过程,其中12次出现在春季(集中在3月1日至4月24日),北方春季沙尘过程数及沙尘日数较常年同期偏少。春季12次沙尘天气过程中,沙尘暴或强沙尘暴过程11次(其中强沙尘暴过程4次),扬沙过程1次。

第1章 重大气象灾害和气候事件

1.1 华北、华南等地出现冬春连旱

2002年1—3月,华北大部、黄淮北部、东北西部等地降水量较常年同期偏少5成以上,同期气温持续异常偏高,土壤水分蒸发强烈,致使春旱露头早,发展速度较快。华北大部、东北中西部、黄淮北部、西北东部旱情明显。进入4月以后,西南暖湿气流势力加强,多次出现较大范围的降水过程,前期干旱的东北、华北西部、西北东部等地旱情得到缓解,但华北东部降水仍然偏少,干旱持续,直到5月初旱情才得到缓解。

冬、春季,广东大部、福建南部的一些地区长达200天左右未降透雨,出现近几十年来罕见的冬春连旱。粤东、闽南部分县(市)出现新中国成立以来最严重的干旱。进入7月以后,多次强降水过程才使旱情逐步缓解。

1.2 华北、黄淮等地出现夏秋连旱

2002年秋季,我国北方地区虽出现几次降水过程,部分地区夏旱有所缓解,但全国大部分地区降水量仍较常年同期偏少,其中东北南部及江苏北部、安徽北部、河南东部、山东大部等地偏少5~8成;华北、黄淮出现夏秋连旱,其中黄淮地区旱情较重。进入11月,少雨范围扩大且程度加重,许多地区滴雨未下,华北大部、黄淮、江淮等地旱情依然较重。其中山东省夏秋季持续少雨,6—11月全省平均降水量仅228毫米,为1951年以来同期最低值,加上夏季高温炎热天气多,发生了新中国成立以来最严重的夏秋连旱。

1.3 南岭、武夷山一带出现历史罕见的晚秋汛

2002年10月28—30日,福建西部、江西南部、湖南中南部、广西中东部、广东北部一带出现大到暴雨天气,过程降雨量一般有50~100毫米。其中江西南部、湖南南部、广东北部等地达100~200毫米。由于雨势强,持续时间长,造成江河水位上涨,江西、广东等局部地区发生洪涝灾害。其中,江西南部3天共出现暴雨29站次、大暴雨6站次,南康市日最大雨量为139毫米。江西省33个县(市)442个乡(镇)380多万人受灾,被围困人口31.4万人,死亡16人,伤病1600多人;倒塌房屋4万多间;农作物受灾14.5万公顷,成灾10万公顷,绝收6.7万公顷;京九铁路赣南段大小塌方20多处,南康市境内龙南回路段塌方最为严重,中断行车3天;江西全省直接经济损失28亿多元。

1.4 台风"森拉克"重创浙江和福建

2002年第16号台风"森拉克"于9月7日18时30分前后在浙江省苍南县一带沿海登陆,登陆时中心附近最大风力超过12级(风速达40米/秒)。浙江大部、福建东北部出现了大到暴雨,局部地区出现了大暴雨或特大暴雨。由于台风风力强、雨量大、影响范围广,又恰逢天文大潮期,出现了风、雨、潮"三碰头",浙江、福建、上海等地沿海多地出现超过警戒水位或危险水位的高潮位。其中,浙江钱塘江出现1949年围垦以来最大一次潮位,潮水冲到坝边激起十几米高的巨浪,鳌江最高潮位6.9米,超过历史最高潮位0.2米;上海市苏州河口实测潮位为5.33米,超过警戒线0.78米,为历史第3高潮位。"森拉克"导致浙江、福建两省受灾1041万人,死亡29人;死亡大牲畜3900头;直接经济损失81.3亿元。

1.5 强沙尘暴横扫18省(区、市)

2002年3月18—22日,新疆、青海、甘肃、内蒙古、宁夏、陕西、山西、河北、北京、天津、辽宁、吉林、黑龙江、山东、河南、湖北以及湘西、川东等地的部分地区出现沙尘天气,其中内蒙古、河西走廊、宁夏北部、河北北部、北京、吉林西北部等地的部分地区出现了强沙尘暴,沙尘分布高度为3500米左右;甘肃鼎新、内蒙古乌拉特后旗能见度接近于0,风力超10级。北京市3月20日出现了近10年来最强的沙尘天气,延庆县等地能见度不到100米,八达岭高速公路能见度只有70米。此次强沙尘暴在北京持续约51小时,每平方米降尘量为54克,总降尘量达5.6万吨。

1.6 7月上中旬,中东部高温强度大、范围广

2002年7月上中旬,西北东部、华北中南部、黄淮大部、江淮、江汉、江南中东部、华南大部以及四川东部、重庆、辽宁西部出现持续10天左右的35~38℃高温天气,其中河北北部、辽宁西北部、山西南部、湖北西北部、陕西中部等地的部分地区日最高气温达39~41℃。14—15日,陕西中南部、河北大部、山东中西部、河南中北部、山西南部、北京以及天津的局部地区最高气温达40~43℃。石家庄、北京、济南、青岛等市的日最高气温突破了近51年来最高纪录。湖南省半数以上测站极端最高气温在38℃以上,张家界和慈利13—16日连续4天最高气温为39~40℃,张家界16日最高气温达40.8℃,创下该站历史最高纪录。15日,江苏大部分地区最高气温为39~40℃,其中徐州、连云港达40℃,南京39℃,出现近50年来少见的高温天气。

1.7 1月中旬,中东部大雾对交通影响较大

2002年1月13—16日,华东地区大雾紧锁,受其影响,京杭大运河苏北段航运严重受阻,8000多艘船滞留淮安、邵伯、宿迁、泗阳等船闸处动弹不得;15日南京长江港出入港的轮船全部停航,南京禄口国际机场所有航班停飞,沪宁高速公路关闭,在上海浦东机场起降的86个航班被迫延误或取消。

1.8 冬季，内蒙古呼伦贝尔市降雪频繁导致雪灾

2001年12月中旬至2002年1月，内蒙古呼伦贝尔市先后出现了5次较大范围的降雪天气过程，其中1月13—15日的暴风雪尤为猛烈，岭北地区普遍刮起"白毛风"，能见度仅6～7米，雪后平均积雪深度20～30厘米，局部地区超过40厘米，牧区受灾草场500多万公顷，受灾人口超3万人，受灾牲畜195万头（只），暴风雪造成道路受阻、交通中断、牲畜觅食困难，给牧民生产生活带来极大威胁。

1.9 黑龙江出现近年来罕见的"凉夏"

2002年夏季，黑龙江省出现了5个低温时段：6月10—15日、6月20—24日、7月13—16日、8月5—10日、8月17—24日。6—8月黑龙江省平均气温为1994年来最低，尤其是8月黑龙江省中东部大部分区域气温较常年同期偏低1～2℃，其中8月5—10日、17—24日上述地区气温降至14～20℃，8月出现如此低的气温为1987年以来少见。同期这些地区日照不足，8月日照时数较常年同期偏少20～70小时。由于正值水稻抽穗开花、大豆结荚鼓粒、玉米籽粒形成和灌浆的关键时期，低温寡照对大田作物均造成不同程度的危害。其中，水稻遭受障碍型冷害和延迟型冷害，甚至是混合型冷害，空壳率为30%左右，发育期延迟10天左右。

1.10 10月中下旬，东部地区出现历史罕见低温

2002年10月11—22日，东部地区出现了大幅度的降温，东北、华北、黄淮等地过程降温幅度达10～16℃，局部地区降温幅度超过18℃，江南、华南等地气温也下降了7～12℃。10月下旬东北南部、华北大部、黄淮北部旬平均气温较常年同期偏低4～6℃，内蒙古中部和东部偏低6～8℃。由于冷空气不断侵袭，加上光照不足，造成东北、华北等地气温持续偏低。不少地区10月下旬平均气温创下历史同期最低，如北京10月下旬平均气温5.4℃，比常年同期偏低4.8℃，为1940年以来同期最低，辽宁省10月20—28日平均气温为1.6℃，平均最高气温只有5.8℃，分别较历史同期偏低6℃和8℃左右，为1961年以来同期最低值。

1.11 7月中旬，河南遭受局地强对流，损失重

2002年7月17—19日，河南省出现雷雨大风、冰雹及暴雨等强对流天气，局地伴随有龙卷发生。其中兰考瞬时最大风力达11级，禹州地面积雹厚度5～6厘米，商丘降雹持续20多分钟。全省有50多个县（市、区）74.4万公顷农作物受灾，成灾面积51.7万公顷，绝收面积15.8万公顷；倒塌房屋1.4万间，损坏房屋7.2万间；死亡26人；直接经济损失10多亿元。

第2章 气象灾害分述

2.1 干旱

2.1.1 基本概况

2002年,全国平均降水量636.1毫米,较常年(603.0毫米)偏多33.1毫米,比2001年(579.0毫米)偏多57.1毫米;全年除2月、9月和11月降水量较常年同期偏少外,其余各月均偏多。2002年,湖南、新疆、上海等17个省(区、市)降水量偏多,其中湖南、新疆2省(区)偏多30%以上;天津、山东、河北等14个省(市)降水量偏少(图2.1.1)。

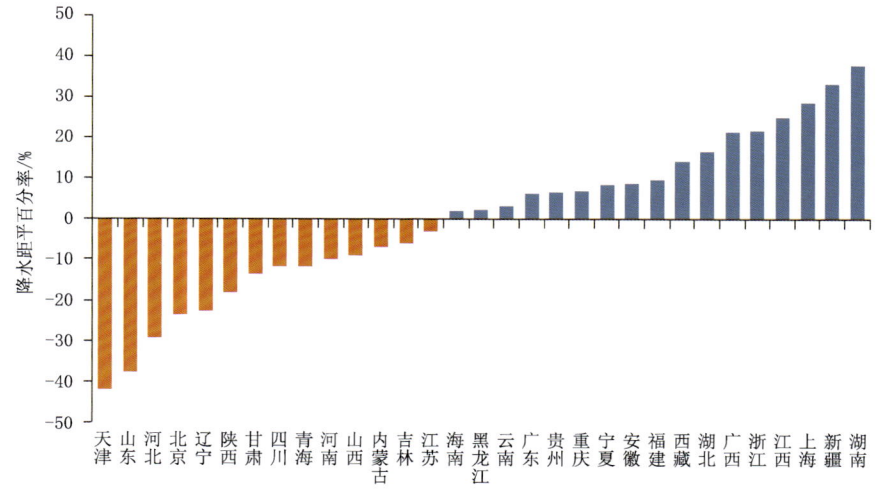

图 2.1.1　2002年各省(区、市)平均年降水量距平百分率

Fig. 2.1.1　Percentage of annual precipitation anomalies in different provinces of China in 2002

2002年,东北地区西部和南部、华北、黄淮、江淮东部、西北地区东南部及内蒙古东部、四川、青海东部、湖北西北部、重庆中北部、贵州西部、云南东北部和西南部、广东东部等地降水量较常年偏少,其中山东、河北中东部、京津地区等地偏少2～5成,连续4年发生了严重干旱。2002年,受旱面积较大或旱情较重的省(区、市)有山东、河北、天津、北京、辽宁、内蒙古、陕西、甘肃、山西、四川等。旱区分布如图2.1.2所示。2002年我国旱灾总体属于中等偏重年景。

2002年全国农作物旱灾受灾面积2200多万公顷(图2.1.3),接近常年略偏少,其中成灾1324万公顷,绝收256.8万公顷;因旱损失粮食180多亿千克,比20世纪90年代的平均值少70亿千克;干旱造成重旱区城乡人畜饮水困难,全国一度有21个省(区、市)719座城镇因旱缺水,饮水困难人口达1522.2万人;干旱还导致部分地区生态环境恶化,春季前期北方地区多次发生强沙尘天气,波及18个省(区、市)的1.3亿人。

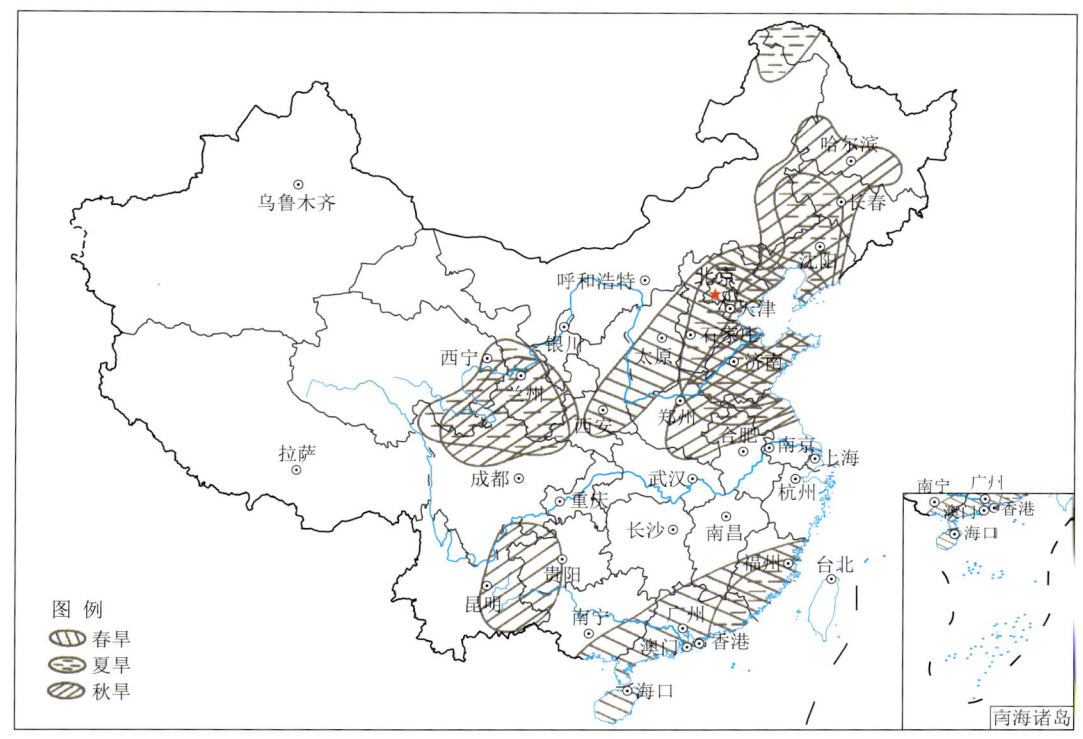

图 2.1.2　2002 年全国主要干旱分布示意

Fig. 2.1.2　Sketch of major droughts over China in 2002

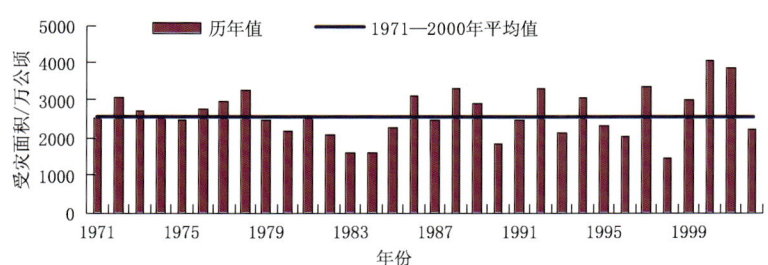

图 2.1.3　1971—2002 年全国干旱受灾面积变化

Fig. 2.1.3　Drought areas in China during 1971—2002 (unit: $10^4 hm^2$)

2002 年我国降水总量多于常年,但时空分布不均。华北、黄淮干旱主要出现在 1—4 月、7—12 月,华南的干旱主要出现在 2—6 月,东北的干旱主要出现在 3 月、6 月、8—10 月,西北东部地区的干旱主要出现在 3—4 月、8—11 月,西南地区干旱主要出现在 1—2 月、9—11 月。

2002 年中国主要干旱事件见表 2.1.1。

表 2.1.1　2002 年我国主要干旱事件简表

Table 2.1.1　List of major drought events over China in 2002

时间	地区	程度	旱情概况
2002 年 1—3 月、7 月上中旬、8 月、9—11 月	东北西部、华北大部、黄淮大部、江淮东部、西北东南部和西南东北部	黄淮北部、华北东部及辽宁、吉林、陕西、甘肃、青海、四川等省的部分地区降水量较常年同期偏少 2～5 成	山东全省 11 月 1 日大中型水库蓄水量仅为 21.6 亿立方米,较常年同期偏少 10.2 亿立方米,全省旱灾造成直接经济损失超过 100 亿元。河北省受春夏秋旱的影响,全省春旱面积 306 万公顷,其中麦田受旱 106.6 万公顷;继春旱后,又发生了不同程度的夏秋旱,全省严重受旱 68 万公顷,干枯绝收 5.8 万公顷。河南省 2002 年也遭遇 40 多年来最严重的一次春季干旱,全省受旱面积达 153.3 万公顷,旱死小麦 10.5 万公顷;持续干旱还导致了河南发生罕见的蝗灾
2002 年 1—3 月	广东大部、福建南部	冬、春季,广东大部、福建南部的一些地区长达 200 天左右未降透雨,出现近几十年来罕见的冬春连旱。粤东、闽南部分县(市)出现新中国成立以来最严重的干旱	广东省的粤东、粤西两个地区因旱农作物受灾 28.6 万多公顷,其中严重受旱 6.9 万公顷,约 2 万公顷农作物因旱枯死;有 1300 多座水库干涸,韩江水位降至 6.21 米,为近 50 多年来的最低水位。福建省受旱面积 11.3 万公顷,近 20 万人发生饮水困难;厦门、漳州旱情严重,森林火灾频发
2001 年 12 月下旬至 2002 年 3 月、7 月、9—11 月	西北东部、西南北部	西北东部和西南的部分地区自 2001 年 12 月下旬至 2002 年 3 月总降水量较常年同期偏少 4～6 成;夏季,西北东南部及四川北部等地降水量偏少 3～5 成;秋季,全国大部分地区降水偏少,程度不等、范围不同的阶段性干旱一直持续到秋末	陕西遭受冬春旱和伏旱的影响,冬春旱面积约 93 万公顷。甘肃省伏秋连旱严重影响秋作物的正常拔节、孕穗和灌浆成熟及产量的形成。四川省因干旱 965.2 万人受灾,307.6 万人畜饮水困难;农作物受灾 90.3 万公顷,绝收 10.8 万公顷;直接经济损失 12.2 亿元

2.1.2　主要旱灾事例

1. 华北及黄淮部分地区出现四季连旱

2002 年冬季(2001 年 12 月至 2002 年 2 月),北方大部降水量一般只有 10～50 毫米,华北大部在 10 毫米以下。与常年同期相比,华北大部偏少 3～8 成。2002 年 1—3 月,华北大部、黄淮北部及东北西部等地降水量偏少 5 成以上,同期气温持续异常偏高,土壤水分蒸发强烈,致使春旱露头早,发展速度较快。进入 4 月以后,西南暖湿气流势力加强,多次出现较大范围的降水过程,前期干旱的华北西部等旱情得到缓解,但华北东部降水仍然偏少,干旱持续,直到 5 月初旱情才得到缓解。

2002 年夏季(6—8 月),长江以北大部地区降水量在 500 毫米以下,与常年同期相比,华北大部、黄淮大部降水偏少 3～5 成,其中山东大部、河北东南部、河南东北部等地降水偏少 5 成以上。尤其在 7 月上旬后期至中旬中期,我国中东部地区出现了大范围的酷热少雨天气,土壤墒情不断下降,伏旱迅速发展,受旱地区扩及东北西部、华北大部、黄淮大部、江淮东部、西北东南部和西南东北部等地,其中山东、四川等省部分地区旱情较重。7 月下半月,上述旱区出现大范围降雨,大部分地区的旱情得到明显缓解。8月,华北大部、黄淮北部月降水量比常年同期偏少5成以上,致使旱情又有所发展,其中山东、河北、内蒙古、山西、河南等省(区)的部分地区旱情明显。

秋季,我国北方地区虽出现几次降水过程,使部分地区夏旱有所缓解,但全国大部分地区降水量仍较常年同期偏少,其中东北南部及江苏北部、安徽北部、河南东部、山东大部等地偏少5～8成,华北、黄淮出现夏秋连旱,黄淮地区旱情较重。进入11月,少雨范围扩大且程度加重,许多地区滴雨未下,华北大部、黄淮、江淮等地旱情依然较重。山东省夏秋季持续少雨,6—11月全省平均降水量仅228毫米,为1951年以来同期的最低值,加上高温炎热天气多,发生了新中国成立以来最严重的夏秋连旱。另外,西北东南部、西南和东北地区降水偏少,出现了不同程度的阶段性秋旱。

受冬春连旱影响,5月初北方8省大型水库蓄水总量比多年同期少20%,抗旱水源严重不足。持续4年干旱少雨使山东省遭遇85年来最严重春旱,农作物受旱面积达290万公顷,其中重旱81万公顷,干枯9.4万公顷,全省有57个县以上城市供水不足,有218万人、43.7万头大牲畜出现临时性缺水,重旱地区小麦严重减产;5月中旬至6月中旬降水量为50～100毫米,旱情一度缓解,6月中旬以后降雨再度偏少,加上高温炎热,持续的干旱和连续的高温天气,使农田水分大量蒸发,失墒严重,旱情急剧发展。11月1日,山东全省大中型水库蓄水量仅为21.6亿立方米,较常年同期偏少10.2亿立方米,加上小型水库、河道拦河闸坝等所有工程蓄水量,南四湖蓄水量仅为0.55亿立方米,比历年同期偏少14.1亿立方米,全省水利蓄水量也只有34.5亿立方米,较常年同期偏少60%。入秋后,由于干旱缺水,作物无法正常发育,牲畜出现饮水困难;农作物受旱面积达237.6万公顷,其中重旱84万公顷,绝收30万公顷;全省旱灾造成直接经济损失超过100亿元。

河北省受春夏秋旱的影响,全省春旱面积306万公顷,其中麦田受旱106.6万公顷,干旱使春播受阻,有28.7万公顷转为夏播;继春旱后,又发生了不同程度的夏秋旱,全省约80%的地区出现干旱,40%的地区旱情较重,其中严重受旱68万公顷,干枯绝收5.8万公顷。严重的少雨干旱,使省内大中型水库蓄水量严重不足,地下水位比2001年同期下降2～3米;截至9月18日,全省52座大中型水库蓄水量只有18亿立方米,可用水量仅为7亿立方米,不足正常年份的1/3,全省17万眼机井出水不足或不出水。

河南省2002年也遭遇40多年来最大的一次春季干旱。持续的高温、少雨,使全省受旱面积达153.3万公顷,旱死小麦10.5万公顷。持续干旱天气还导致河南发生罕见的蝗灾,全省夏蝗发生面积达15.8万公顷,较往年均值增加3.6万公顷。平均蝗蝻密度为每平方米2.84头,是国家防治标准的5.6倍。继夏旱后,秋季干旱继续发展,9月8日,全省117个气象站有83个气象站0～30厘米土壤湿度偏低,较8月增加37个,豫北、豫西、豫东有34个气象站土壤湿度低于10%,全省干旱面积达127.9万公顷,其中严重干旱面积38.5万公顷。

天津市自2001年遭遇历史罕见的特大干旱以来,2002年旱情又持续发展,静海县、蓟县、大港区已连续四年干旱,地上水源枯竭,地下水位急剧下降,春、夏粮作物无法播种。为了保证因持续干旱造成吃粮困难的受灾群众生活急需,天津市紧急拨款540万元,调拨2700吨赈灾粮,救济静海县、蓟县和大港区6万群众3个月的口粮。持续降水偏少导致天津城市供水的水源地——潘家口、大黑汀、于桥水库蓄水不足,天津城市面临严重的缺水问题。党中央、国务院高度重视,决定实施引黄济津。2002年10月31日10时,山东黄河位山闸开闸向天津放水,本次调水至2003年1月23日结束,历时85天,累计放水6.0亿立方米,天津九宣闸收水2.5亿立方米。

北京市继1999—2001年连续3年干旱、少雨后,2002年又发生了严重干旱,地下水位下降,地表水面缩小,甚至干枯。截至2002年9月,密云、官厅两大水库蓄水量分别较2001年同期偏少3.94亿立方米和0.49亿立方米。

2. 华南出现冬春连旱

2002年冬季(2001年12月至2002年2月),除海南省中东部降水量有200～400毫米外,华南大部分地区降水量一般只有100～200毫米,华南东南部及广西西部、海南西部仅50～100毫米;与常年同期相比,广东东部、福建南部偏少3～8成。春季(3—5月),华南大部分地区降水量只有200～400毫米,比常年同期偏少2～6成。受持续少雨影响,华南地区发生了严重的冬春连旱,广东大部、福建南部的一些地区在冬春季有长达200天左右未降透雨,出现近几十年来罕见的冬春连旱。

粤东、闽南部分县(市)出现新中国成立以来最严重的干旱。进入7月以后,多次强降水过程才使旱情逐步得到缓解。受干旱影响,粤东、粤西两个地区农作物受灾面积达28.6万多公顷,其中严重受旱面积6.9万公顷,约2万公顷农作物因旱枯死,因干旱有1300多座水库干涸,韩江水位降至6.21米,为近50多年来的最低水位。广东梅州市大埔县大东镇福光村因干旱4—5月还暴发了大面积虫害,一周左右就有超过33.4公顷植物绿叶基本被蛾虫吃光,甚至连农家房前屋后自种的植物绿叶也被吃光,严重影响了当地居民的生产、生活。

福建省受旱面积11.3万公顷,近20万人发生饮水困难,厦门、漳州旱情严重,森林火灾频频发生,3月上旬全省发生森林火灾104起,干旱对春播生产也有很大影响。广西全区春旱受灾93.1万公顷,成灾36.8万公顷,绝收1.6万公顷。受灾面积较大的地区是河池、南宁,其次是南宁市、百色地区和贵港市。由于久旱不雨,台湾省也受到干旱的严重影响,台中县农作物受灾面积达1944公顷,经济损失约新台币1.72亿元;该县受害最严重的为椪柑,损害情况包括落果及枯萎,其次为梨,另外竹笋因干旱造成叶面枯黄,荔枝因缺水造成发育不良。

3. 西北地区东部、四川北部发生冬春连旱及伏秋连旱

西北地区东部和西南地区的部分地区自2001年12月下旬至2002年3月总降水量较常年同期偏少4～6成;夏季,西北地区东南部及四川北部等地降水量偏少3～5成;秋季,全国大部分地区降水偏少,北方地区虽然有几次不同范围的降雨天气过程,但因盛夏以来降水总量偏少,程度不等、范围不同的阶段性干旱一直持续到秋末。

受降水偏少影响,陕西冬春干旱面积约93万公顷,其中渭南地区33万公顷农作物受旱,重旱7万公顷,对夏粮产生较大影响,全市有85%的水库干枯或在死水位以下,有80多万人和20多万头大牲畜饮水困难;伏旱面积120多万公顷,重旱44.9万公顷,干枯13.8万公顷,有152多万人、43万头大家牲畜饮水困难,干旱使秋粮作物生产受到影响,部分玉米绝收。

甘肃省发生的伏秋连旱区包括酒泉大部分地区、兰州、白银、定西、庆阳、平凉、天水、陇南和甘南州北部等,降水量比常年偏少2～6成。伏、秋连旱严重影响秋作物的正常拔节孕穗和灌浆成熟及产量的形成。复种作物萎蔫枯死,植株矮小,长势极弱,缺苗现象比较严重。全省受旱面积64万公顷,重旱19.3万公顷。仅天水市大秋作物就有13.2万公顷受旱,其中玉米受旱6.4万公顷,占玉米播种面积的83.9%,部分地块玉米干枯死亡;马铃薯受旱3.94万公顷,占马铃薯播种面积的88.5%,也导致复种面积减少,因旱造成出苗不齐的面积达4.0万公顷,个别田块出现干枯死亡现象,影响秋粮产量。

四川盆地发生的春旱、夏旱较轻,伏旱严重,但影响较小。全省因干旱受灾576.3万人;农作物受灾128.2万公顷,成灾44.7万公顷,绝收6.9万公顷;直接经济损失12.2亿元,其中农业直接经济损失近8亿元。

另外,内蒙古、青海、新疆等省(区)牧区草场受旱面积达39万平方千米,受灾牲畜2000多万头(只),因旱缺水、缺草、缺料死亡牲畜40多万头(只)。

2.2 暴雨洪涝

2.2.1 基本概况

2002年,全国平均降水量比常年偏多,但时空分布不均。长江中下游一带春汛明显;北方雨季开始早;汛期南方多强降水天气过程,小范围的暴雨洪涝及局地山洪、泥石流、滑坡等灾害比较频繁,部分地区重复受灾;南岭、武夷山一带还出现了晚秋汛。由于未出现大范围或持续的暴雨天气过程,除长江干流部分江段水位超过警戒水位外,其他六大江河水势基本平稳,未发生流域性的洪涝灾害,暴雨洪涝损失较常年偏轻。2002年全国因暴雨洪涝灾害造成约1.2亿人次受灾,1606人死亡;农作物受灾1106.1万公顷,绝收222.5万公顷;倒塌房屋131.8万间;直接经济损失681.8亿元。

总体上看,2002年全国洪涝灾害造成的损失轻于20世纪90年代以来同期的平均水平。2002年受灾较重的省(区)有湖南、广西、浙江、江西、福建、陕西等(图2.2.1)。

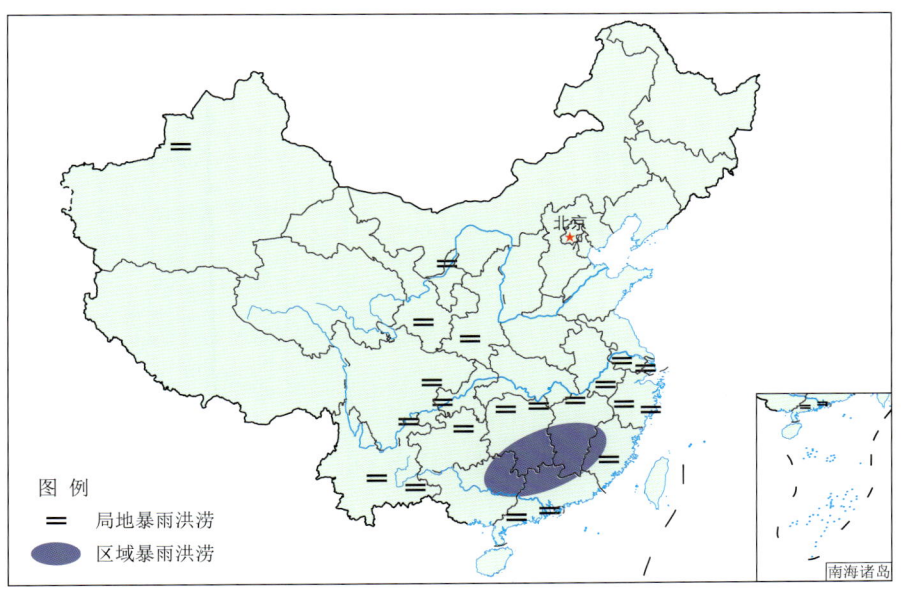

图 2.2.1　2002年全国主要暴雨洪涝示意图

Fig. 2.2.1　Sketch map of major rainstorm induced floods over China in 2002

2.2.2 主要暴雨洪涝灾害事例

1. 长江中下游一带春汛

2002年4月下半月至5月中旬,长江中下游一带持续降雨天气,部分地区出现暴雨或大暴雨,湖北大部分地区、湖南和江西两省北部、安徽中南部、江苏南部、浙江西部、广西东北部、贵州东部、重庆东部等地降水量一般有200～500毫米,其中5月12—14日湖南、湖北、江西、安徽、贵州、广西等省(区)有近200个站次降暴雨或大暴雨,14日江西德安县24小时降雨量达130.3毫米,超过历年同期最大值。由于持续降雨,洞庭湖、鄱阳湖水系的一些河流水位一度超警戒水位,5月19日08时长江湖北武汉关水位25.0米,突破设防水位,出现历史同期最高水位,也是武汉自1865年有水文记录以来进入设防水位时间最早的一年,比出现大洪水的1998年提前了1个多月;5月21日长江南京段水位达7.94米,也逼近了历史同期的最高水位;太湖水位3.56米,超警戒水位0.06米;广西柳江于5月10日、15日、21日接连出现3次洪峰,其中15日柳州站水位达82.1米,超警戒水位

0.6米。上述省（区）的一些地区发生渍害，局部还发生了洪涝灾害，其中湖北部分农田因渍灾直接经济损失超过10亿元；江西省九江市5月14日统计，受灾人口162万人，死亡1人，农作物受灾21.6万公顷，直接经济损失2.5亿元。

与此同时，新疆伊犁河谷地区自4月中旬以后降水不断，并多次出现中到大雨，降水量达80~160毫米，引发山洪、泥石流、滑坡等灾害。5月上旬不完全统计，死亡6人，倒塌房屋数万间，死亡大、小牲畜10多万头（只），直接经济损失6亿元。

2. 北方初夏局地洪涝

2002年北方地区雨季开始早，6月上旬后期至中旬初自西向东先后出现中到大雨或暴雨、局地大暴雨。其中，陕西省8、9两日有33站次出现暴雨，有3站日降水量超过100毫米，佛坪站多达210毫米，为建站以来的最大值；暴雨造成山洪暴发、河水猛涨，全省有18条江河涨水，汉江支流子午河和旬河洪峰流量均超过了历史最大流量；佛坪县城沿河街道进水最深超过1米；由于降雨区集中、强度大，引发了局地山体滑坡、泥石流等灾害，基础设施损毁严重，有100多千米的公路路基被彻底冲毁，陇海铁路西安灞河铁路桥垮塌，造成陇海铁路运输中断14小时；水毁输电线路及通信干线，汉中、安康和商洛3市的12个县的通信中断，佛坪县全县通信网络一度全部中断。造成陕西省有34个县（区）352个乡（镇）510万人受灾，死亡151人；农作物受灾23.5万公顷，成灾12.7万公顷，绝收3.3万公顷；倒塌房屋10.6万间；直接经济损失25.8亿元。宁夏6月7日有9站降了暴雨，石嘴山、银川、吴忠3市及海原、泾源县出现洪涝灾害，造成1人失踪，2人重伤，受灾农作物3万多公顷，直接经济损失2亿多元。甘肃、青海、新疆、河北等省（区）的局部地区也发生了不同程度的山洪、泥石流等灾害。

3. 南方汛期部分地区暴雨洪涝

2002年汛期，南方大部分地区降水量普遍在500毫米以上，湖南、江西、广西、广东等省（区）的部分地区超过1000毫米。6月6—9日、6月10—17日、6月19—28日、6月29日至7月3日、7月17—27日、8月5—11日、8月16—20日先后出现较大范围的大到暴雨、局地大暴雨天气过程，湘江、资水、赣江、抚河、闽江、西江等江河相继发生了超警戒水位的洪水，洞庭湖出现历史第4高洪水水位，长江中下游干流一度全线超过警戒水位，湖南、广西、福建、江西、湖北、四川、重庆等省（区、市）的部分地区遭受洪涝或局地山洪、泥石流、滑坡等灾害，一些地区重复受灾，灾情严重。

6月6—9日，西南地区东部及广西、湖南、湖北等省（区）的部分地区降大雨或暴雨、局部大暴雨，降水量一般有50~100毫米，局部地区超过200毫米。四川省蓬溪、遂宁、南充的日降雨量分别为278毫米、214毫米、183毫米，均为新中国成立以来当地最大日降雨量，强降雨造成山洪暴发、河水猛涨，仅遂宁市就因灾死亡11人，失踪2人，死亡大牲畜2396头，直接经济损失约5.9亿元。贵州省因强降雨导致绥阳、湄潭、凤冈、余庆、遵义、思南、松桃、石阡、威宁9个县发生洪涝，受灾115万人，死亡21人，农作物受灾5.4万公顷，倒损房屋2万多间，直接经济损失3.8亿元。其中湄潭县6小时降雨量达130.3毫米，为建站以来最大值，县城有三分之二的街道进水，沿河一带住房一楼和门面房全部被水淹没，全县停电、通信中断，县城供水中断；全县受灾26万人，死亡4人，43个村庄被洪水围困，农作物受灾1.2万公顷，直接经济损失2.5亿元。

6月10—17日，西南地区东部、江南中南部及华南部分地区降大到暴雨、局地大暴雨，降水量一般有100~250毫米，部分地区达300~600毫米（图2.2.2）。重庆市璧山、沙坪坝14小时降水量分别达275毫米和264毫米，创当地有气象记录以来之最；江西省广昌15日雨量达394毫米，破当地日最大降雨量极值；福建建宁、广西桂林、四川沐川日降雨量分别达266毫米、225毫米和252毫米。受这次强降雨影响，西江、湘江、赣江、抚河、闽江等均发生超警戒水位洪水，重庆、江西、福建、广西、湖南5省（区、市）受灾人口达2000万人，直接经济损失达90多亿元，其中重庆、广西、江西、福建4

省(区、市)死亡119人,湘桂、渝怀铁路因暴雨塌方一度中断运行;江西南丰、南城县城进水,广昌甘竹镇水深2米多。

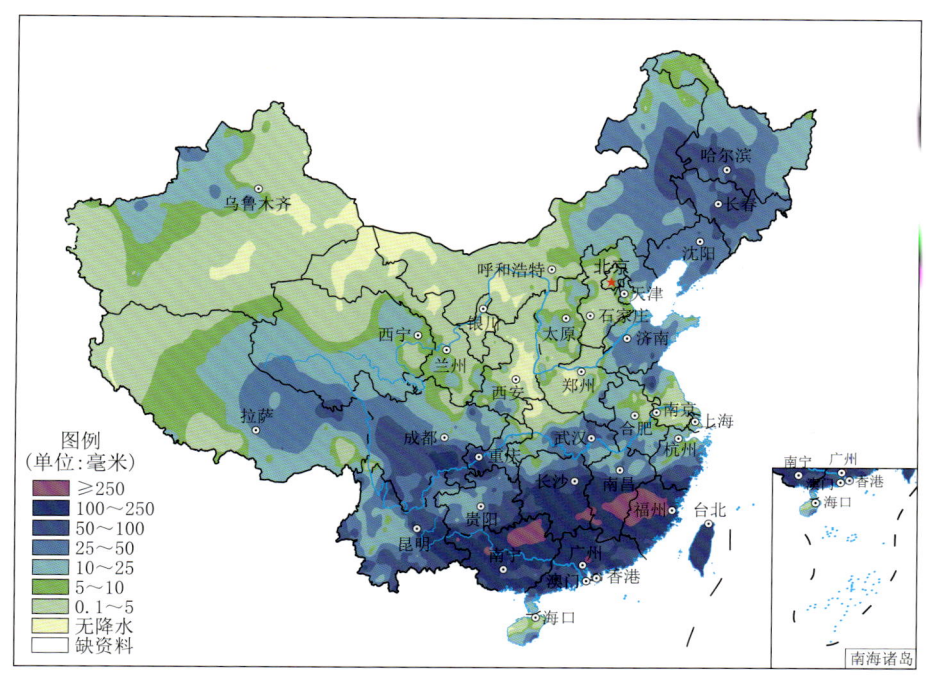

图 2.2.2　2002年6月10—17日全国降水量分布

Fig. 2.2.2　Distribution of precipitation over China from June 10 to June 17 in 2002(unit:mm)

6月19—28日,主要降雨带在江南北部至淮北之间摆动,降水量一般有100～200毫米,局部地区达250～350毫米。湖南张家界、永顺18日晚至20日上午降水量分别为361毫米和245毫米,安徽黄山20—21日48小时降水量达373毫米,江苏金坛19—21日3天降水量达359.6毫米。受强降雨影响,安徽、湖北、河南、湖南、江苏、浙江等省的部分地区发生洪涝灾害,受灾人口达2000万人,死亡51人,倒塌房屋7.8万间,农作物受灾148万公顷。

6月29日至7月3日,华南、江南连降大到暴雨、局地大暴雨,降雨量一般有50～200毫米、局地超过300毫米,广西、广东、湖南、湖北等省(区)的部分地区发生较严重洪涝。其中,广西贺江的贺州市河段两岸大面积被淹,贺州市进水1米多深,桂江昭平段沿江一带乡(镇)也被淹;全区有40个县(市)600多万人不同程度受灾,死亡32人,倒塌房屋4.7万间,农作物受灾29万公顷,直接经济损失38.5亿元。湖南省有18个站次出现大暴雨、40个站次暴雨,嘉禾、道县7月1日降雨量分别达182.3毫米和194.6毫米,均创当地有气象记录以来日雨量之最,全省有35个县(市)≤50万人受灾,死亡9人,倒塌房屋9.3万间,农作物受灾24.9万公顷,直接经济损失21.8亿元。

7月17—27日,华南、长江中下游和淮河流域出现较大范围的降雨天气过程,降雨量一般有100～200毫米、局部地区超过300毫米,湖南岳阳22日降雨量达234.7毫米,创该站新中国成立以来日降水量极值,广东、广西、湖南、湖北、安徽等省(区)的部分地区发生了洪涝灾害。其中,湖北省受灾800多万人,死亡8人,倒损房屋14万间,农作物受灾60多万公顷,直接经济损失10多亿元。湖南省岳阳城区1000多间民房被淹,近2000户居民被困,直接经济损失1.2亿元。

8月5—11日,江南、华南及四川盆地出现较大范围的降雨天气过程,降雨量一般有100～300毫米,福建永春、湖南郴州日降雨量分别达287毫米和124毫米。由于降雨强度大,持续时间长,造成局部山洪暴发、江河水位上涨,湖南、广东、广西、福建、江西、四川等省(区)遭受不同程度的灾害,其中湖南郴州北湖区、临武县发生滑坡泥石流灾害,造成54人死亡。

8月16—20日,长江流域、华南的部分地区降大到暴雨,24—26日,长江流域部分地区再次出现中到大雨或暴雨,致使部分地区汛情日趋紧张。其中,湘江长沙站8月22日06时水位已平保证水位(38.37米),资水桃江站21日13时洪峰水位44.31米,超警戒水位3.31米,为1941年设站以来仅次于1996年的第2高水位;湖北长江干流出现2002年最大洪峰,石首至螺山和武穴至九江段超警戒水位0.15～2.22米,洪湖、长湖、梁子湖、刁汊湖、斧头湖水位居高不下,均超设防水位。部分地区遭受不同程度的灾害,其中湖南省仅永州市就有11个县(区)的119个乡(镇)80多万人受灾,直接经济损失4.1亿元。

4. 南岭、武夷山一带晚秋汛

2002年10月28—30日,福建西部、江西南部、湖南中南部、广西中东部、广东北部一带出现大到暴雨天气,过程降雨量一般有50～100毫米。其中江西南部、湖南南部、广东北部等地达100～200毫米。由于雨势强,持续时间长,造成江河水位上涨,江西、广东等局部地区发生洪涝灾害。其中,江西南部3天共出现暴雨29站次、大暴雨6站次,南康市日最大雨量为139毫米。全省33个县(市)442个乡(镇)380多万人受灾,被围困人口31.4万人,死亡16人,伤病1600多人,倒塌房屋4万多间,受灾农作物14.5万公顷,成灾10万公顷,绝收6.7万公顷,京九铁路赣南段大小塌方20多处,南康市境内龙南回路段塌方最为严重,中断行车3天;江西全省直接经济损失28亿多元。

5. 其他暴雨洪涝

(1)甘肃漳县局地遭山洪、泥石流袭击

2002年5月7日夜间,甘肃省漳县遭受特大暴雨山洪袭击,有4个乡26个村3832户的1.7万多人受灾,直接经济损失600多万元。其中,殪虎桥乡瓦坊村因强降雨引发泥石流,造成14人死亡、5人受伤,212国道交通中断。

(2)云南局地暴雨洪涝、泥石流、滑坡等灾害频繁

2002年5月上中旬,云南省雨季开始,较常年提前10～15天,于9月底至10月中旬结束,较常年早10～20天。雨季期间,全省大部分地区降水量接近正常或偏多,降水强度大,其中5—8月全省暴雨和大暴雨的累计县(次)分别比常年同期增加2成和2倍,强降水造成的洪涝及引发的泥石流、滑坡等灾害较为突出。其中,8月12日19时45分,盐津县庙坝乡民政村由于8月以来连续降雨,雨量集中,山体水分饱和,造成该村小河边突发高位高速山体滑坡,掩埋7户农民的房屋13间,摧毁公路1千米、桥梁1座,死亡29人。8月13日17时至14日08时,新平县水塘等3个乡(镇)连续降雨,于14日引发特大泥石流灾害,2万多人受灾,造成63人死亡,33人受伤。8月15—18日,文山州因暴雨引发洪涝、滑坡、泥石流等灾害,有8个县92个乡(镇)196.7万人受灾,死亡14人,失踪1人,农作物受灾5.7万公顷,房屋倒塌6500多间,直接经济损失2.4亿元。

(3)新疆盛夏遭暴雨洪水叠加融雪型洪水袭击

2002年7月,新疆大部分地区出现连续降雨天气,部分地区遭受暴雨洪水叠加融雪型洪水等灾害,尤其是下旬阿勒泰、阿克苏、伊犁、塔城、和田等7地(州)的15个县(市)不同程度受灾。受洪水影响,全疆有20条河流的水位超过防汛警戒水位,伊犁河、车尔臣河、克里雅河等8条河流超过危险流量,其中渭干河、伊犁河流域的7条支流达到有水文记载以来的最大流量。洪水造成1.3万公顷农作物受灾,直接经济损失3.8亿元。

(4)浙江局地遭山洪、泥石流袭击

2002年8月15日,浙江省衢州、丽水、金华、绍兴等市局部地区出现暴雨或大暴雨。其中,衢州市有10个乡(镇)降特大暴雨,暴雨中心75分钟降雨量达162.6毫米。局部地区强降水造成山洪暴发和泥石流,有数万人受灾,死亡18人,失踪9人,直接经济损失3亿多元。

(5)江西和浙江两省局地暴雨灾害

2002年9月中旬的中前期,江西、浙江两省局部地区降暴雨或大暴雨。其中,江西遂川县9月14日24小时降雨量达156毫米;3县27个乡(镇)的22.7万人受灾,死亡28人,伤病2200人,被困村庄161个,紧急安置3万多人,农作物受灾0.9万公顷,房屋倒损1.3万间,死亡大牲畜5000多头,直接经济损失1.2亿元。13—16日,浙江省出现18站次暴雨、6站次大暴雨、2站次特大暴雨(温岭262.3毫米,洪家368.4毫米,为洪家有降水记录以来最大日降水量);强降雨造成台州市大面积积水,积水最深处达1.5米,死亡1人,直接经济损失3.7亿元。

2.3 台风

2.3.1 基本概况

2002年,在西北太平洋和中国南海共有26个台风(中心附近最大风力≥8级)生成,较常年(27.0个)偏少1个。其中0208号"娜基莉"(Nakri)、0212号"北冕"(Kammuri)、0214号"黄蜂"(Vongfong)、0216号"森拉克"(Sinlaku)、0218号"黑格比"(Hagupit)、0220号"米克拉'(Mekkhala)共6个台风先后在我国登陆(图2.3.1)。2002年,台风起编时间较常年偏早,停编时间接近常年;台风登陆个数和登陆比例均比常年偏少;初台登陆偏晚、末台登陆偏早;登陆地点集中在东南沿海一带,无北上登陆台风;登陆和再次登陆总共有7次,其中广东3次,台湾、浙江、海南和广西各1次。

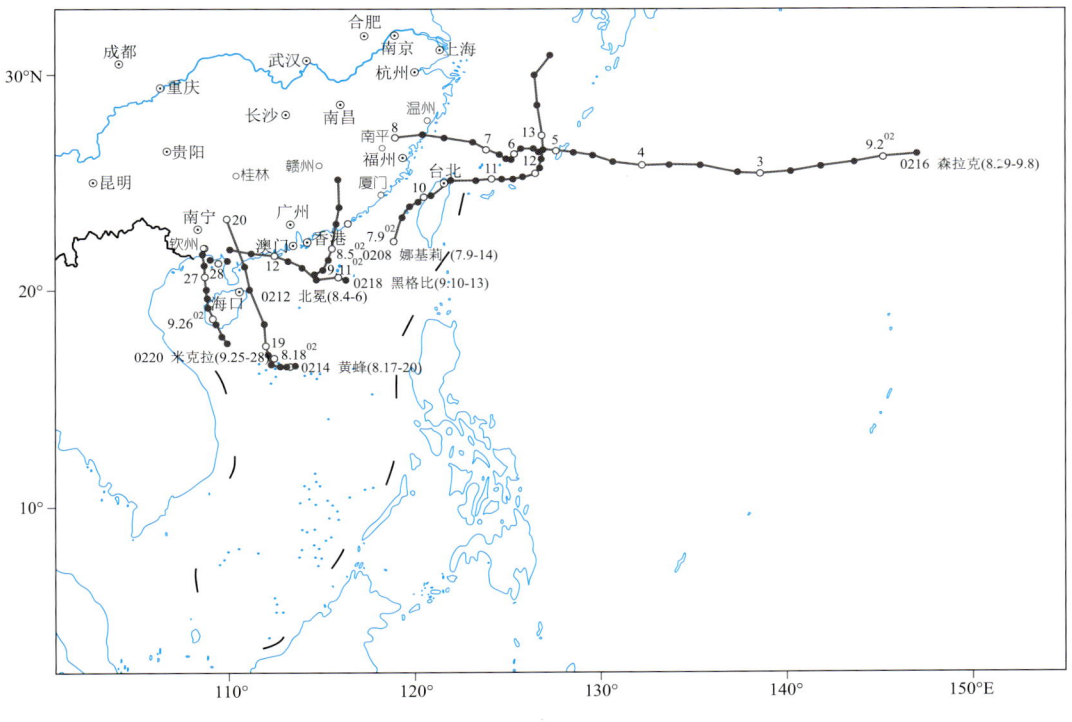

图 2.3.1　2002年登陆中国台风路径

Fig. 2.3.1　The tracks of tropical cyclones landed on China during 2002

2002年,台风带来的降雨对缓解旱情十分有利,但伴随而来的狂风、暴雨及海潮也给一些地区造成了较重的损失。受台风及其外围风雨的影响,全国累计农作物受灾164.7万公顷,倒塌房屋19.3万间,直接经济损失196.7亿元(见表2.3.1)。

2002年台风登陆个数较常年略偏少,且多数强度较弱,影响范围较小,造成的灾害损失较轻。综合来看,2002年属于台风灾害偏轻年份。

表 2.3.1 2002 年中国台风主要灾情表

Table 2.3.1 List of tropical cyclones and associated disasters over China in 2002

国内编号及中英文名称	登陆日期	登陆地点	最大风力/级(风速/(米/秒))	受灾地区	受灾人口/万人	死亡人口/人	失踪人口/人	转移安置/万人	倒塌房屋/万间	受灾面积/万公顷	直接经济损失/亿元
0205"威马逊"(Rammasun)				浙江	31.6		2			4.4	7.0
				上海		6			0.1	1.6	1.4
				江苏	331			0.2	0.2	23.9	6.3
				吉林							
0212"北冕"(Kammuri)	8月5日	广东陆丰	10(25)	广东	103.0	30			0.7	14.9	9.0
				福建	238.7	10		4.6		10.3	15.2
				广西		1	3				1.8
				湖南	437	73	34	16.8	1.5	29.4	30.7
				江西						0.8	0.3
0214"黄蜂"(Vongfong)	8月19日	广东吴川	11(29)	广东	50.5				0.6	13.5	3.9
				海南	46.3				0.8	3.5	0.9
				广西	453.8	21		6.4	1.6	5.5	8.3
				湖南	464	3			0.6	10.6	15.6
				贵州	46.7	9				2.3	0.4
0216"森拉克"(Sinlaku)	9月7日	浙江苍南	12(37)	浙江	820	28		47	2.3	20.0	46.0
				福建	221	1			3.5	12.5	35.3
0218"黑格比"(Hagupit)	9月12日	广东阳江	10(25)	广西	114.2	1		1.9	0.3	1.1	2.3
				江西	22.7	28		3.9	0.5	0.9	1.2
0220"米克拉"(Mekkhala)	9月25日 9月27日	海南三亚 广西钦州	9(23) 8(18)	海南	136.9				1.9	8.1	9.3
				广西	124.8	1			0.1	1.4	1.8
合计					3642.2	212	39	76.2	19.3	164.7	196.7

2.3.2 主要台风灾害事例

1. 0205号台风"威马逊"(Rammasun)

2002年第5号热带风暴"威马逊"于6月29日下午在西北太平洋洋面上生成,生成后向西北方向移动,强度逐渐加强;7月1日凌晨加强为强热带风暴;2日凌晨加强为台风;3—4日,台风继续向西北偏北方向移动;4—5日擦过浙江东部沿海北上,强度逐渐减弱。

浙江 7月4—5日,浙南沿海海面风力有10～12级,浙北和浙中沿海海面风力超12级,大陈(46米/秒)、普陀(45米/秒)、嵊泗(45米/秒)等站阵风在40米/秒以上;宁波、舟山和绍兴等地有大雨到暴雨,局部大暴雨,其中4日岱山(75.5毫米)、宁波(70.3毫米)、奉化(53.8毫米)、石浦(84.9毫米)、余姚(51.1毫米)出现暴雨,舟山(139.5毫米)出现大暴雨。浙江沿海的网箱养殖、农作物损失较重,输电设施、非标准小海塘等设施受损。"威马逊"造成浙江31.6万人受灾、2人失踪;直接经济损失7.0亿元。

上海 7月4—5日,上海普遍出现大到暴雨,有8个站降水量达到50毫米以上,其中徐汇区田林新村雨量达71毫米。全市普遍出现7~9级大风,沿江沿海大风9~11级,其中南汇阵风28.0米/秒。"威马逊"造成6人死亡,倒塌房屋1000余间;全市直接经济损失约1.4亿元。台风对交通、城市排水等产生一定的影响。浦东国际机场被迫取消航班170架次,造成6000多名旅客滞留。十六铺客运码头通向江浙的大部分线路停止客运。

江苏 7月4日凌晨起"威马逊"自南向北影响江苏省,5日"威马逊"中心沿江苏沿海近海北上,5日08时台风中心离吕泗、启东等地最近距离大约210千米。4日、5日全省大部分地区普降中到大雨,部分地区暴雨。4日部分地区伴有7级左右的偏东大风,5日江苏东部地区伴有7~10级偏北大风。受"威马逊"的影响,南京禄口机场4日接收了13个从上海浦东机场转来的备降航班,近千人滞留在南京;常州有部分航班被迫延误,市区有多处户外广告牌被吹倒。台风还造成江、河、湖水位普遍上涨,长江中下游地区的太湖、南京下关水位均超过了警戒水位。"威马逊"造成江苏省95个乡(镇)1399个行政村受灾,受灾人口331万人,紧急转移安置0.2万人;倒塌房屋0.2万间;农作物受灾23.9万公顷;直接经济损失6.3亿元。其中灾情主要发生在南通地区。

吉林 受"威马逊"外围云系和高空槽的影响,从7月5日开始吉林省东南部出现降水天气,降水主要集中在延边地区。7月6日图们、龙井、和龙和珲春出现暴雨,日降水量分别为50.8毫米、54.7毫米、58.1毫米和74.0毫米。其中珲春雨量最大,7月5日08时至7月8日08时,珲春降水量达135.6毫米。

2. 0212号台风"北冕"(Kammuri)

2002年第12号热带风暴"北冕"于8月4日凌晨在南海北部海面上生成,生成后向偏北方向移动,强度加强,并逐渐向广东中部沿海靠近。5日06时15分前后在广东省陆丰市沿海登陆,登陆时中心附近最大风力有11级。5日夜间在江西省境内减弱为热带低气压。

广东 广东省南部、东部、西南部大部分地区以及北部局部地区出现大到暴雨、局部特大暴雨的强降雨过程。"北冕"降水量大、影响范围广。8月5—10日,广东省出现暴雨(日雨量≥50毫米)71站次,大暴雨(日雨量≥100毫米)25站次,特大暴雨(日雨量≥250毫米)1站次。过程累计降水量有10站达300~545毫米,16站有200~300毫米,有45站为100~200毫米。8月6日08时至7日08时,揭阳降雨量达275毫米,饶平258毫米,普宁235毫米。由于"北冕"带来丰沛的降水,8月上旬全省大部分地区雨量明显偏多,尤其是东南部沿海地区,其中普宁达到628毫米,揭阳、潮州、饶平超过500毫米。乐昌、曲江、新丰、四会、连山、阳山、仁化、连州、揭阳、龙川、澄海、五华、惠阳、揭西、鹤山、饶平、潮州、普宁、潮阳等19站旬雨量刷新了历史同期最高纪录。

"北冕"带来的降雨使粤东地区一大批干涸水利工程的蓄水量增加,旱情基本缓解,为2002/2003年冬季和2003年春季的生活生产用水确保了水源;有利于提高韩江水位,使工程施工进度加快。但由于强热带风暴来势猛、风雨强度大,特别是风后降雨集中且强度大,致使部分地区山洪暴发,房屋被冲垮损坏,部分地区交通、通信设施遭受破坏。由于北江流域普降大到暴雨,北江流域出现2002年最大的一次洪水。至10日止,广东清远水文站水位接近13米,超过警戒水位1米;国家重点站石角水文站逼近11米警戒水位。上游的武江、翁江、连江多条支流洪水泛滥。坪石、乐昌、英德、韶关、连县、连山等10多个水文站7日起先后超警戒水位,8日傍晚洪峰先后通过坪石、乐昌站,均超过历史最高水位。乐昌站水位近92米,超过90.58米的历史最高水位和87.2米警戒水位,导致韶关多个市(县)洪涝肆虐。8月6—8日,受暴雨侵袭影响,湖南郴州至广东韶关一带出现严重山体滑坡,造成途经此处的京广线部分路段路基下沉,京广铁路运输严重受阻,广州的火车站有17趟列车停运,几十趟列车晚点10小时左右,约2万名旅客滞留。从成都、武汉、福州、长沙、海口、马尼拉等地飞往广州的多个航班被延误。据统计,广东韶关、梅州、潮州、揭阳、汕尾、汕头和清远7市36

个县(市、区)不同程度受灾,造成受灾人口103万人,死亡30人;倒塌房屋0.7万间;农作物受灾14.9万公顷,直接经济损失9.0亿元。

福建 福建南部地区和沿海地区出现大范围暴雨—大暴雨天气,局部特大暴雨;中、南部沿海出现8～10级阵风。4—7日先后有69个县次日雨量超过50毫米,其中厦门、云霄连续4天暴雨,有10个县(市)连续3天暴雨;有31个县次过程雨量超过100毫米;有3个县超过200毫米;福清日最大雨量达到296.0毫米。4天总雨量,有35个县(市)超过100毫米,其中21个县(市)超过200毫米,福清最多的达491毫米。8月5日08时至6日08时,永春降雨量达287毫米。

强降水引发了江、河洪水和山地灾害,造成城镇被淹,房屋倒塌,人员伤亡,交通中断,农田被淹,水利设施损毁。据统计,全省6个地(市)45个县(市)共计238.7万人受灾,死亡10人;倒塌房屋4.6万间;农作物受灾10.3万公顷;直接经济损失15.2亿元。暴雨造成2002年厦门至鼓浪屿渡轮首次部分停航、厦门机场部分航班延误、厦门火车站火车晚点。

广西 受"北冕"外围环流影响,8月5日15时52分,岑溪市出现20米/秒的大风;5日16时前后,武宣县二塘镇出现了强雷暴、大风等灾害天气,造成4人死亡或失踪;直接经济损失1.8亿元。

湖南 受"北冕"减弱的低气压和北方南下的冷空气共同影响,8月6日08时至7日08时,湘南18个县(市)降雨量在50毫米以上,3个县(市)降雨量在100毫米以上;8月7日08时至8日08时,湘南17个县(市)降雨在50毫米以上,6个县(市)降雨在100毫米以上。两天强降雨主要集中在郴州、衡阳、永州及株洲南部。有26县(市)过程累计雨量在100毫米以上,其中临武、郴州、资兴、蓝山雨量在200毫米以上。

连续两天的强降雨,导致部分地区出现山洪。从8月9日起,湘江水位迅速突破防汛、警戒、危险水位,长沙站8月10日达37.06米,形成第5次洪峰。全省37个县(市、区)共计437万人受灾,死亡或失踪107人,紧急转移安置人口16.8万;倒塌房屋1.5万间;农作物受灾29.4万公顷,直接经济损失30.7亿元。

江西 受"北冕"减弱的热带低压和冷空气共同影响,全省普遍出现降水,局部地区降暴雨或大暴雨。8月6日,全省有8站出现暴雨;7日,有18站出现暴雨,星子(235毫米)、庐山(168毫米)和湖口(105毫米)出现大暴雨,其中星子超过8月日降水极大值;8日,有17站出现暴雨,永新(126毫米)、吉水(115毫米)出现大暴雨;9日,有14站出现大雨。8月7日,星子县县城出现内涝,全县12个乡(镇、场)均不同程度受灾,农作物受灾0.8万公顷;直接经济损失0.3亿元。

3. 0214号台风"黄蜂"(Vongfong)

2002年第14号热带风暴"黄蜂"于8月17日下午在南海中部海面生成,生成后缓慢向北偏西方向移动,强度逐渐加强;18日到达西沙群岛附近海面,并转向西北偏西方向移动,同时加强为强热带风暴;19日20时40分前后,强热带风暴在广东省湛江市吴川沿海登陆,登陆时中心附近最大风力有11级;20日08时在广西北部减弱为热带低压,20日下午在贵州省境内减弱消亡。

广东 8月19日白天到20日早晨,南海北部海面和广东海面出现了6～8级大风,其中强热带风暴经过的地方,阵风有11～12级。广东西南部和中部偏西地区普降暴雨大暴雨。

"黄蜂"具有强度不断加强、大风范围大、在移动过程中路径曲折多变、移动速度先慢后快、过程雨量集中、雨强大的特点,致使湛江、茂名、阳江等市部分地区遭受较严重的灾害。广东省湛江、茂名、阳江3个市20个县(市、区)182个乡(镇)不同程度受灾,受灾人口50.5万人;倒塌房屋0.6万间;农作物受灾13.5万公顷;直接经济损失3.9亿元。

海南 8月17—19日,海南岛中部和北、东部的大部分地区及昌江等9个市(县)降暴雨至大暴雨,有8个市(县)过程雨量在100毫米以上。其中,文昌、海口的过程降水量分别为205.4毫米和239.7毫米;文昌、海口的日最大降水量分别为182.7毫米和230.7毫米。文昌、琼山、东方最大风力6～7级,西部、北部部分地区及文昌阵风7～9级。

海南省海口、琼山、文昌、白沙4个市(县)42个乡(镇)共计46.3万人受灾;农作物受灾3.5万公顷;直接经济损失0.9亿元。另外,海口市海、陆、空交通严重受阻,琼州海峡全面停航,海口秀英港和新港滞留50多辆车和5300多名旅客;美兰机场113架次航班受阻,多个航班备降三亚、广州、深圳等机场,23个航班被迫取消,3000多名旅客被滞留。虽然部分市(县)受到一定的经济损失,但风暴带来的充沛降水大大缓解水库前期降水偏少造成的水位急剧下降、蓄水锐减的不利局面。水库蓄水增加,为海南省冬种生产用水提供了有力的保障。总体来说,"黄蜂"对海南省是利大于弊。

广西 广西中部出现大到暴雨、局地出现大暴雨或特大暴雨。18日20时到20日08时,有20个县(市)降雨量在100毫米以上,有35个县(市)降水量50～99.9毫米。北部湾海面出现了平均风力7级、阵风9级的大风,桂东南及沿海也出现了平均风力5～6级、阵风8～11级的大风。

强降水导致部分河流水位上涨,20日08时,藤县水位21.71米,超过警戒水位2.71米;桂平水位34.56米,超过警戒水位2.06米;平南水位28.4米,超过警戒水位1.4米。21日08时,贵港水位42.48米,超过警戒水位2.02米。23日14时,梧州水位22.73米,超过警戒水位7.73米。玉林、贵港、柳州、钦州等地(市)出现了局部洪涝及山洪滑坡等灾害。据统计,8月18—23日,全区有35个县(市)受灾,受灾人口达453.8万人,死亡21人,转移安置6.4万人;房屋倒塌1.6万间;农作物受灾5.5万公顷;直接经济损失8.3亿元。

湖南 8月13—21日,受"黄蜂"影响,全省出现一次降水过程,大暴雨、暴雨和大雨的站次数分别为2个、64个和153个。湘江水位从8月15日开始上涨,长沙站8月22日达38.38米,刷新了该站8月洪水水位的历史最高纪录,湘江迎来了第6次洪峰。据统计,全省有464.0万人受灾,死亡3人;倒塌房屋0.6万间;农作物受灾10.6万公顷;直接经济损失15.6亿元。

贵州 受台风"黄蜂"外围云系的影响,8月20日凌晨开始贵州自东向西出现了一次强降雨天气过程。贵州中部以东、以南地区普遍出现大雨,8县出现暴雨,主要分布在贵州省东南部地区,其中从江78毫米最大。据统计,贵州黄平、台江、镇远、凯里、福泉、荔波、万山、铜仁、赫章、仁怀10县(市)遭受洪涝灾害,瓮安、惠水发生滑坡泥石流,福泉同时遭受大风袭击,造成46.7万人受灾,死亡9人;农作物受灾2.3万公顷;直接经济损失0.4亿元。

4. 0216号台风"森拉克"(Sinlaku)

2002年第16号热带风暴"森拉克"于8月29日下午在关岛东北方的西北太平洋洋面上生成,30日上午加强为强热带风暴,9月7日18时30分前后在浙江省苍南一带沿海登陆,登陆时中心附近最大风力有12级(40米/秒)。登陆后继续向偏西方向移动,进入福建北部,强度逐渐减弱。8日08时,其中心已移到江西省抚州境内,并已减弱为热带低气压。

受16号台风"森拉克"影响,台湾省及以东洋面、东海、台湾海峡、长江口区、浙江东部沿海、福建中北部沿海先后出现7～10级大风,台风中心经过的附近海面和地区的风力有11～12级;浙江东部、福建东北部出现6～7级大风。9月7日08时至8日08时,浙江大部、福建东北部出现了大到暴雨,局部地区大暴雨,降雨量一般有30～60毫米。其中,浙江东部沿海地区、福建东北部局部地区的降雨量有70～100毫米,浙江大陈岛(134毫米)、玉环(128毫米)、洞头(144毫米)、福建福鼎(178毫米)雨量大于100毫米。由于"森拉克"影响范围大、强度强,又正值天文大潮期间,对浙江、福建造成了较大的影响,一些地区出现了房屋倒塌,农田、养殖场受损及人员伤亡。

浙江 9月7日早晨起,浙江普降大雨到暴雨,其中温州、台州及宁波南部、丽水东部地区出现大暴雨,局部特大暴雨,雨量主要集中在7日08时到8日08时。6—7日,浙江沿海海面的风力10～11级,沿海地区风力8～10级,台风中心经过的浙江中部和南部沿海地区和海面风力在12级以上,且沿海海面12级以上的大风持续时间达24小时。"森拉克"登陆时正逢农历八月初一天文大潮期,浙南沿海潮位接近或超过了历史最高潮位。8日20时40分至22时06分,海门、健跳、鳌江、温州、瑞安等地超过警戒潮位,其中,21时06分鳌江最高潮位6.90米,超过历史最高潮位0.2米。钱塘江水位出现11.2米(高平)的新纪录。这是自1949年钱塘江围垦以来天文潮与风暴潮相遇最高的一次潮位。

由于雨量大,大风范围广,风力强,同时又恰逢天文大潮,出现了风、雨、潮"三碰头"的情况。据统计,台州、温州、宁波、舟山、嘉兴等地出现了不同程度的洪涝,浙江省受灾人口820万人,28人死亡,紧急转移安置47万人;倒塌房屋2.3万间;农作物受灾20万公顷,直接经济损失46亿元。

福建 9月7日08至8日08时,福建省中北部地区大部分县(市)出现中到大雨以上的降水,其中宁德市中北部有6个县(市)出现暴雨或大暴雨天气。周宁、柘荣、福鼎、霞浦4县(市)24小时雨量超过100毫米,其中柘荣(198.2毫米)最大。从7日12时起到夜里,宁德市大部分县(市)和福州、南平两市的北部先后出现8级以上大风,7日20时福鼎县出现阵风35米/秒。5—7日,福鼎沙埕潮位站5次出现警戒水位,其中3次出现超危险水位,风暴潮波及整个闽东沿海海域。

据统计,福建省宁德、福州、莆田和泉州4市21个县(市)193个乡(镇)共计221万人受灾,死亡1人;房屋倒塌3.5万间;农作物受灾12.5万公顷;直接经济损失35.3亿元。

5. 0218号台风"黑格比"(Hagupit)

2002年第18号热带风暴"黑格比"于9月10日夜间在南海东北部海面生成,生成后向西偏北方向移动,强度加强;11日上午加强成强热带风暴;12日03时30分前后强风暴中心在广东省阳江市平冈镇登陆,登陆时中心附近最大风力有11级;12日晚上在广西东南部减弱为热带低压。

广西 桂南大部分地区出现了大到暴雨,局部出现了大暴雨,桂北大部分地区下了小到中雨,局部大雨。桂东南和沿海陆地出现了5～6级的大风。

"黑格比"带来的降雨缓解了前期旱情,利于甘蔗茎伸长及其他旱地作物生长发育,但南流江部分河段超警戒水位2米左右,玉林市局部地区山洪暴发,引发内涝灾害,造成房屋倒塌、人员和农作物受灾。据统计,广西受灾人口114.2万人,死亡1人,紧急转移1.9万人;倒塌0.3万间;农作物受灾1.1万公顷;直接经济损失2.3亿元。

江西 受台风倒槽和冷空气共同影响,9月12—14日,江西出现了较明显的降温、降雨天气,局部地区出现了暴雨或大暴雨,其中14日遂川县24小时雨量达156毫米。"黑格比"造成3个县27个乡(镇)受灾人口22.7万人,死亡28人,紧急安置3.9万人;农作物受灾0.9万公顷;房屋倒塌0.5万间;直接经济损失1.2亿元。

6. 0220号台风"米克拉"(Mekkhala)

2002年第20号热带风暴"米克拉"于9月25日早晨在南海北部海面上生成,生成后向西北偏北方向移动,强度有所加强,当日18时30分前后在海南省三亚市登陆,登陆时中心附近最大风力有9级(风速23米/秒);27日下午在广西钦州再次登陆,登陆时中心附近最大风力8级;28日07时50分在广东廉江和遂溪之间一带沿海第三次登陆,登陆时减弱为热带低压,中心附近最大风力7级。

海南 海南省南部、中部和西部等8个市(县)出现大暴雨,局部特大暴雨,其中9月25日、26日三亚的降水量分别达263毫米和198.5毫米。全省有12个市(县)过程雨量在100毫米以上,其中陵水330.5毫米、三亚479.3毫米。陵水、三亚、五指山、东方、昌江最大风力6～9级,阵风9～10级。

三亚市区街道大面积积水,水深30～40厘米,部分地区的用电和交通受到影响。据统计,全省有136.9万人受灾,倒塌房屋1.9万间,农作物受灾8.1万公顷,直接经济损失9.3亿元。

广西 广西沿海地区和桂东南出现暴雨或大暴雨。26日20时至28日20时,降雨量超过100毫米的有7个县(市),其中9月26日20时至27日14时北海(190毫米)、合浦(183毫米)、涠洲

(157毫米)雨量超过150毫米。北海、钦州、玉林等市的局部地区出现了不同程度的洪涝灾害,其中合浦县受灾最为严重。9月26—28日,北部湾北部海面出现平均风力9级、阵风12级的大风,北海市出现了平均风力8级、阵风10级的大风,钦州、合浦、防城等市、县(区)出现8级阵风,沿海其他县(市)平均风力有5～6级。

据统计,广西有8个县(区)65个乡(镇)受灾,受灾人口124.8万人,死亡1人;房屋倒塌0.1万间;农作物受灾1.4万公顷;直接经济损失1.8亿元。

2.4 冰雹与龙卷

据不完全统计,2002年全国31个省(区、市)共1470个县(市)次出现冰雹或龙卷,累计受灾758.2万公顷,成灾245.8万公顷,绝收109.9万公顷;倒塌房屋19.9万间,损坏房屋126.2万间;死亡305人,伤病1.6万多人;直接经济损失221.7亿元。总的来看,2002年全国降雹次数比常年明显偏多,风雹造成的经济损失也比常年偏重。

2.4.1 冰雹

1. 主要特点

(1)降雹次数比常年偏多

2002年,全国31个省(区、市)均不同程度地遭受到冰雹的袭击。据不完全统计,共有1444个县(市)次出现冰雹。降雹次数比常年(约1000个县次)明显偏多。

(2)初雹时间偏早,终雹时间明显偏晚

2002年,全国最早一次降雹出现在1月15—16日(浙江杭州、台州、温州)。与近10多年来全国平均初雹时间(2月上旬)相比,2002年初雹时间偏早。全国最晚一次降雹出现在12月19—20日(广东、海南、广西、福建等地)。与近10多年来全国平均终雹时间(11月上旬)相比,2002年终雹时间明显偏晚。

(3)降雹主要集中在春季和夏季

从降雹的季节分布来看,2002年春季出现冰雹过程最多,共有678个县(市)次降雹,约占全年降雹总次数的47.0%;其次是夏季,共有627个县(市)次降雹,约占全年降雹总次数的43.4%。春、夏两季为降雹的集中时段,共有1305个县(市)次降雹,占全年降雹总次数的90.4%。其他季节降雹次数很少,仅占全年的9.6%。

从各月降雹情况看,以4月最多,共有330个县(市)次降雹,占全年降雹总次数的22.9%;7月次多,有278个县(市)次降雹,占全年的19.3%;5月居第三位,有248个县(市)次降雹,占全年的17.2%。11月,全国各地没有出现冰雹。

(4)江南、西南地区东部、西北地区东部及江汉等地降雹相对较多或灾情相对较重

2002年,我国风雹天气较为频繁,全国各省(区、市)均有冰雹发生。全年降雹较多或灾情较重的地区是江南、西南地区东部、华南地区西部、江汉、江淮西部、黄淮西部、华北地区南部等。

就季节分布而言,春季,江南、西南地区东部及江汉一带降雹相对较多;夏季,长江以北及云贵高原等地降雹相对较多。

2. 部分风雹灾害事例

(1)1月15—16日,浙江省杭州市的开化县,台州市的椒江、黄岩、路桥区,温州市永嘉县遭受风雹灾害。其中,椒江、黄岩两地还出现罕见的强冰雹,降雹历时3～5分钟,最大降雹密度1000粒/米^2,地面最大积雹厚度10厘米。风雹导致上述地区农作物受灾2417公顷;1人死亡,37人受伤;房屋到

塌 100 多间；许多电线杆倾斜或刮断，造成 3500 户村民停电、10 多家企业停产；直接经济损失 2835 万元。其中，台州市的椒江、黄岩、路桥 3 区损失较重。

(2) 2 月 18—22 日，贵州省出现冰雹、暴雨和短时大风天气，其中 18 个县（市、区）降了冰雹，最长持续时间 30 分钟。共造成农作物受灾 2.52 万公顷，成灾 1.8 万公顷，绝收 8600 公顷；倒损房屋 2600 多间；直接经济损失 6656 万元。

(3) 2 月 20 日，云南省 9 个县（市）出现风雹天气，最长持续时间 30 分钟，地面积雹最厚 15 厘米。风雹导致农作物受灾 1.11 万公顷，成灾 5900 公顷，绝收 2800 公顷；伤 1 人；损毁房屋 6200 多间；直接经济损失 3141 万元。

(4) 3 月 4 日，贵州省湄潭、凤冈、绥阳、德江、石阡、万山、思南、玉屏、江口和铜仁等 10 县遭受冰雹袭击，冰雹最大密度约每平方米 600 粒，最大直径达 20 毫米，降雹持续时间 9 分钟。其中绥阳油菜受灾 200 公顷，成灾 167 公顷，减产 40%；烤烟受灾 4000 箱；小麦受灾 10 公顷。

(5) 3 月 17—18 日，云南省 14 个县（市）降冰雹，持续时间一般 5~10 分钟，积雹厚度 4~5 厘米。冰雹导致农作物受灾 1.03 万公顷，成灾 3800 公顷，绝收 800 公顷；伤 10 人；房屋倒塌 2100 多间，损坏房屋 1.9 万间；直接经济损失 2433 万元。

(6) 3 月 20 日，湖南省自北向南先后有石门、澧县、临湘、汉寿、平江、沅江、宁乡、韶山、湘潭、邵阳、永州、江华、株洲等 10 多个测站出现大于 17 米/秒大风，局地伴随冰雹。其中，株洲市南部 3 月 20 日 19 时 30 分开始下冰雹，持续 10 多分钟，最大冰雹直径 16 毫米，范围 1 千米。3 月 21 日 02 时，岳阳市平江县虹桥镇白马村一学校校舍被大风刮倒。

(7) 4 月 2 日，浙江省出现大范围雷雨大风和冰雹天气，11 个县（市）降了冰雹，降雹时间 15 分钟左右，局地还出现龙卷。强对流天气导致 1000 余栋房屋受损，1300 多公顷农作物绝收，伤 12 人，直接经济损失 7505 万元。

(8) 4 月 2—4 日，湖北省 19 个县（市、区）突遭暴雨、风雹袭击，最大风力 10~11 级，冰雹大的如鸡蛋，持续时间最长 40 分钟。小麦、油菜、豆类等高秆作物受害严重，受灾 15.13 万公顷，成灾 9.3 万公顷，绝收 1.7 万公顷；死 6 人，伤 722 人；倒房 7800 间，损坏房屋 1.8 万多间；直接经济损失 2.9 亿元。

(9) 4 月 2—5 日，安徽省 10 个县（市、区）遭受罕见的狂风暴雨和冰雹袭击，局地还出现了龙卷，最大风力 11~12 级，持续时间达 1 小时，农作物、早春茶及房屋等损害严重。共有 30 多人被砸伤，伤亡牲畜 247 头、家畜家禽 1.5 万多头（只）；刮倒高、低压电线杆 1300 多根，折断树木 1000 多立方米，部分供电、供水中断，直接经济损失超过 2.1 亿元。

(10) 4 月 2—7 日，江西省 45 个县（市、区）出现大风、冰雹及暴雨等强对流天气。此次风雹来势猛、强度大，风力普遍在 8 级以上，部分地区达 10 级。共造成死亡 5 人，伤病 7730 人；农作物受灾 23.3 万公顷，成灾 9.5 万公顷，绝收 1.2 万公顷，毁坏耕地 1.2 万公顷；倒塌房屋 3.6 万间；直接经济损失达 8.1 亿元。

(11) 4 月 3—4 日，湖南省 8 个县（市）遭受雷雨大风和冰雹袭击，局地出现龙卷。长沙市金井镇有 24 个村的房屋受损，九溪学校食堂的铁锅被打烂。风雹造成死亡 1 人，伤 80 人；农作物受灾 6960 多公顷，成灾 1760 公顷；房屋损坏 1.4 万间，倒塌房屋约 200 间；直接经济损失 9460 万元。

(12) 4 月 3—5 日，重庆市有 15 个区（县）遭受风雹和暴雨袭击，持续时间 20~30 分钟，最大风力 10 级。全市共死亡 9 人，伤病 1763 人；农作物受灾 7.6 万公顷，成灾 4.5 万公顷；倒损房屋 3.18 万间。

(13) 4 月 3—5 日，四川省出现区域性雷雨大风及冰雹天气过程，27 县（市、区）降了冰雹，最大风力 10 级。全省有 38 个县（市、区）受灾，死亡 2 人，伤 165 人；死亡牲畜 1020 头；房屋倒塌 4180 多间,损坏基房屋1.6万间;直接经济损失6509万元。

(14)4月5—6日,广西北部出现一次强对流天气过程,有11个县(市)降了冰雹。导致农作物受灾1500公顷;2人死亡,4人受伤;损坏房屋4700多间;直接经济损失1005万元。

(15)4月7日,贵州省有10个县(市)遭受冰雹袭击,降雹持续4~20分钟。共造成农作物受灾5000多公顷;15人受伤,180多头猪、牛被砸伤;损毁房屋4.74万间;直接经济损失3412万元。

(16)4月15—16日,湖北省出现大范围的强对流天气过程。部分地区降了大到暴雨,风力普遍有7~8级,最大阵风10级以上;随州、襄樊、荆州等地出现龙卷和冰雹,持续时间30~60分钟。这次风雹天气来势猛、强度大、突发性强,全省9个市(州)共22个县(市、区)受灾,农作物受灾19.6万公顷,成灾15.4万公顷,绝收3.1万公顷;6人死亡,231人受伤;倒塌房屋2.3万间,损坏房屋5.3万多间;直接经济损失5.1亿元。

(17)4月23日,湖北省南部有8个县(市、区)遭受风雹和暴雨袭击,局地还发生龙卷。风力达9~10级,最大降水量200毫米左右。这次强对流天气虽然范围较小,持续时间较短,但强度大,且发生在夜晚人们熟睡之时,因而损失严重。造成农作物受灾6.1万公顷,成灾4.8万公顷,绝收2000多公顷;7人死亡,61人受伤;倒塌房屋7500间,损坏房屋1.6万间;直接经济损失1.2亿元。

(18)4月23—24日,贵州省15个县(市)遭受风雹袭击。持续时间近1小时,最大风力10级以上。农作物受灾10.7万公顷,成灾5.6万公顷,绝收1.2万公顷;13人死亡,172人受伤;倒损房屋4.9万间;直接经济损失1.6亿元。

(19)4月23—24日,江西省九江、星子、彭泽、南城、峡江、都昌、丰城、景德镇、南昌县等地出现了大风、强降水、冰雹等强对流天气,其中峡江、南城冰雹最大直径达25毫米。局部地区的工农业生产遭受一定损失。

(20)5月10日,甘肃省6个县降雹,最长降雹持续时间近30分钟。冰雹造成农作物受灾1.7万公顷,成灾2700公顷,绝收130公顷;直接经济损失475万元。

(21)5月10—12日,新疆有6个县(市)出现冰雹灾害,冰雹直径5~20毫米,持续时间10~20分钟。据统计,农作物受灾4450公顷,死亡牲畜102头(只),房屋倒塌29间,直接经济损失766万元。

(22)5月11—12日,辽宁省朝阳、锦州、沈阳等地遭受风雹袭击,降雹持续15分钟以上。灾区大棚塑料薄膜被冰雹打坏,地膜茄子、辣椒叶片被打落,大葱被刮倒,葡萄叶片被打光,出苗约10厘米高的糯玉米被打得东倒西歪。沈阳市雹灾面积7300多公顷;朝阳地区有800多公顷农作物和297个大棚受灾。

(23)5月13日,黑龙江省9个县(市)出现冰雹天气,局地还出现龙卷。风雹导致农作物受灾7.1万公顷,成灾1300多公顷;毁坏房屋1600多间;直接经济损失1195万元。

(24)5月27日,河南省8个县(市)出现雷雨大风、冰雹等强对流天气。重灾区暴雨、风雹持续近1个小时,冰雹大如核桃,最大风力10级。许昌、长葛、周口等地农作物受灾5.07万公顷,成灾2.4万公顷,绝收3600公顷;6人受伤;毁坏房屋2900间,倒折树木1.8万余棵、电杆1360根;直接经济损失5320万元。

(25)5月27日,安徽省沿淮淮北地区遭受大风、冰雹袭击。有13个台站出现大风(蚌埠瞬时风速达31米/秒),10个县(市、区)降了冰雹。风雹造成农作物受灾9.4万公顷,成灾3.6万公顷,绝收1.9万公顷;2人死亡,53人受伤;倒损民房1500间,毁坏树木7.5万棵;直接经济损失2亿元。

(26)5月30—31日,黑龙江省林口、穆棱、双鸭山、七台河、集贤、富锦、绥滨7县(市)出现冰雹天气。其中,5月31日11时30分和15时48分,绥滨县3个乡(镇)23个自然屯降雹近40分钟,冰雹直径近30毫米。冰雹共造成农作物受灾5.3公顷,绝收2.1公顷;直接经济损失209万元。

(27)6月1—2日,山东省东营、滨洲、日照3市8个县(市、区)的部分乡(镇)遭受冰雹袭击。导致农作物受灾4.2万公顷,绝收1300公顷;直接经济损失3750万元。

(28)6月16—18日,内蒙古集宁、博克图、镶黄旗和正镶白旗、化德、宁城分别出现冰雹,其直径为4~6毫米。

(29)6月17—18日,黑龙江省8个县(市、区)降冰雹。重灾区降雹持续约30分钟,地面积雹厚20厘米。冰雹造成农作物受灾2.5万公顷,成灾1.0万公顷,绝产4200多公顷;直接经济损失2613万元。

(30)6月18—20日,吉林省长春市和前郭、扶余、东丰、蛟河、通化、长白、和龙等7个县遭受风雹灾害。其中扶余县的社里乡有4个村受灾,受灾面积2000公顷,地面积雹厚度3厘米,冰雹最大直径50毫米。

(31)6月24日,内蒙古呼和浩特市市区、和林县,乌兰察布盟四子王旗、察哈尔右翼后旗以及凉城,锡林郭勒盟镶黄旗等6县遭受冰雹袭击,冰雹直径3~10毫米。

(32)6月24—25日,云南省寻甸县、陆良县、江川县、楚雄市、牟定县、武定县、兰坪县7个县(市)局部地区遭受风雹灾害,冰雹最大直径10毫米。风雹造成农作物受灾1.5万公顷,绝收570公顷;直接经济损失30万元。

(33)7月2日,陕西省11个县(市)出现短时暴雨和冰雹天气,局地还出现龙卷。农作物受灾3900多公顷,刮倒树木1.7万棵,直接经济损失约200万元。

(34)7月2—3日,黑龙江省有10个县(市、区)出现了大风、冰雹和强降水天气。降雹持续5分钟左右。导致农作物受灾7.5万公顷,成灾4.4万公顷,绝收9100多公顷;4人受伤;损毁房屋1060间;直接经济损失2981万元。

(35)7月3—4日,湖北省恩施、荆门、襄樊3个市(州)的鹤峰、来凤、东宝、掇刀、南漳、保康、谷城、襄城等8个县(市、区)遭受风雹袭击。此次风雹造成83.7万人受灾,成灾65.4万人;农作物受灾6110公顷,绝收3470公顷;倒塌房屋3400间,损坏房屋8600间;直接经济损失5200万元,其中农业损失4300万元。

(36)7月4—7日,受高空槽和地面冷锋及第5号台风的影响,吉林省中部和东部部分地区的双辽、梨树、延吉、敦化、龙井、安图、汪清、珲春、永吉、前郭、大安、农安等12个县(市)遭受暴风雨和冰雹袭击。灾害共造成56万人受灾,4人死亡,450多人受伤;农作物受灾18万公顷,成灾15万公顷,绝收10万公顷;伤亡畜禽20多万头(只);直接经济损失1.5亿元。

(37)7月16—18日,安徽省出现了大范围强对流天气,有11个县(市)降了冰雹,13个站出现7~9级大风,局地还发生了龙卷。全省农作物受灾1.6万公顷,成灾1.3万公顷,绝收980公顷;5人死亡,61人受伤;倒塌房屋1700间,损坏房屋7200间;直接经济损失1.3亿元。

(38)7月17日,河北省9个县(市)遭受了风雹袭击,持续10分钟左右,冰雹最大直径20~30毫米,阵风达6级以上。风雹造成农作物受灾6653公顷,成灾3080公顷,绝收600公顷;直接经济损失约690万元。

(39)7月17—18日,贵州省16个县(市)遭受风雹袭击。风雹造成农作物受灾2.6万公顷,成灾1.5万公顷,绝收3300多公顷;死亡13人;倒塌房屋570多间,损坏房屋4030间;直接经济损失3974万元。

(40)7月17—19日,河南省出现雷雨大风、冰雹及暴雨等强对流天气,局地伴有龙卷发生。其中,兰考瞬时最大风力达11级,禹州地面积雹厚度5~6厘米,商丘降雹20多分钟。全省有50多个县(市、区)74.4万公顷农作物受灾,成灾51.7万公顷,绝收15.8万公顷;死亡26人;倒塌房屋1.4

万间,损坏房屋7.2万间;直接经济损失10多亿元。

(41)7月19—22日,山西省汾阳、兴县、离石、孝义、柳林、临县、岚县8个县(市)连续遭受以冰雹为主的风雹灾害袭击,冰雹直径最大超过30毫米,半小时内降雨40多毫米。导致农作物受灾2.7万公顷,绝收4300公顷;损坏房屋59间(孔)、桥涵11座、河地坝25条、县乡公路22千米;直接经济损失达4772万元。

(42)7月23日,宁夏有11个县(市)遭受暴雨、冰雹袭击。平均风力在6级以上,降雹时间长达30多分钟,地面积雹厚度最大达12厘米。导致农作物受灾5.5万公顷,成灾3.9万公顷,绝收1.3万公顷;死亡大小牲畜3800头(只);直接经济损失超过7000万元。

(43)8月4—5日,贵州省的水城、安龙、普安、威宁、毕节、大方、凯里、台江、麻江9个县(市)遭受风雹袭击,大方县受灾较为严重。风雹造成11.55万人受灾,3人死亡(水城2人、安龙1人);农作物受灾6900公顷,绝收1250公顷;倒塌房屋352间,损坏房屋380间;直接经济损失1954万元,其中农业直接经济损失1941万元。

(44)8月24—25日,湖北省6个县部分地区出现了雷雨、冰雹,持续时间5~10分钟,最大冰雹直径20毫米,阵风最大达10级左右。据统计,有3200人受灾,农作物受灾1.8万公顷;倒塌房屋1186间,损坏房屋4356间;直接经济损失达1.1亿元。

(45)8月25日,重庆市有7个区(县)遭受大风、冰雹袭击,最大风力7~8级。导致农作物受灾2万公顷;1人死亡,2人受伤;倒损房屋600多间,毁坏通信、输电线杆460多根;直接经济损失3022万元。

(46)9月1—3日,云南省有12个县发生雷雨、大风、冰雹灾害。造成农作物受灾3400公顷,绝收400公顷;1.3万人受灾,雷击死亡1人,击昏2人;90多户民房受损;直接经济损失768万元。

(47)9月27—28日,山东省7个县(市)出现冰雹和雷雨天气,降雹持续20分钟左右,地面最大积雹厚度4~5厘米。导致农作物受灾8000公顷,成灾1760多公顷;直接经济损失1.6亿元。

(48)10月14日,山东省14个县(市、区)遭受大风、冰雹袭击,局地出现龙卷。风雹造成农作物受灾35.5万公顷;3人死亡,36人受伤;直接经济损失6.8亿元。其中,果树、大棚蔬菜、棉花等受灾严重。

(49)12月18—19日,福建省周宁县、建宁县、厦门同安区、长泰、九仙山、三明等6个县(市)出现冰雹、暴雨和雷雨大风等强对流天气,最大冰雹直径8毫米,最大风速22米/秒。

(50)12月18—19日,广西田林、百色、乐业、天峨、南丹、河池、环江、都安、巴马等9个县(市)出现了有记录以来罕见的冰雹天气,给当地蔬菜、油菜等冬季农作物造成不同程度的损害。

(51)12月19日下午至夜间,广东省遂溪、雷州、信宜、化州、高州、茂南等6个县(市、区)出现冬季罕见的冰雹和暴雨、雷雨大风等强对流天气。造成农作物受灾4200公顷;2.5万人受灾,3人失踪,2.5万只禽畜死亡;损坏房屋8373间,打坏渔船5艘;直接经济损失4171万元。

(52)12月19—20日,广东省湛江市麻章、雷州、遂溪、廉江等4个县(市)遭受龙卷、冰雹袭击,导致逾20万人受灾,受伤381人,16人失踪,死亡2人,8艘渔船沉没。

2.4.2 龙卷

1. 主要特点

(1)发生次数比常年偏多

2002年全国有14个省(区、市)68县(市、区)次发生了龙卷(见表2.4.1),其中有42县(市、区)次伴有冰雹。龙卷出现次数比常年(近10多年平均每年50多县(市、区)次)偏多。

表 2.4.1　2002 年龙卷简表

Table 2.4.1　List of major tornado events over China in 2002

发生时间	发生地点	发生时间	发生地点
1月16日	浙江台州椒江	7月2日	陕西大荔
3月29日	广东深圳	7月3日	黑龙江绥滨、通河
4月2日	湖南慈利	7月11日	贵州毕节
4月2日	浙江丽水	7月16日	湖北荆州、松滋、公安、菱湖农场、京山、钟祥
4月2—5日	安徽贵池	7月16日	安徽桐城、铜陵
4月3日	湖南常德鼎城	7月17日	湖南南县
4月5日	广东三水	7月17日	河南虞城
4月5日	湖南攸县、宜章、冷水滩	7月20日	湖北随州曾都、武汉蔡甸、武汉江夏
4月7日	广东东莞	7月20日	安徽长丰、肥东
4月15日	湖北随州、襄樊、荆州	7月23日	江苏兴化
4月15日	安徽阜南	7月24日	江苏射阳
4月18日	广东廉江、湛江麻章	7月24日	安徽凤阳
4月23日	湖北沙市	8月4日	广西宾阳
5月8日	广东雷州	8月16日	江苏丰县
5月13日	黑龙江五常	8月17日	重庆大足
5月14日	湖南桃源	8月20日	广东阳东
5月20日	广东江门	8月23日	江苏连云港、滨海
6月8日	湖北公安、洪湖、麻城、罗田	9月7日	浙江台州椒江
6月9日	湖北黄冈黄州	9月26日	广东徐闻、湛江麻章
6月9日	广东雷州	10月14日	山东半岛局地
6月20日	江苏高邮	10月17日	江苏溧水
6月30日	内蒙古察哈尔右翼前旗	12月19—20日	广东湛江麻章、雷州、遂溪、廉江
6月30日—7月3日	广东西部局部		

(2) 开始时间明显偏早，结束时间明显偏晚

2002 年，全国最早发生龙卷是 1 月 16 日（浙江局地），全年龙卷开始时间比常年明显偏早；最晚发生龙卷是 12 月 19—20 日（广东局地），全年龙卷结束时间比常年明显偏晚。

(3) 主要集中在夏季和春季

从龙卷的季节分布来看，2002 年夏季发生最多，共有 37 县（市）次出现龙卷，约占全年龙卷总次数的 54.4%；其次是春季，共有 21 县（市）次出现龙卷，约占全年龙卷总次数的 30.9%。春夏两季总共有 58 县（市）次出现龙卷，占全年龙卷总次数的 85.3%，为龙卷发生较为集中的时段。

从各月的情况看，以 7 月发生最多（22 县次），占全年龙卷总次数的 32.4%；4 月次多（16 县次），占全年的 23.5%；6 月有 9 县次，居第三位，占全年的 13.2%。2 月和 11 月，全国各地均没有出现龙卷。

(4)湖北、广东、湖南、江苏、安徽相对较多

2002年,湖北、广东、湖南、江苏、安徽发生的龙卷相对较多,这5个省共发生了55县(市)次龙卷,约占全国龙卷总数的80.9%。

另外,浙江1月、广东12月出现了冬季罕见的龙卷及雷雨大风、冰雹等强对流天气,这种现象为多年来少见。

2. 部分龙卷灾害事例

(1)1月16日上午,浙江省台州市椒江区章安街道蔡桥村和后洋陈村出现龙卷,历时1分30秒。受灾范围长约200米,宽约500米。1座二层楼房的一层以上全部被掀至3米外的地方,1位农妇从二楼晒台被掀至地面,摔成重伤;附近1只约100千克重的油桶也被掀出3米之外,2口直径约70厘米、半埋在地下的水缸(缸内各盛有半缸水,约50千克重)被卷落在50余米外的稻田里。

(2)3月29日下午,广东省深圳市龙岗区遭受10多年罕见的龙卷袭击,龙岗坪山瞬间风速达34米/秒。龙岗镇龙西村近1000平方米的市场简易铁皮顶棚被掀起,造成5人死亡,40余人受伤,其中12人伤势严重。

(3)4月15日晚,安徽省阜南县地城镇遭受龙卷袭击,造成1670多公顷小麦、油菜倒伏,100多棵杨树被拦腰刮断,30多万棵新栽植的树苗被刮倒。

(4)5月14日晚,湖南省桃源县离窝潭乡出现龙卷和冰雹天气,冰雹大的似鸡蛋。此次风雹灾害造成660多栋房屋损毁,30多人受伤,其中3人被龙卷卷起,1人被抛到河里,2人被抛到地上,摔成重伤。

(5)5月20日下午,广东省江门市江海区遭受暴雨和龙卷袭击。龙卷经过广通自行车有限公司时,瞬间风力在12级以上,持续时间约1分钟。强风将约6000平方米的厂房锌铁瓦屋顶卷起,有的瓦片连角铁(约30公斤)被卷到30米外的平房屋顶上,有的瓦片吹到200~300米外的电线杆上。当时公司内有200多人正在上班,28人因逃避不及被倒塌的厂房砸伤,其中1人被砸断了双腿。

(6)6月30日傍晚,内蒙古乌兰察布盟察哈尔右翼前旗出现龙卷,持续时间25分钟。龙卷所到之处,直径为60厘米粗的大树被连根拔起,农作物一扫而光,房屋也遭破坏。灾情严重的赛汉乡王官梁村几乎成为一片瓦砾。全旗有300多公顷农作物绝收;倒塌、损坏房屋近100间;2人死亡,32人受伤,大、小牲畜35头(只)死亡;损坏高、低压线路近15千米,毁坏林木4000余棵;直接经济损失300多万元。

(7)7月2日晚,陕西省大荔县张家乡遭受龙卷、冰雹、暴雨袭击。风雹影响范围东西长约5千米、南北宽约3千米,持续时间约20分钟。造成1万多棵枣树、100多根电杆被刮倒,房屋受损60多间,农作物受灾200公顷,直接经济损失约200万元。

(8)7月3日凌晨,黑龙江省绥滨县北山乡遭受龙卷袭击。龙卷发生时,狂风大作,大雨夹冰雹倾泻而下,最大冰雹直径15毫米,几十棵50厘米口径大树被刮倒移至数十米之外。此次灾害为当地历史罕见,全乡有8个村屯400公顷农作物受灾,成灾350公顷,绝收40公顷,直接经济损失140万元,其中农业损失96万元。同日晚上,通河县通河镇局地也遭受龙卷袭击,150余间房屋的屋盖被大风卷走,公路两旁的大树被刮断150多棵,一度造成部分路段交通堵塞。

(9)7月16日晚至17日晨,湖北省荆州市荆州区、松滋市、公安县和菱湖农场部分乡(镇)遭受龙卷袭击。共有21个乡(镇)的1.67万公顷农作物受灾;倒塌房屋1500余间,损坏房屋3020间,刮倒电杆1400多根;死亡3人,重伤21人,轻伤57人。

(10)7月16日下午,安徽省桐城市6个乡(镇)出现龙卷和冰雹,冰雹持续时间20分钟左右。成熟的稻粒被冰雹打落,棉花、玉米等被大风刮倒、折断,直接经济损失760万元,其中农业损失640万元。与此同时,铜陵市突降暴雨,局地也出现龙卷,造成270多间房屋倒塌,610多间房屋受损,2

— 29 —

人死亡,10人受伤,直接经济损失1632万元,其中农业损失759万元。

(11) 7月20日,湖北省随州市曾都区和武汉市蔡甸区、江夏区不同程度遭受到冰雹、龙卷的袭击。共有9个乡(镇)街区5680多公顷农作物和经济林果受灾,成灾1260多公顷,绝收800公顷;损坏房屋3800多间,倒房300多间;因倒房和雷击死亡2人,砸伤36人;折断供电、通信线杆500多根、树木1.5万棵;直接经济损失1380万元以上,其中农业损失超过550万元。

(12) 7月20日04时前后,安徽长丰县、肥东县部分乡(镇)遭受龙卷袭击。其中,长丰县吴山、陶楼、罗集等乡(镇)风雹、暴雨持续时间长达55分钟,造成1人死亡,8人重伤,16人轻伤;倒塌房屋7850多间;直接经济损失3642万元。肥东八斗镇遭受狂风肆虐,造成7000多户停电,直接经济损失300万元。

(13) 9月26日03时,广东省徐闻县锦和镇遭受龙卷袭击,造成220间房屋倒损,3人受伤,一大批农作物折断或倒伏,直接经济损失213万元。同日05时前后,湛江市麻章区太平镇也遭受龙卷袭击,造成6人受伤,80多间房屋倒损,直接经济损失30万元。

2.5 沙尘暴

2.5.1 基本概况

2002年,我国共出现了17次沙尘天气过程,其中12次出现在春季。2002年春季我国北方地区沙尘过程数和沙尘日数均较常年同期偏少。

2.5.2 2002年我国北方沙尘天气主要特征和过程

2002年,全国出现了17次沙尘天气过程,其中强沙尘暴过程5次、沙尘暴过程7次、扬沙过程5次;首次沙尘天气过程出现在2月9—10日,末次出现在11月10—11日。2002年17次沙尘天气过程中,12次出现在春季(3—5月)(表2.5.1),其特点是发生强度强、影响范围广、出现时段集中。春季的12次沙尘过程中,有4次强沙尘暴、7次沙尘和1次扬沙天气过程。春季沙尘天气过程集中出现在3—4月,其中3月7次,4月5次。2002年春季沙尘天气过程总次数较2001年同期偏少6次(表2.5.2)。2002年春季,全国平均沙尘日数为4.0天,较常年(1961—1990年)同期(6.4天)偏少2.4天,为1961年以来历史同期第8少(图2.5.1);平均沙尘暴日数为1.2天,比常年同期(2.0天)偏少0.8天(图2.5.2)。

表 2.5.1 2002年我国主要沙尘天气过程纪要表(中央气象台提供)

Tab. 2.5.1 List of major sand and dust storm events and associated disasters over China in 2002 (provided by Central Meteorological Observatory)

序号	起止时间	过程类型	主要影响系统	影响范围
1	2月9—10日	扬沙	冷锋	内蒙古中西部部分地区、陕西北部、山西北部等地出现扬沙。其中内蒙古西部局部地区出现了沙尘暴
2	2月22—23日	扬沙	冷锋	南疆盆地中东部、内蒙古西部、甘肃河西地区中西部、宁夏北部、辽宁西部等地出现扬沙。其中内蒙古西部部分地区出现了沙尘暴
3	3月1—2日	扬沙	冷锋	南疆盆地、内蒙古西部、甘肃河西地区西部等地出现扬沙。其中内蒙古西部部分地区出现了沙尘暴

续表

序号	起止时间	过程类型	主要影响系统	影响范围
4	3月15—17日	沙尘暴	蒙古气旋 冷锋	内蒙古中西部、青海北部部分地区、甘肃河西地区东部、宁夏北部、河北北部、北京、山东西北部和东南部等地出现扬沙。其中内蒙古中部偏东地区、内蒙古西部和青海北部局部地区出现了沙尘暴或强沙尘暴
5	3月18—22日	强沙尘暴	蒙古气旋 冷锋	新疆南部、内蒙古大部、甘肃大部、宁夏、陕西中北部、山西大部、河北北部、北京、黑龙江西南部、吉林西部、辽宁西部、山东中部、湖北中部等地出现了扬沙。其中南疆盆地中西部、内蒙古中西部和东部偏南地区、青海西北部和东部、甘肃河西地区中东部、宁夏大部、陕西北部、山西西北部、河北北部、黑龙江西南部、吉林西部、辽宁西南部等地出现了沙尘暴或强沙尘暴
6	3月24—25日	强沙尘暴	蒙古气旋 冷锋	南疆盆地西南部、内蒙古中部和东部偏南地区、黑龙江中部、吉林西部、辽宁西部等地出现扬沙。其中内蒙古中部偏东地区出现了沙尘暴或强沙尘暴
7	3月28—30日	沙尘暴	蒙古气旋 冷锋	内蒙古中西部、青海东部、甘肃中西部和南部、宁夏、陕西北部、山西大部、河南中部等地出现扬沙。其中内蒙古西部、甘肃河西地区以及宁夏和青海的局部地区出现沙尘暴或强沙尘暴
8	3月30—31日	沙尘暴	蒙古气旋 冷锋	内蒙古中部偏东地区、辽宁西部、河南中部等地出现扬沙。其中内蒙古中部偏东地区出现了沙尘暴或强沙尘暴
9	4月1—3日	沙尘暴	冷锋 低气压	南疆盆地、内蒙古西部和东部偏南地区、青海西北部、甘肃河西地区中东部、黑龙江西部、吉林西部、辽宁中西部、河北南部、山西中部和西南部、河南中北部等地出现扬沙。其中南疆盆地南部和东部、甘肃河西地区东部、内蒙古东部偏南地区、辽宁西部、吉林西部的局部地区出现了沙尘暴或强沙尘暴
10	4月5—9日	强沙尘暴	蒙古气旋 冷锋	新疆南部、内蒙古中西部和东部偏南地区、青海西北部、甘肃西北部、宁夏北部、陕西北部、河北北部、京津地区、黑龙江中部、辽宁大部等地出现扬沙。其中南疆盆地南部和东部、青海西北部、内蒙古中部和东部偏南地区、河北北部、辽宁中部出现了沙尘暴或强沙尘暴
11	4月11日	沙尘暴	低气压 冷锋	陕西北部、内蒙古中部偏东地区、河北西北部、山西西北部、北京等地出现扬沙。其中内蒙古中部偏东地区、河北西北部、山西北部的局部地区出现了沙尘暴
12	4月13—17日	沙尘暴	蒙古气旋 冷锋	新疆南部、内蒙古中西部和东部偏南地区、青海西北部和东部、甘肃中东部和河西地区中部、宁夏、陕西北部、山西大部、河北大部、北京、辽宁西部、河南北部等地出现扬沙。其中新疆南部的部分地区、内蒙古中西部、青海西北部和东部、陕甘宁局部地区出现了沙尘暴或强沙尘暴

续表

序号	起止时间	过程类型	主要影响系统	影响范围
13	4月19—20日	沙尘暴	蒙古气旋冷锋	南疆盆地北部、内蒙古中部偏东地区、甘肃西北部、吉林西部、辽宁西部等地出现扬沙。其中内蒙古中部偏东地区出现了沙尘暴或强沙尘暴
14	4月21—24日	强沙尘暴	蒙古气旋冷锋	新疆南部、内蒙古西部和中部偏东地区、青海西部、甘肃的河西地区中西部和东部、宁夏东部、山西西部、河北东北部、辽宁西部等地出现扬沙。其中南疆盆地北部、青海西北部、甘肃西北部、内蒙古西部和宁夏的局部地区出现了沙尘暴或强沙尘暴
15	6月6—7日	扬沙	蒙古气旋冷锋	南疆盆地、内蒙古西部和中部偏北地区、甘肃西部、宁夏北部等地出现扬沙。其中南疆盆地和内蒙古西部的部分地区出现了沙尘暴或强沙尘暴
16	10月22日	扬沙	冷锋	内蒙古西部、甘肃河西地区中西部、青海西南部等地出现扬沙。其中内蒙古西部和青海西南部的局部地区出现了沙尘暴或强沙尘暴
17	11月10—11日	强沙尘暴	蒙古气旋冷锋	内蒙古中西部和东部偏南地区、辽宁中北部、河北西北部、北京地区等地出现扬沙。其中内蒙古中西部出现了沙尘暴或强沙尘暴

表 2.5.2 2000—2002 年春季(3—5月)我国沙尘天气过程数统计

Tab. 2.5.2 Statistics of sand and dust storm events in Spring (from March to May) during 2000—2002

时间	3月	4月	5月	总计
2000年	3	8	5	16
2001年	7	8	3	18
2002年	6	6	0	12

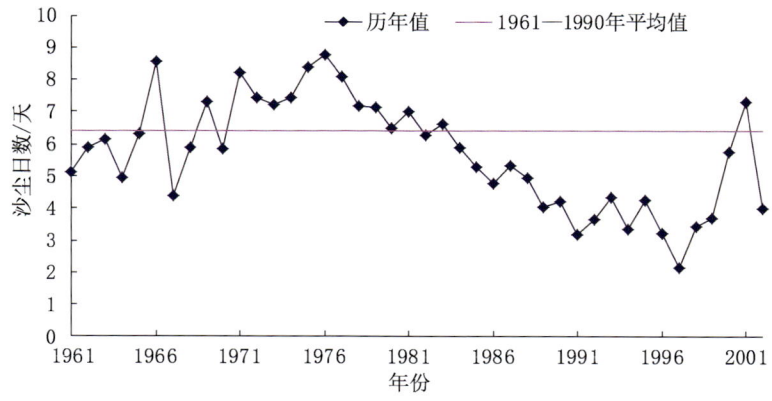

图 2.5.1 1961—2002 年春季(3—5月)中国北方沙尘(扬沙以上)日数变化

Fig. 2.5.1 Number of sand and dust (sand-blowing, sandstorm, strong sandstorm) days averaged over northern China in spring during 1961—2002 (unit: d)

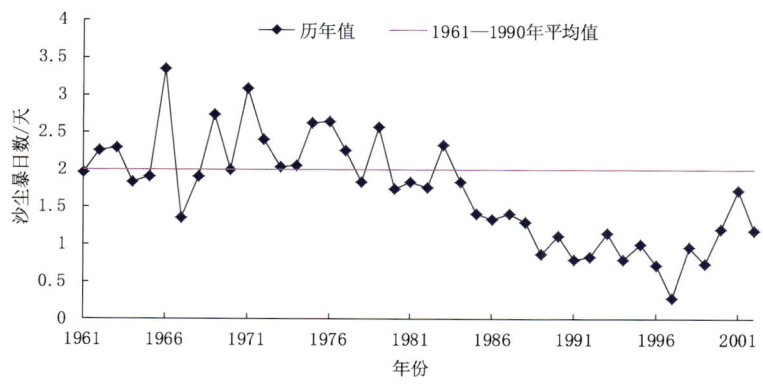

图 2.5.2 1961—2002 年春季(3—5 月)中国北方沙尘暴日数变化

Fig. 2.5.2 Number of sandstorm days averaged over northern China in spring during 1961—2002(unit:d)

从空间分布来看,2002 年春季沙尘天气影响范围主要集中于西北地区、华北大部、东北地区西部以及内蒙古等地,其中南疆、青海西北部、甘肃中部、宁夏北部、陕西西北部、河北北部、北京西北部、内蒙古西部和中部等地区沙尘日数在 10 天以上,部分地区超过 20 天;华北大部及内蒙古东部、青海北部、甘肃南部、陕西中部等地沙尘日数为 3～10 天(图 2.5.3)。与常年同期相比,内蒙古中北部沙尘日数偏多 5～10 天;新疆中南部、青海中西部、内蒙古西部、甘肃西部和中部、宁夏、陕西北部、山西西北部、河北南部等地偏少 5～10 天,部分地区偏少 10 天以上,全国其余地区接近常年同期(图 2.5.4)。

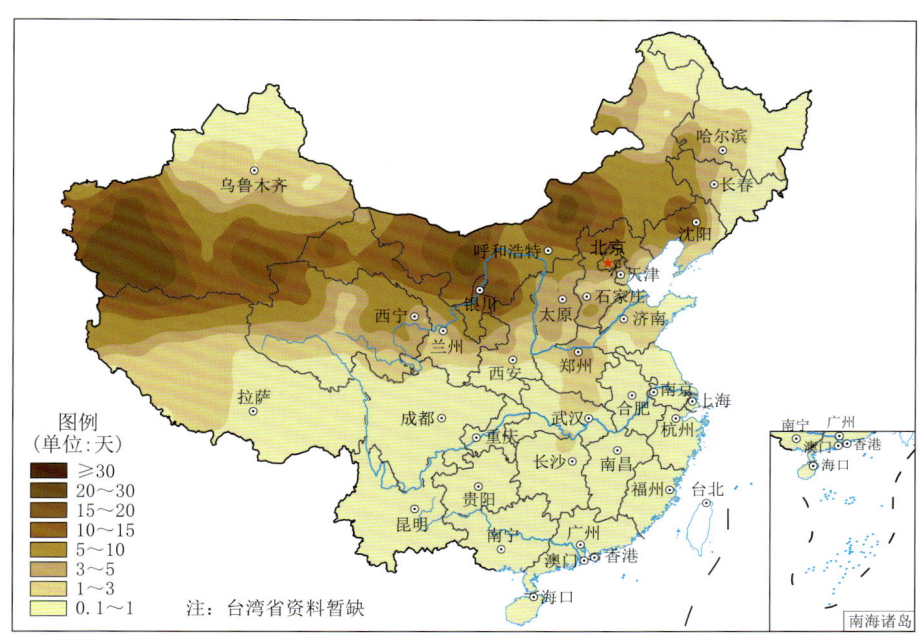

图 2.5.3 2002 年全国春季沙尘日数分布

Fig. 2.5.3 Distribution of the number of sand and dust (sand-blowing, sandstorm, strong sandstorm) days over China in spring in 2002(unit:d)

2.5.3 2002 年北方沙尘天气影响

2002 年春季北方大范围的沙尘天气少于常年同期,对交通运输不利影响较小。综合分析,本年度沙尘天气气候条件对交通的影响属中度偏轻年份。

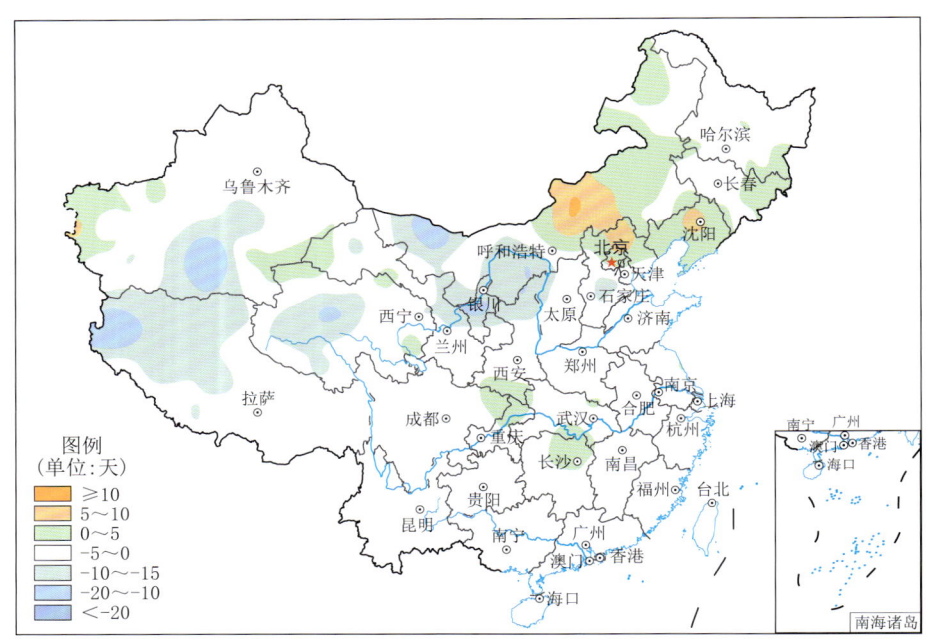

图 2.5.4　2002年全国春季沙尘日数距平分布

Fig. 2.5.4　Distribution of anomaly of sand and dust (sand-blowing, sandstorm, strong sandstorm) days over China in spring in 2002(unit:d)

　　2002年强度最强、波及范围最广、影响最为严重的是3月18—22日的强沙尘暴天气过程,沙尘袭击了西北、华北、东北、黄淮、江淮、汉水流域以及四川盆地、湖南等地,其中新疆、青海、甘肃、内蒙古、宁夏、陕西、山西、河北、黑龙江、辽宁、吉林等11个省(区)的72个测站先后出现了沙尘暴,24个测站出现了强沙尘暴,甘肃鼎新、内蒙古乌拉特后旗能见度一度为0,这是20世纪90年代以来在我国出现的范围最广、强度最大、影响最严重的沙尘暴天气。由于大风沙尘天气能见度低,部分地区交通运输受到一定影响,北京公交总公司出台紧急措施,增加发车密度15%,车速不能超过15千米/时。一些地区供电和通信线路被大风刮断,工厂、学校的房屋和设备受损。甘肃、宁夏等地的部分农田遭沙埋,小麦麦种移位,塑料大棚等农业设施遭到不同程度的破坏,春播受到较大影响。大范围频繁的沙尘天气加剧了北方地区的旱情,给人民生产生活及环境保护带来极大影响。3月18—22日出现的强沙尘天气沙尘分布高度为3500米左右,在北京持续时间达51小时。北京地区每平方米降尘量为54克,按北京市区面积约为1040平方千米计算,总降尘量达5.6万吨。仅3月20日的强沙尘暴给北京刮来的沙土如果用载重10吨的卡车装载,至少需要3000辆车才能拉完。

　　其次是4月5—9日的强沙尘暴过程,沙尘天气主要影响新疆南部、青海西北部、甘肃西北部、内蒙古大部、宁夏北部、陕西北部、河北北部、京津地区、黑吉辽大部以及山东东部和江苏北部等地,共有33个测站出现沙尘暴,其中16个测站为强沙尘暴。内蒙古中部和东部偏南地区、河北北部及辽宁等地的部分地区还出现了能见度不足500米的强沙尘暴(内蒙古锡林郭勒盟部分地区能见度不足100米),北京、天津、河北中南部、山东、江苏、安徽等地的部分地区出现了浮尘或扬沙。最大风力一般有5~7级,局部8~9级。大风沙尘天气给上述地区农牧业生产、交通运输和人民群众日常生活带来了不同程度的影响。其中,内蒙古1.5万头(只)牲畜丢失或死亡,近20万延米网围栏倒塌。4月6—8日出现的大风强沙尘天气,使各航空公司的航班出现延误,50余个航班不能按时起降,4月8日长春飞往海口的航班延误时长达6小时之久。山西太原市郊4月6—8日出现低温强沙尘天气,气温急剧下降到-4℃,风力5~6级以上,全市约有1/3的花朵被吹落或冻坏,市郊0.6万公顷正处于盛花期的桃、梨、杏受到摧残，损失惨重。

2.6 低温冷冻害和雪灾

2.6.1 基本概况

2002年，从霜冻（日最低气温≤2 ℃）日数的年变化来看，霜冻日数呈现出明显减少趋势，2002年全国平均霜冻日数146天，较常年偏少约13天，是自1994年以来连续第9年少于常年值（图2.6.1）。

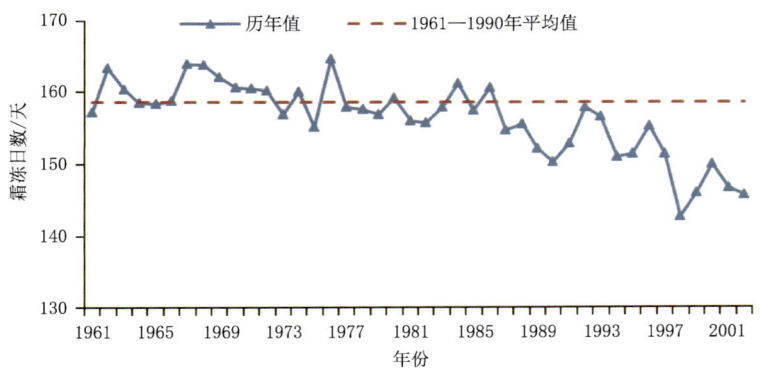

图 2.6.1　1961—2002年全国平均霜冻日数变化

Fig. 2.6.1　Annual frost days over China during 1961—2002(unit:d)

2002年全国平均降雪日数为24天，比常年偏少7天，是自1990年以来连续第13年少于常年（图2.6.2）。1961—2002年，全国平均降雪日数呈显著的减少趋势，其线性变化趋势系数为－1.8天/10年。

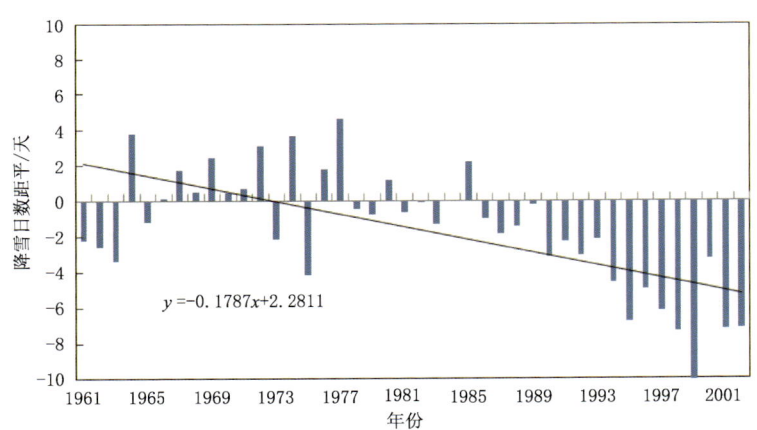

图 2.6.2　1961—2002年全国平均降雪日数距平变化

Fig. 2.6.2　Anomalies of annual snowfall days over China during 1961—2002(unit:d)

2002年，全国因低温冷冻害和雪灾造成农作物受灾面积达467万公顷，绝收54万公顷。

2002年主要的低温冷冻害和雪灾事件有：年初东北及内蒙古、新疆等地发生雪灾，内蒙古呼伦贝尔市局部地区灾情较重；4月下旬至5月中旬山东和长江流域、夏季黑龙江和我国中东部地区等地的部分地区遭受低温冷害；9月中旬至10月江南、华南部分地区出现寒露风天气；10月中下旬东北、华北和黄淮遭受强降温天气，11中旬内蒙古、青海及北疆牧区多次出现降雪天气（图2.6.3、表2.6.1）。

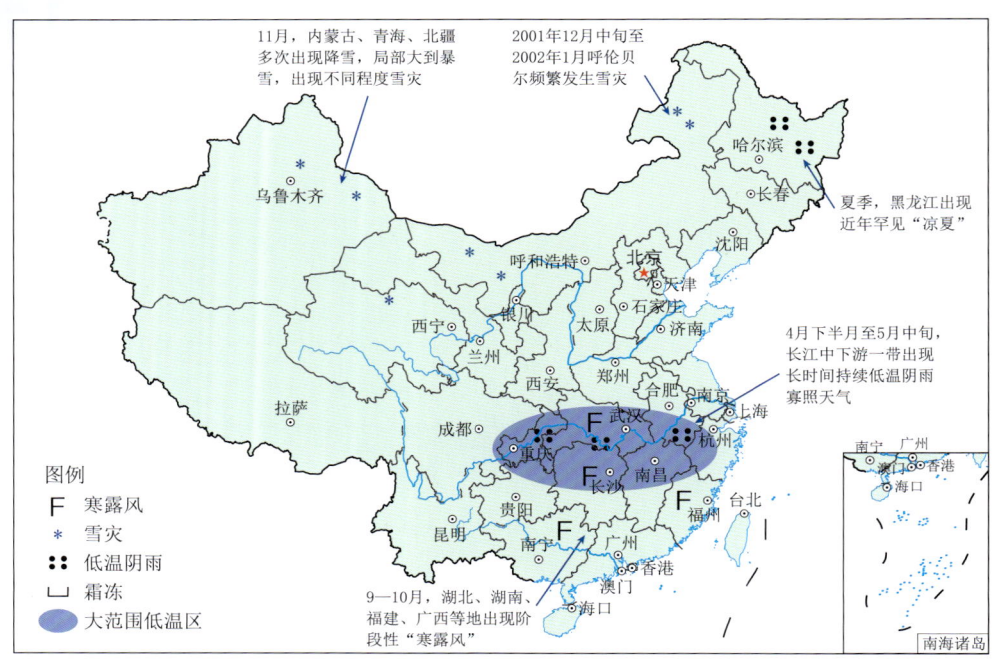

图 2.6.3　2002 年全国主要低温冷冻害和雪灾事件

Fig.2.6.3　Major low-temperature, frost and snowstorm events over China in 2002

表 2.6.1　2002 年全国主要低温冷冻害和雪灾事件简表

Table 2.6.1　List of major low-temperature, frost and snowstorm events over China in 2002

时间	影响地区	灾情概况
年初	东北	东北大部及内蒙古东北部、新疆大部等地降雪天气频繁,部分地区出现雪灾
4月下旬至5月中旬	山东、长江流域	受强冷空气影响,全国大部分地区普遍出现降温天气,过程降温幅度一般达6～12℃,山东省中东部地区遭受低温冻害,直接经济损失达64亿元。长江流域持续低温阴雨,作物受影响大,湖南、重庆等地经济损失15亿余元
8月上中旬	中东部地区	中东部地区出现低温寡照天气,气温普遍偏低2～4℃,部分地区农作物受到不同程度危害。贵州省农作物发生严重的病虫害,粮食作物大幅度减产,云南因低温冷害经济损失1.3亿元
9月中旬至10月	南方地区	受冷空气的影响,湖北、湖南、福建、广西等地的部分地区出现了阶段性"寒露风"天气,致使晚稻的生长发育遭受不同程度的危害
10月中下旬	东北、华北和黄淮	受冷空气过程影响,东北、华北、黄淮最大过程降温幅度达10～16℃,局部超过18℃,由于冷空气不断侵袭,造成东北、华北等地气温持续偏低,不少地区10月下旬平均气温创下历史同期最低值
11月中旬	内蒙古、青海及北疆牧区	内蒙古、青海及北疆牧区多次出现降雪天气过程,局部地区降大到暴雪,由于气温持续偏低,内蒙古中东部牧区积雪深度普遍有5～20厘米,出现不同程度的白灾,受灾人口达1.8万人,受灾牲畜约50万头(只)

2.6.2　主要低温冷冻害和雪灾事件

1. 年初,东北地区大部及内蒙古东北部、新疆降雪频繁,发生雪灾

2001年12月至2002年1月,东北地区大部及内蒙古东北部、新疆大部等降雪天气较为频繁,部分地区因降雪量大出现雪灾。2002年1月6—8日,黑龙江东部、吉林和辽宁的东部、内蒙古东北部出现了历史罕见的大到暴雪天气,降雪量一般有 8～20 毫米,局部超过 30 毫米,积雪深度 15～30 厘米,大雪造成牡丹江民航班机 7—8 日停飞,201、301 公路等主要交通干线出现雪阻,运输暂时中断。内蒙古呼伦贝尔市自 2001 年 12 月中旬至 2002 年 1 月,先后出现了 5 次较大范围的降雪天气过程,积雪深度达 5～37 厘米,呼伦贝尔市西北部牧区雪灾较重,西南部和东部牧区也出现轻到中度雪灾。其中 1 月 13—15 日的暴风雪尤为猛烈,呼伦贝尔市岭北地区普遍刮起"白毛风",能见度仅为 6～7 米,雪后平均积雪深度达 20～30 厘米,局部地区超过 40 厘米,牧区受灾草场面积 500 多万公顷,受灾牲畜 195 万头(只),暴风雪造成道路受阻、交通中断、牲畜觅食困难,给牧民生产、生活带来极大威胁。1 月中旬,新疆南部地区出现了持续数天的降雪天气,部分地区积雪深度达到数十厘米,最低气温也下降到－26 ℃,连日的降雪使多年来度冬如春的塔克拉玛干沙漠出现了大范围积雪,并且维持了较长时间,这在南疆地区是十分罕见的,其中 14—18 日,和田、喀什地区过程降雪量普遍有 2～5 毫米,叶城、泽普达 7～10 毫米,部分地区积雪深度达 13 厘米,据气象卫星监测估算,叶城县积雪覆盖面积近 200 万公顷,其中草地面积约 60 万公顷,部分牧区出现雪灾。2001 年 12 月至 2002 年 2 月初,青海省青南牧区及环青海湖部分地区出现轻到中度雪灾,特别是 12 月 15—16 日出现的中到大雪,积雪深度普遍有 1～9 厘米,积雪时间较长,造成牲畜采食困难。

2002 年 1—5 月,西藏阿里地区、日喀则地区西部、山南地区南部、林芝地区朗县等地出现不同程度雪灾,4 个地区因雪灾造成牲畜死亡 14.5 万头(只),经济损失 2000 多万元。

2. 春季,山东及长江流域出现持续低温阴雨寡照天气

2002 年 4 月下旬,受强冷空气影响,全国大部分地区普遍出现降温天气,过程降温幅度一般有 6～12 ℃,北方部分地区最低气温降至－5～3 ℃,一些地区遭受冻害。其中,山东省中东部地区受灾较重,43 个县(市、区)的果树、桑苗、烟叶和冬小麦、蔬菜普遍遭受冻害,全省农作物受灾达 51 万公顷,造成直接经济损失逾 64 亿元。

4 月下半月至 5 月中旬,长江中下游一带出现长达一个月左右的持续低温阴雨寡照天气,气温普遍较常年同期偏低 1～3 ℃,对小麦、水稻、油菜等作物的生长发育产生不利影响。湖南省有 70 多万公顷作物因春季低温阴雨和"倒春寒"等而受灾,经济损失约 12.3 亿元。4 月 16 日至 5 月 28 日重庆市大部分地区气温为有气象记录以来同期最低值,低温阴雨天气造成南川、涪陵、垫江、丰都、万州、奉节、巫山等 22 个区(县)灾情严重,全市农作物受灾超 10 万公顷,直接经济损失达 3 亿余元。

3. 夏季,中东部地区出现阶段性低温阴雨寡照天气,作物生长受影响

2002 年 6 月中下旬,华北、黄淮和东北一带出现持续低温阴雨天气,其中北京 6 月下旬旬平均气温比常年同期偏低达 4.7 ℃,气温低、光照不足,对农作物、蔬菜等正常生长发育有不同程度的不利影响。

8 月上中旬,中东部地区出现低温寡照天气,气温较常年同期普遍偏低 2～4 ℃,部分地区农作物受到不同程度危害,贵州省大部分地区低温阴雨天气持续 5～12 天,农作物发生严重的病虫害,粮食作物大幅度减产,受害重的县(市)有三都、雷山、凯里、丹寨、贵定、桐梓、贵阳等。云南省滇中及以东以北大部分地区在 3 月出现了中等强度的"倒春寒"天气,7 月下旬至 8 月又遭受了严重的夏季低温冷害,大部分地区持续阴雨,气温大幅度下降,昭通、镇雄、永胜、丽江等地发生了水稻抽穗扬花期低温冷害,农作物受灾 9 万多公顷,粮食减产 8 万多吨,直接经济损失 1.3 亿元。

4. 夏季,黑龙江、吉林出现低温冷害

2002 年夏季,黑龙江省三江平原气温偏低明显,出现近年来少有的"凉夏",5 个低温时段主要出现在 6 月 10—15 日、6 月 20—24 日、7 月 13—16 日、8 月 5—10 日、8 月 17—24 日。尤其是 8 月黑龙江中东部大部分区域气温较常年同期偏低 1～2 ℃,低温严重,8 月 5—10 日、17—24 日上述地区气温降至 14～20 ℃,盛夏期罕见。同期这些地区日照不足,8 月日照时数较常年同期偏少 20～70

小时。由于正值水稻抽穗开花、大豆结荚鼓粒、玉米籽粒形成和灌浆的关键时期，低温寡照对大田作物均造成不同程度的危害，以水稻受害最重，玉米、大豆、杂粮等产量也受一定影响。其中，水稻遭受障碍型冷害和延迟型冷害，甚至是混合型冷害，空壳率为30%左右，发育期延迟10天左右。吉林省8月4—13日也出现低温天气，特别是8月7—10日，全省大部分地区出现持续2～3天日平均气温≤19℃的低温，水稻出现花期障碍型冷害，造成开花延迟，开花数目减少，空壳率上升。

5. 秋季，南方遭遇"寒露风"，东北、华北和黄淮等地大幅度降温

2002年9月中下旬和10月，东部地区冷空气活动频繁，受其影响，湖北、湖南、福建、广西等地的部分地区出现了阶段性"寒露风"天气，致使晚稻的生长发育遭受不同程度的危害，不利于产量形成。10月11—22日，东北、华北、黄淮过程降温幅度达10～16℃，局部地区降温幅度超过18℃，江南、华南等地气温下降7～12℃。10月下旬，东北地区南部、华北大部、黄淮北部旬平均气温较常年同期偏低4～6℃，内蒙古中部和东部偏低达6～8℃。由于冷空气不断侵袭，加上光照不足，造成东北、华北等地气温持续偏低，不少地区10月下旬平均气温创下历史同期新低。如北京10月下旬平均气温5.4℃，比常年同期偏低4.8℃，为1940年以来历史同期最低；辽宁省10月20—28日全省平均气温为1.6℃，平均最高气温只有5.8℃，分别较历史同期偏低6℃和8℃左右，为新中国成立以来同期最低值。11月上中旬，东北、华北和黄淮东部气温仍较常年同期偏低2～3℃，尤其是中旬东北地区大部和内蒙古中东部气温较常年同期偏低达4～6℃。华北、黄淮、江淮的部分地区初霜期比常年偏早10～15天，冬麦区热量明显不足，对农业生产造成一定影响。因天气寒冷，北京、天津11月1日开始提前供暖，山东省济南市11月5日开始供暖，石家庄、大连等城市也纷纷在11月上旬开始供暖，比往年提前1～2周。由于入侵冷空气势力强，东北地区继10月下旬大幅度降温后，11月又连续3旬气温普遍偏低，黑龙江11月平均气温为1961年以来历史同期最低值。气温偏低在一定程度上减少了土壤水分蒸发而起到了保墒作用，但增加了采暖费用，也给人们出行、身体健康等带来不利影响。另外，由于持续的低温天气，一些河流和水库提前封冻，吉林省长春市石头口门、新立城两大水库封冻时间较往年提前了一个多月，水库封冻给城市供水增加了难度。

6. 秋末，内蒙古、青海及北疆牧区多次出现降雪，局地现白灾

2002年11月，内蒙古、青海及北疆牧区多次出现降雪天气过程，局部地区降了大到暴雪，由于气温持续偏低，内蒙古中东部牧区积雪深度普遍有5～20厘米，出现不同程度的白灾。内蒙古呼伦贝尔市新巴尔虎左旗入冬以来经历多次降雪过程，受灾较重，特别是11月10—11日的大风雪持续时间长、风力大、雪量多，全旗平均积雪深度一度达到20～25厘米，部分地区达到30～35厘米，道路、草场被埋，车辆通行受阻，牲畜觅食困难，受灾人口达1.8万人，受灾牲畜约50万头(只)。另外，黑龙江、吉林、辽宁等地也出现了大雪天气过程，降雪对土壤保墒和净化空气极为有利，但对交通运输造成一定影响。11月16—17日辽宁省大连市瓦房店、普兰店的暴雪天气造成大量塑料大棚倒塌损坏，经济损失2000多万元。11月22—23日，沈阳等地区出现入冬以来第一场大雪，受其影响，桃仙国际机场22日下午临时关闭，20余个出入航班延误，造成大量旅客滞留，由于雪后路滑，出行不便，医院摔伤患者增多，公路交通事故也比平时增加1倍多。

2.7 大雾

2.7.1 基本概况

2002年，我国中东部大部分地区的雾日数在10天以上，江南、江淮、黄淮、华北南部以及云南南部、四川东部、重庆、贵州东部、黑龙江北部、天山山脉等地有20～50天，局部地区在50天以上

（图2.7.1）。与常年相比，除四川东南部、陕西中部、福建中部、云南西南部、吉林东部、黑龙江北部的部分地区偏少10～30天，四川东南部、云南西南部局部偏少30天以上外，其余地区接近常年（图2.7.2）。

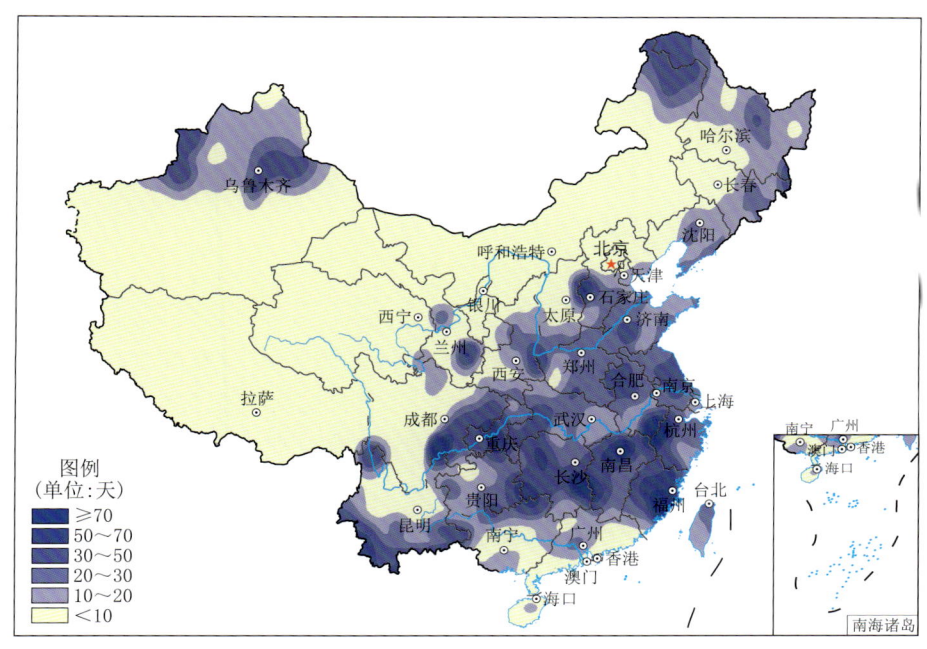

图2.7.1　2002年全国雾日数分布

Fig. 2.7.1　Distribution of fog days over China in 2002（unit：d）

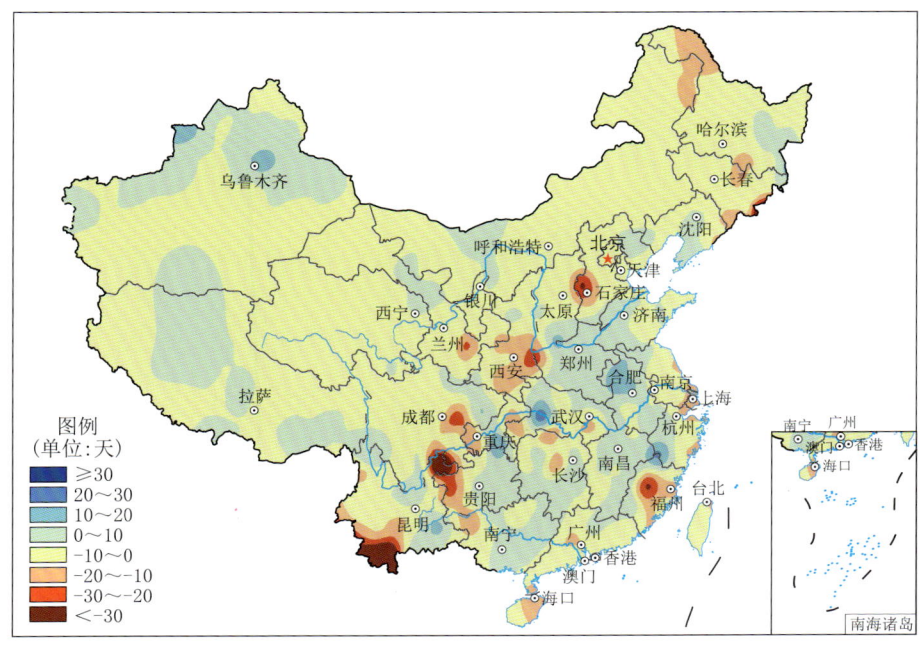

图2.7.2　2002年全国雾日数距平分布

Fig. 2.7.2　Distribution of fog days anomalies over China in 2002（unit：d）

雾主要出现在100°E以东地区。2002年100°E以东地区平均雾日数为20.6天，比常年偏少6.7天，仅次于2001年、1999年和2000年，为1961年以来第4少。1961—2002年，100°E以东地区平均年雾日数总体呈减少趋势。20世纪70年代中期之前多数年份较常年偏少,70年代中期至80年代中期转为偏多,但从80年代中期以后呈减少趋势,且自90年代以后持续较常年偏少(图2.7.3)。

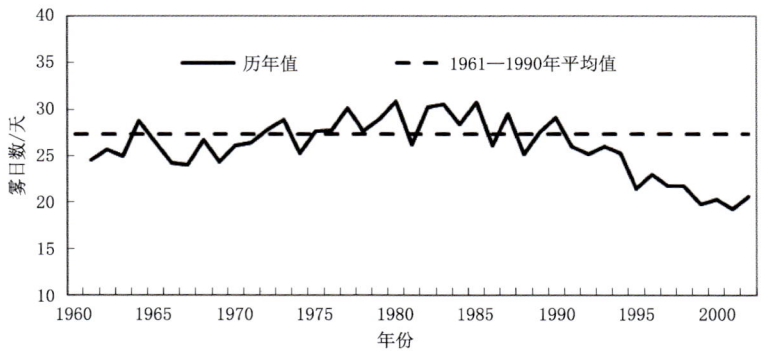

图 2.7.3　1961—2002 年中国 100°E 以东地区平均年雾日数变化

Fig. 2.7.3　Annual variations of averaged fog days in the area east of 100°E of China during 1961—2002(unit:d)

从各月雾日数分布(图2.7.4)可以看到,2002年我国雾主要发生在1月、3月、8月、11月和12月,共占全年雾日数的53%。除12月较常年同期偏多0.34天外,其余月份均偏少,其中9月偏少最多,为0.74天。

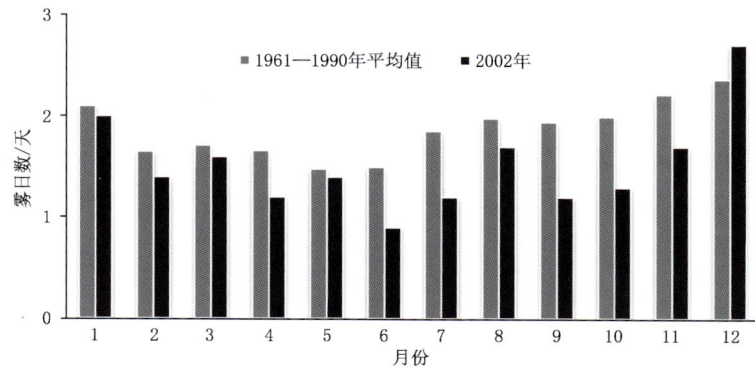

图 2.7.4　2002 年中国平均各月雾日数与常年(1961—1990 年)同期雾日数对比

Fig. 2.7.4　Contrast of monthly fog days over China in 2002 to the average value from 1961 to 1990(unit:d)

2.7.2　主要雾灾事例

1. 1月,雾集中出现在沿长江一带及东北地区南部

2001年12月底到2002年1月上旬四川盆地大雾频繁。据不完全统计,在此期间,因雾成都被延误的西南航空公司的航班总数超过400班,数十个航班被迫备降重庆机场,取消航班达80多次,直接经济损失超过500万元;而各大航空公司在成都因雾损失超过千万元;雾天导致成都市5条高速公路关闭数十小时,城内10余万辆出行车辆被迫延滞上路,上百万出行旅客滞留,直接经济损失超过千万元。另外,大雾还导致交通事故高发,如1月1日成渝高速公路20多辆汽车追尾,1人死亡,数十人受伤;7日,成都发生交通事故114起,死亡3人,受伤15人。1月25日,大雾再次光顾四川盆地,受大雾影响成绵高速公路5～6千米处接连发生24辆汽车追尾,该路段交通被迫中断7小时。

13—15日,江淮地区连续出现大雾天气,造成南京禄口机场100多个航班晚点,200多个公路班次被迫取消,数千名旅客滞留机场,长江南京段禁航达40多个小时,在上海浦东机场起降的86个航班被延误或取消。另外,雾天也给空气质量带来极为不利的影响,在大雾持续期间,南京市空气污染指数连续3天接近或达到重度污染级别,含量较高的可吸入颗粒物让各家医院呼吸道病人骤增。

1月14日,辽宁省大部分地区出现大雾天气,水平能见度普遍在300米以下,锦州北部、沈阳、大连等地的能见度仅100米,受其影响,沈阳桃仙国际机场有22个、大连机场有97个进出港航班受到影响,大批旅客滞留。

2. 2月,江南地区雾日频繁

2002年2月,江南地区大雾天气频繁,因能见度差,水、陆、空交通运输受到较大影响。5—7日江苏省连续出现大雾,其中5日出现的大雾造成沪宁高速公路关闭7小时,禄口机场99个航班晚点,长江航道关闭9小时,轮渡停航8小时,南京长途汽车总站约有150趟班车未能按时发出,3000多名旅客滞留,南京市当天共发生交通事故60起。7日沪宁和锡澄高速公路全线封闭,无锡市"110"指挥中心从凌晨至11时,共接到交通事故报警46起,近10人受伤,4人丧生,沪宁铁路跨圹段1小时内有2人被火车撞死。24日江苏省大部分地区又出现大雾,京沪高速公路高邮段发生多起汽车追尾事故,造成11人死亡,33人受伤。6日,江西有56个县(市)被大雾笼罩,能见度最小只有30~50米,昌九、温厚、昌樟3条高速公路被迫关闭2~8小时不等,其中温厚高速公路有5辆汽车连环追尾相撞,1人死亡,5人受伤;昌北机场9个航班延误,南昌港被迫关闭4.5小时,造成大量旅客滞留。2月北方大雾天气不多,但局部大雾天气时有发生,给局部地区交通造成了较为严重的影响。如14日,京津塘高速公路进京方向78.5千米处因大雾发生五六十辆汽车撞在一起的重大追尾事故,造成50多人受伤,3人死亡。

3. 10月下旬前期江淮等地出现大雾天气

10月24日,因大雾影响,江苏宁通高速公路下行线泰兴段166~170千米处,2辆大货车相撞并引发多辆汽车追尾,被撞坏或撞毁的车辆随处可见,高速公路两边的隔离带多处受损,数辆大货车面目全非,事故共造成至少3人死亡,19人受伤,并导致该路段堵塞长达7小时之久,被堵车辆绵延40多千米。24日凌晨,京沪高速公路新沂段也连续发生19起交通事故,54辆汽车追尾相撞,造成4人死亡,16人受伤。

4. 11月,中东部地区出现大雾,持续时间长、影响范围广、历史少见

11月,我国中东部地区大雾天气之多、持续时间之长、浓度之高均为近几年同期少见。13日,重庆出现能见度为100~200米大雾,江面航标灯被雾气笼罩,给航道上船舶的航行带来了很大困难。22日,河南中南部、湖北中部和东部、湖南中部和北部、四川东南部、重庆西部及陕西中部的部分地区出现了浓雾天气,能见度都在2千米以下,有的地方只有几十米,对公路、交通运输的影响很大,河南多条高速公路关闭,新郑国际机场有14个航班延误,2000多名旅客滞留,郑州至新乡高速路上还发生了4车相撞交通事故,造成交通堵塞近2小时。20—23日,陕西关中、陕南部分地区连续4天出现大雾天气,能见度低,造成西临、西宝、西铜等高速公路多次关闭或限行,咸阳国际机场航班取消或延误,大量旅客滞留。20—25日,河北省大部出现持续大雾天气,24日晚至25日出现的大雾持续了十几个小时,最小能见度在10米以下,造成高速公路封闭时间超过18小时。24—25日,长江中下游的大部分地区被大雾笼罩,其中25日湖北武黄高速公路最低能见度低于10米,2千米路段内发生6起追尾事故,21辆汽车损毁,重伤2人,一些路段被迫关闭;长江江面上的能见度小于200米,长江轮渡和货运拖船全部停运;江苏南京、安徽合肥能见度不足50米,机场、高速公路、水运都受到不同程度的影响。26—27日,四川东部和重庆连续出现大雾,其中27日早上,重庆江北国际机场能见度不到200米,致使100多个航班被延误,近万名旅客滞留机场,航班延误最长时间达5小时。17日,江西省有59个县(市)出现浓雾,能见度最小只有20~50米,昌北机场有9个航班延

误。受大雾影响,湖南黄花国际机场 17 日进出港航班全部延误;25 日又有 25 个航班延误,800 多名旅客滞留机场。

5. 12 月,中东部地区大雾天气发生频繁

12 月,我国中东部地区频繁出现雾天气。其中,天津各地全月大雾日数为 9～11 天,比常年同期偏多 7 天;河北大部分地区雾日多达 15 天,个别地方能见度不足 50 米。由于大雾,北京、天津、河北、陕西、江西等地部分机场航班被迫延误或取消,高速公路一度关闭。华北地区出现的持续雪、雾天气,使得北京蔬菜批发市场的蔬菜平均价格创 1997 年以来新高。2—3 日,首都机场因大雾一直弥漫关闭约 15 小时,由于能见度降至 50 米,即便启动盲降系统也无济于事,共造成 100 多个航班被取消,500 多个航班被延误,近 2 万名旅客出行受到影响。大雾还使首都数万辆汽车陷入困境,京石、京沈、京开、京津塘 4 条高速公路出现了 2002 年以来持续时间最长的一次封闭,由于多条高速公路封闭,铁路客流骤然上升,北京西站上车客流达到 13 万人,比平时多了 2 万人。由于地面交通受阻,许多上班族改乘地铁和城铁交通,地铁客流明显增加。

14—16 日,中东部地区又遭受大范围的大雾天气,再次给交通运输带来较大影响,仅首都机场就有 146 个进出港航班延误。22 日,武汉天河机场被大雾笼罩,被迫关闭,83 个航班受阻,约 3000 余名旅客滞留;大雾还造成前往上海、南京和恩施等地的航班取消,从北京、西安等地飞往武汉的 8 个航班备降郑州或南昌。

2.8 雷电

2.8.1 基本概况

据不完全统计,2002 年全国共发生雷电灾害 4968 起,其中造成火灾或爆炸 126 起,人身伤亡事故 530 起,546 人死亡,572 人受伤。雷电灾害在全国造成大量电子设备、电力系统、建筑物受损,雷击造成建筑物损坏事件 285 起,办公和家用电子电器损坏事件 3189 起,损坏电子电器设备 25383 件,造成直接经济损失 1.98 亿元,间接经济损失约 0.12 亿元(表 2.8.1)。单次造成百万元以上直接经济损失的雷电灾害有 16 起。2002 年雷电造成的灾害事故主要集中在电力、金融、通信和石化等行业,其中电力行业雷击事故 748 起,金融行业 164 起,通信行业 155 起,石化行业 136 起,教育行业(学校)107 起,交通行业 64 起。

表 2.8.1 2002 年全国雷电灾害气象灾情表
Table 2.8.1 Lightning stroke disasters over China in 2002

雷击事故 /起	受伤人数 /人	死亡人数 /人	雷击死亡率 /%	直接经济 损失/亿元	间接经济 损失/亿元
4968	572	546	48.8	1.98	0.12

2.8.2 雷电灾情空间分布

2002 年全国雷电灾情的空间分布如图 2.8.1 所示。从统计结果可以看出,我国东部、南部沿海和西南地区是雷电灾害的多发区。2002 年全年雷击事故数超过 200 起的省份共有 8 个,其中 6 个为沿海省份,2 个为西南地区省份;广东、浙江和江苏分列前三位,其中广东省的年雷击事故数超过 1000 起。从雷击伤亡人数来看(图 2.8.2),全年雷击伤亡人数过百的有 2 个省,分别是云南和贵州,全部属于西南地区,其中云南省雷击伤亡人数最多,达到 162 人。因雷击导致死亡人数最多的省份是贵州省,全年因雷击导致 71 人死亡。全年雷击死亡超过 20 人的省份共有 9 个,分别是贵州、云南、广东、江西、海南、福建、广西、湖南、山东。即使在考虑人口权重（表2.8.2）后，在雷击事故率和雷击伤亡率方面，南部沿海省份和西南地区省份依旧排名靠前，但西部地区的宁夏、西藏和青海等省份在雷击伤亡率方面的排名上升较为明显。

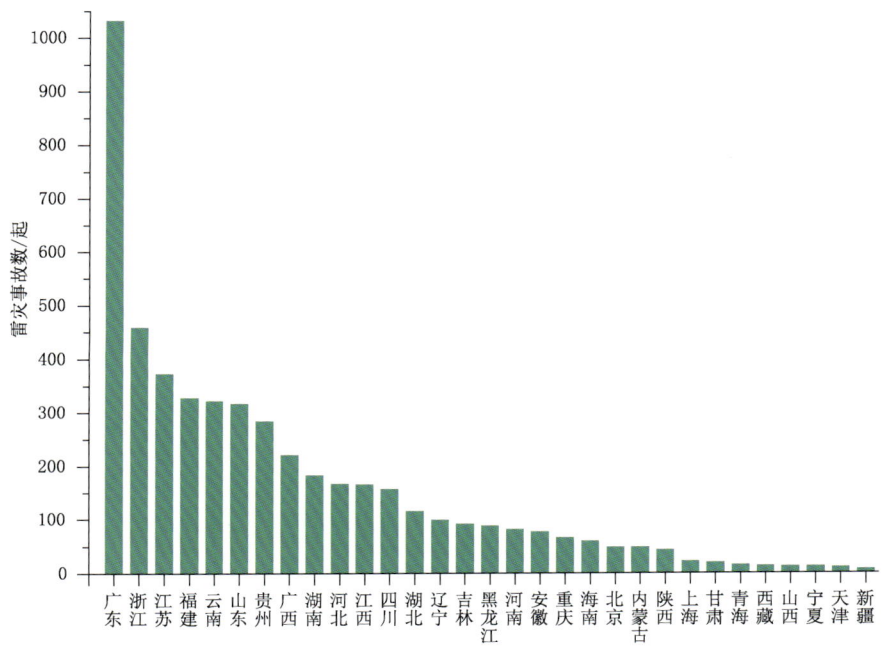

图 2.8.1　2002 年全国各省（区、市）雷击事故数分布

Fig. 2.8.1　Number of lightning damage events for all provinces (municipalities, autonomous regions) over China in 2002

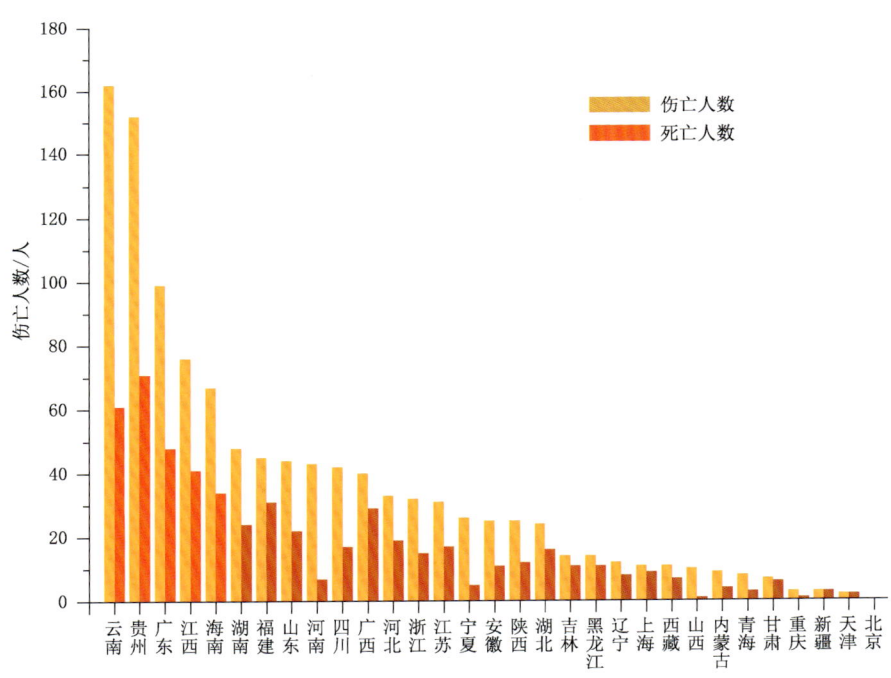

图 2.8.2　2002 年全国各省（区、市）雷击伤亡人数分布

Fig. 2.8.2　Number of lightning fatalities over China in 2002

— 43 —

表 2.8.2　2002 年全国各省(区、市)每百万人口雷击死亡率、受伤率、伤亡率和雷击事故发生率及排序

Table 2.8.2　Rate per million people of lightning fatalities, injuries, casualties and damage reports, and their ranks for all provinces over China in 2002.

省份	人口数*（百万）	雷击死亡 死亡率	排序	雷击受伤 受伤率	排序	雷击伤亡 伤亡率	排序	总雷击事故 事故率	排序
北京	13.82	0	31	0	29	0	31	3.55	11
天津	10.01	0.20	23	0	30	0.20	28	1.10	27
河北	67.44	0.28	17	0.21	20	0.49	17	2.49	16
山西	32.97	0.03	30	0.27	15	0.30	25	0.39	31
内蒙古	23.76	0.17	26	0.21	19	0.38	24	2.06	21
辽宁	42.38	0.19	24	0.09	25	0.28	26	2.36	18
吉林	27.28	0.40	12	0.11	24	0.51	15	3.41	13
黑龙江	36.89	0.30	16	0.08	26	0.38	23	2.41	17
上海	16.74	0.54	11	0.12	23	0.66	14	1.37	24
江苏	74.38	0.23	21	0.19	21	0.42	21	5.03	8
浙江	46.77	0.32	15	0.36	12	0.68	13	9.84	2
安徽	59.86	0.18	25	0.23	18	0.42	20	1.30	25
福建	34.71	0.89	6	0.40	9	1.30	8	9.48	3
江西	41.4	0.99	5	0.85	7	1.84	6	4.03	10
山东	90.79	0.24	19	0.24	17	0.48	18	3.50	12
河南	92.56	0.08	28	0.39	10	0.46	19	0.90	28
湖北	60.28	0.27	18	0.13	22	0.40	22	1.92	22
湖南	64.4	0.37	13	0.37	11	0.75	11	2.86	15
广东	86.42	0.56	10	0.59	8	1.15	9	11.95	1
广西	44.89	0.65	8	0.25	16	0.89	10	4.95	9
海南	7.87	4.32	1	4.19	1	8.51	1	7.75	5
重庆	30.90	0.03	29	0.06	27	0.10	30	2.17	20
四川	83.29	0.20	22	0.30	14	0.50	16	1.90	23
贵州	35.25	2.01	3	2.30	4	4.31	3	8.09	4
云南	42.88	1.42	4	2.36	3	3.78	5	7.53	6
西藏	2.62	2.67	2	1.53	5	4.20	4	5.34	7
陕西	36.05	0.33	14	0.36	13	0.69	12	1.22	26
甘肃	25.62	0.23	20	0.04	28	0.27	27	0.78	29
青海	5.18	0.58	9	0.97	6	1.54	7	3.09	14
宁夏	5.62	0.89	7	3.74	2	4.63	2	2.31	19
新疆	19.25	0.16	27	0	31	0.16	29	0.42	30
全国	1262.28	0.64		0.68		1.31		3.73	

* 人口数据来自于第五次全国人口普查。

2.8.3 雷电灾害时间分布

2002年全国雷电灾害时间分布如图2.8.3所示。雷击事故在全年大部分时间里都有发生,主要发生在3—9月,其中8月的雷击事故数最多,占全年总数的比例超过26%;但雷击受伤人数和死亡人数则在6月就已经达到峰值,其占全年总数的比例均超过了25%。雷击受伤人数在6月达到峰值后逐渐下降,但雷击死亡人数则在7月略有下降后,8月出现次峰值,其占全年总数的比例也超过了24%。

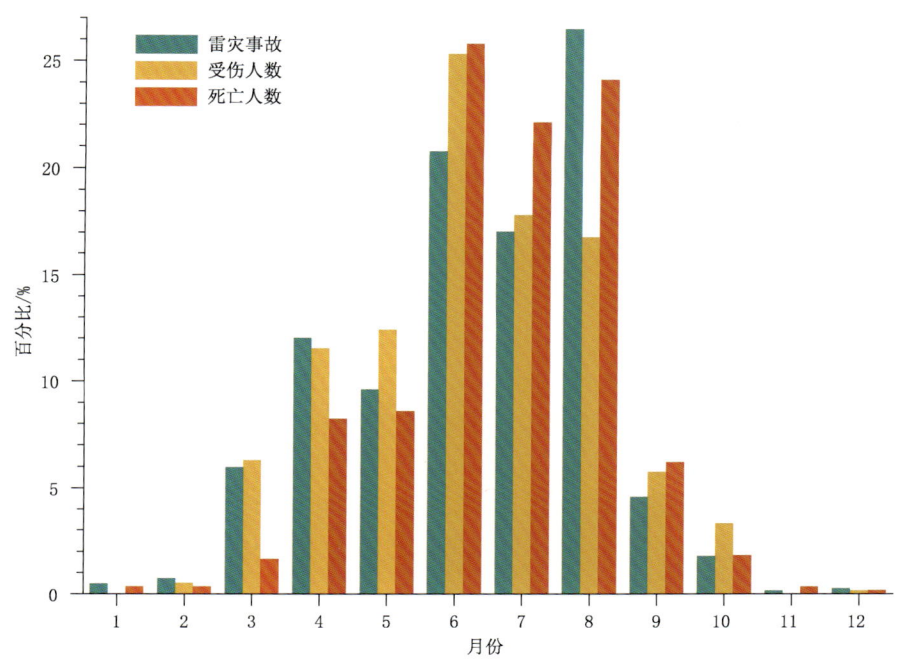

图2.8.3 2002年全国雷电灾害百分比月变化

Fig. 2.8.3 Monthly variations for percentage of lightning damage reports over China in 2002(%)

2.8.4 2002年主要雷电灾害事件

(1) 3月28日,江西省上饶县应家乡遭雷击,造成4人受伤。

(2) 3月29日,河北省唐山市古冶区电视台遭雷击,直接经济损失138万元。

(3) 4月3日14时,宁夏回族自治区正在送葬返回的人群遭受雷击,造成1人死亡、13人昏迷和受伤。

(4) 4月4日04时25分,湖南省岳阳县境内的泰资丰利纸业有限公司西芦苇堆场遭雷击起火,烧毁8个堆垛共5000余吨芦苇,价值260余万元,并致使停产半天,直接经济损失12万余元。

(5) 4月5日14时前后,湖南省衡南县江口镇砂子塘小学正值下课,大部分同学涌出操场时遭雷击,造成1人死亡、5人受伤。

(6) 4月5日,浙江省富阳市飞龙通信器材有限公司遭雷击,击坏110千伏输电线路(甲常1140线),造成断电24小时,直接经济损失450万元。

(7) 5月28日08时30分前后,辽宁省朝阳市凌源市供电公司的总变电所遭雷击,致使"一次供电"停止,停电1个多小时,给全市造成较大经济损失,仅凌源市钢铁公司直接经济损失就高达近500万元。

(8)6月1日19时前后,河南省郑州市河南博物院主展馆西北角一顶端装饰角遭雷击,掉落3块各重10千克左右的水泥块直落展厅,几百平方米玻璃、自动控制和监视设备等严重毁坏,直接经济损失在100万元以上。

(9)6月3日,青海省大通县窎沟乡边麻沟村遭雷击,造成1人死亡、3人受伤。

(10)6月5日,安徽省望江高士电信局遭雷击,击坏1台程控交换机,直接经济损失103万元。

(11)6月7日14时30分,湖南省郴州市宜章县一六镇香口村曾家组遭雷击,造成6户房屋(砖混结构)倒塌,3人死亡、10多人受伤,直接经济损失10万余元。

(12)6月7日,江西省永丰县上溪乡一家人在田间劳作时遭雷击,造成1人死亡、3人受伤。

(13)6月8日中午,广东省阳江市阳西县诗村管理区遭雷击,造成2人死亡、2人受伤。

(14)6月8日13时05分,四川省遂宁市射洪县文升乡观音堂庙内的右侧遭雷击,造成1人死亡、3人受伤。

(15)6月8日,云南省思茅市营盘山茶厂茶地遭雷击,造成8人受伤。

(16)6月15日,江苏省宿迁市发生雷击事故,导致在田间插秧的3名农民死亡、1人受伤。

(17)6月20日09时05分,上海市崇明跃进农场4名工人在插秧回家途中遭雷击身亡。

(18)6月26日17时至17时40分,湖南省郴州市桂东县城关镇遭雷击,城区内击坏电视机50余台、电话机100余部、计算机10余台、电灯1000多只、有线电视通村线路5条,县第一中学变压器及电视监控系统被击坏,直接经济损失近100万元。

(19)6月26日下午,福建省龙岩卷烟厂卷包制丝车间遭雷击造成停电,停产达9个小时,同时击坏3个监控系统摄像头,直接经济损失上百万元。

(20)6月26日,云南省绿春县牛孔乡遭雷击,造成1人死亡、7人重伤、10余人轻伤。

(21)7月4日,吉林省四平市梨树县刘家馆子镇东五家村4名在田地窝棚里躲雨的农民遭雷击,2人死亡,2人被击昏。

(22)7月12日,辽宁省本溪市本钢发电厂发电锅炉和电除尘设备遭雷击毁坏,直接经济损失940万元。

(23)7月13日,安徽省宣城市泾县泾川镇居民住宅遭雷击,造成300多台电视机损坏,直接经济损失近100万元。

(24)7月16日16时,安徽省黄山市屯溪区新潭镇遭雷击,造成1人死亡、5人受伤。

(25)7月16日下午,浙江省舟山市岱山岛遭雷击,造成3人死亡、2人受伤。

(26)7月16日,安徽省黄山风景区飞来石附近的登山台阶遭雷击,导致石块乱飞,砸伤7人。

(27)7月17日07—09时,湖南省汉寿县遭雷击,引起火灾1起,造成3人死亡,并击死1头耕牛。

(28)7月17日09时50分,江西省庐山五老峰五峰遭雷击,造成4名游客死亡、10多人受伤,直接经济损失达百万元。

(29)7月17日,安徽省五河县发生雷击事故,导致4人死亡。

(30)7月17日,安徽省皖河农场杨树分厂遭雷击,直接经济损失300万元。

(31)7月23日凌晨,宁夏回族自治区永宁县李俊镇金塔村四队附近的宁夏紫金花纸业有限公司草料场遭雷击发生火灾,烧毁麦草3000吨,造成直接经济损失近100万元。

(32)7月29日,河北省任丘发生雷击事故,造成2人死亡、3人受伤,并击坏2台变压器,直接经济损失1.8万元。

(33)7月29日,江西省吉安县油田镇高岭村一家4口在田间劳动时遭雷击,造成1人死亡、3人受伤,并击死1头耕牛,直接经济损失0.2万元。

(34)7月30日16时20分,内蒙古自治区赤峰市巴林左旗浩尔吐乌尔吉大队砖厂遭雷击,造成1人死亡,5人受伤。

(35)8月1日,云南省昭通市威信县三桃乡遭雷击,造成4人死亡。

(36)8月3日下午,山东省莱芜市张家洼街道办事处青杨行水库扬水站附近遭雷击,造成在扬水站拱洞内避雨的4人(其中有3名学生)死亡、在房屋内的10人受伤。

(37)8月5日,山东省淄博市沂源土门镇茨峪村5名村民在院中遭雷击倒地,其中1人重伤。

(38)8月12日,广东省佛山电信公司大富机楼遭雷击,击坏动力、传输、交换等专业设备,直接经济损失500万元。

(39)8月14日,山西省大同市浑源县沙圪驼前镇8位农民在山上采药时遭雷击受伤。

(40)8月17日上午,上海市4名中学生在浦东三甲港海滨浴场游泳时遭雷击倒在水中,其中1名男生不幸身亡,1名女生受伤。

(41)8月25日至28日,浙江省衢州市开化县发生强对流过程,造成1起雷电灾害,直接经济损失300万~400万元。

(42)8月26日16时40分,江西省进贤007号客运船在离码头只有5米左右时遭雷击,驾驶舱中的9人遭雷击晕倒,同时又遭遇一阵大风将船吹翻,虽经过当地村民及时救援大部分人安全上岸,但驾驶舱内遭雷击的9人(6男3女)全部落水遇难。

(43)8月26日,湖南省岳阳市电力局遭雷击,110千伏线路损坏5千米,10千伏线路损坏30千米,三相四线线路损坏272千米,低压照明线路损坏478千米,变压器损坏35台,直接经济损失1243.1万元。

(44)8月28日13时30分,江西省南昌市湾里区锦绣峰4名农民工在一个六角亭避雨时遭雷击,造成1人死亡、3人重伤。

(45)8月29日,福建省福清5名农民在田间遭雷击身亡。

(46)8月30日下午,福建省漳浦县杜浔镇过洋村一石矿工棚遭雷击,造成2人死亡、4人受伤。另有1位村民在田间劳动时遭雷击晕倒。

(47)9月27日,山东省日照市莒县店子集镇张家村小学一教室遭球形雷电入侵,造成1人死亡、3人受伤。

(48)10月16日12时40分,四川省达州市东柳乡中心小学4名学生放学回家途经210国道与柳木公路交叉路口时遭雷击,造成1人死亡、3人受伤。

2.9 高温热浪

2002年夏季,我国高温天气范围广、强度强、时段集中。高温范围波及华北、黄淮、西北、淮河和秦岭以南大部分地区,高温酷热天气给人们的生活及社会经济带来诸多的影响,引起社会各界的普遍关注。

2.9.1 夏季高温概况

1. 高温强度

2002年夏季,江南北部、江淮部分地区、黄淮、华北东部和南部以及内蒙古西部局部地区、新疆北部和中东部等地的极端最高气温有38~40℃,河南中北部、山东中西部、河北东南部及新疆东部局部地区极端最高气温超过40℃(图2.9.1)。陕西、河北、山西、山东、江苏、河南、安徽、四川、贵州等省共有429站发生极端高温事件,有151站的日最高气温突破历史极值,有14站达到历史极值。

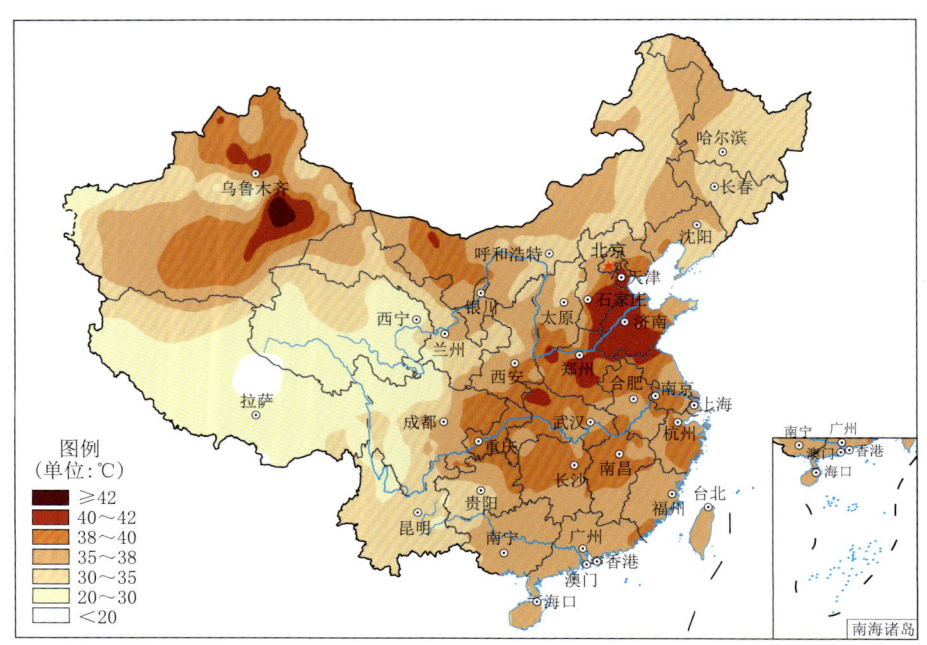

图 2.9.1　2002年夏季全国极端最高气温分布

Fig. 2.9.1　Distribution of extreme maximum temperatures over China in summer 2002 (unit: ℃)

2. 高温日数

2002年夏季，全国平均高温（日最高气温≥35 ℃）日数7.9天，较常年同期（6.3天）偏多1.6天（图2.9.2）。

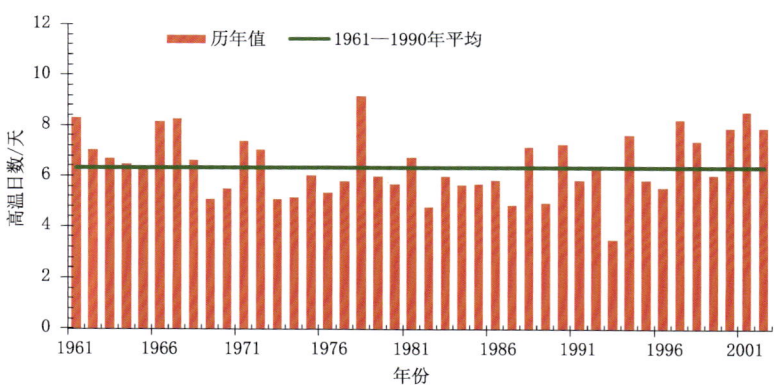

图 2.9.2　1961—2002年全国平均夏季高温（日最高气温≥35 ℃）日数变化

Fig. 2.9.2　Hot days (daily maximum temperature ≥35 ℃) in summer over China during 1961—2002 (unit: d)

从空间分布上看，2002年夏季，江南中东部局部、黄淮西部及新疆中东部等地高温日数有20～50天，其中新疆局部地区超过50天（图2.9.3）。与常年同期相比，黄淮大部、华北南部以及广东东南部、陕西中南部、湖北西北部和四川东北部的部分地区、内蒙古西部、新疆北部部分地区和中东部等地高温日数偏多5天以上，其中山东西南部、新疆中东部及山西南部、陕西东南部、湖北西北部和内蒙古西部等地局部偏多10天以上，内蒙古西部局部及新疆中东部部分地区偏多15天以上；全国其余地区高温日数接近常年同期或偏少，其中湖南、江西大部分地区偏少5～10天（图2.9.4）。

— 48 —

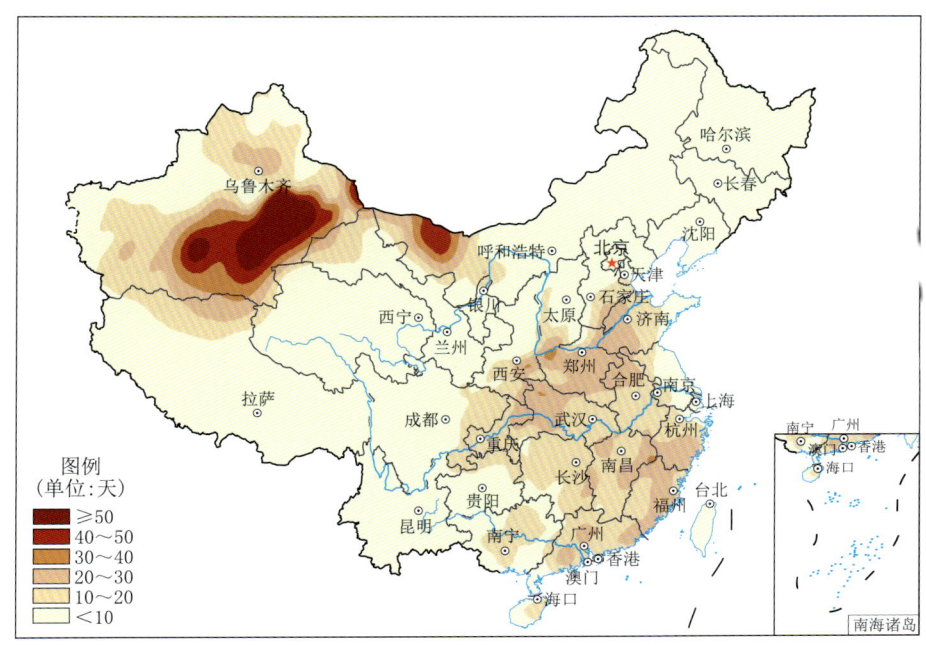

图 2.9.3　2002年夏季全国高温(日最高气温≥35 ℃)日数分布

Fig. 2.9.3　Distribution of hot days (daily maximum temperature≥35 ℃) over China in summer 2002(unit:d)

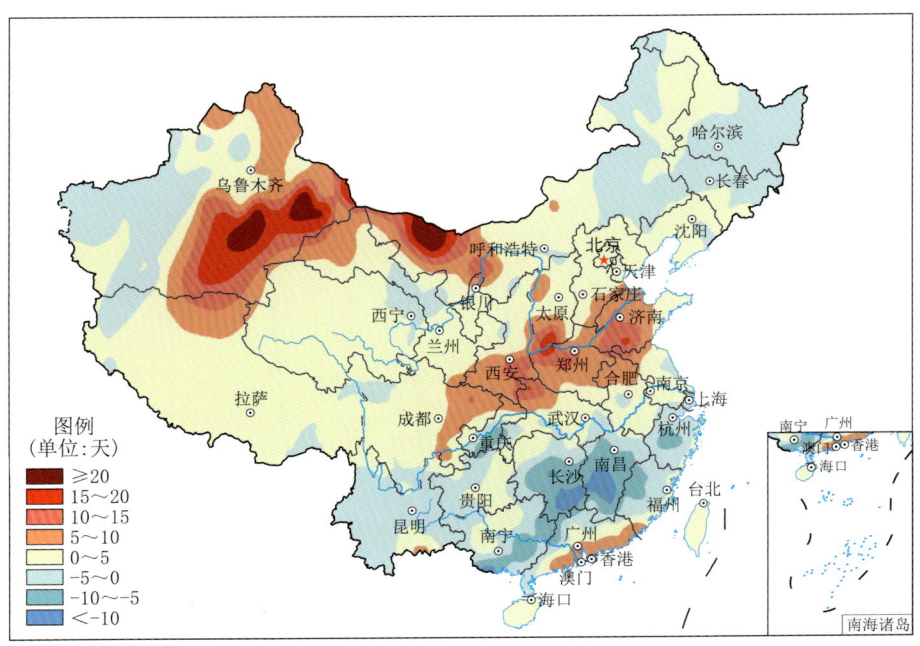

图 2.9.4　2002年夏季全国高温(日最高气温≥35 ℃)日数距平分布

Fig. 2.9.4　Distribution of hot days (daily maximum temperature≥35 ℃) anomalies over China in summer 2002(unit:d)

3. 主要高温天气过程

2002年夏季,我国出现了2次较大范围的高温天气过程(7月8—20日、7月27日至8月5日),其中7月8—20日高温天气范围广、持续时间长、极端性强。

7月8—20日,华南中北部、江淮中西部、江汉、黄淮大部、华北南部以及湖南大部分地区、江西北部、陕西南部、新疆中东部和北部的部分地区、四川东部及重庆等地的高温日数普遍有5～10天,其中山西、陕西、新疆等地的局部地区超过10天。与常年同期相比,江汉西部、黄淮大部、华北中部和南部以及湖南西北部、陕西大部、四川东部、重庆、贵州东部等地偏多3～5天,其中山东西部、河北南部部分地区、山西西南部、陕西南部、四川东部及重庆局地偏多5～10天,山西、陕西、四川的局地超过10天,陕西西乡达11天。江苏中部与北部、山东中南部、河北东北部和中南部及南部、山西南部、陕西局部地区、四川中部及贵州中东部部分地区等共有140站日最高气温突破历史极值,13站达历史极值,其中河北有25站日最高气温超过42 ℃,河北赞皇达到43.4 ℃。

7月27至8月5日,江西东北部、浙江西部局部、安徽东南部、内蒙古西部局部、新疆中东部局部及重庆北部局部等地高温日数有5～10天。与常年同期相比,山东西部、河北东南局部、内蒙古西部局部等地偏多3～5天。

2.9.2　2002年主要高温事件及影响

北京　7月11—16日,北京出现高温天气过程,其中7月14日高温强度最强,有13站出现极端高温事件,日最高气温均突破40 ℃。7月12日,北京用电峰值负荷达到806万千瓦的历史最高纪录。高温导致北京各大公园晚上游客人数明显增多,玉渊潭、北海、陶然亭等公园每晚接待游人分别达5万人左右。

陕西　7月8—20日,陕西出现大范围高温天气过程,其中有17站发生极端高温事件。7月上旬后期至下旬前期,关中、陕南等地出现了较长时间的高温、干旱天气,使树体水分和营养供应不足,对树体生长和花芽分化造成不利影响。长时间的高温干旱,果实细胞生长受到抑制,不能正常膨大(特别是套袋果),果实普遍小于常年。持续高温威胁农作物生长,陕西渭南市32.7万公顷农作物不同程度受旱,其中重旱7万公顷,全市104座水库有88座干枯或在死水位以下,有80多万人和20多万头大家畜饮水发生困难。

江苏　7月12—16日,江苏出现大范围高温天气过程,15日有30站发生极端高温事件。7月12—14日,江苏用电最高负荷分别达到3.45万亿千瓦、3.46万亿千瓦和3.47万亿千瓦,连日破用电峰值负荷3.34万亿千瓦的历史最高纪录。

湖南　7月11—16日,湖南出现大范围高温天气过程。7月16日湖南电网日最大负荷和日电量创下历史最高纪录,当日电网最大负荷达6483兆瓦,用电量13552万千瓦·时,分别比2001年日最大值增加562兆瓦和1104万千瓦·时。

四川　7月10—18日,四川出现大范围高温天气过程,其中7月13—16日有33站出现极端高温事件。7月中旬,四川有50个县(市)出现伏旱,其中巴中已栽的8万公顷水稻中受旱4.3万公顷,开裂1.4万公顷,干死0.6万公顷;平昌县的部分乡(镇)缺水严重,水价高达每担2元,巴州区近10万头牲畜出现饮水困难。

2.10　酸雨

2.10.1　基本概况

2002年我国区域酸雨的特点如下:与2001年相比,南方酸雨区的范围向北略有扩展,安徽中南部、河南中部和湖北北部等地均位于酸雨区范围内。北方地区自1999年重酸雨区消失以后,2002年在山东再次出现年平均降水pH值低于4.5的重酸雨区。

1. 全国年平均降水pH值分布

2002年我国酸雨区(年平均降水pH值低于5.6)主要位于长江中下游及其以南地区,北方的山东大部、河南、山西、吉林和黑龙江的部分地区也出现酸雨,年平均降水pH值低于4.5的重酸雨区主要位于湖南东北部、湖北南部、江西西北和东南部、四川东南部、重庆西部、贵州北部、广西大部、广东中西部、福建南部和浙江大部。西藏、青海、新疆、宁夏、甘肃、内蒙古、辽宁、北京和天津等均为非酸雨区(图2.10.1)。

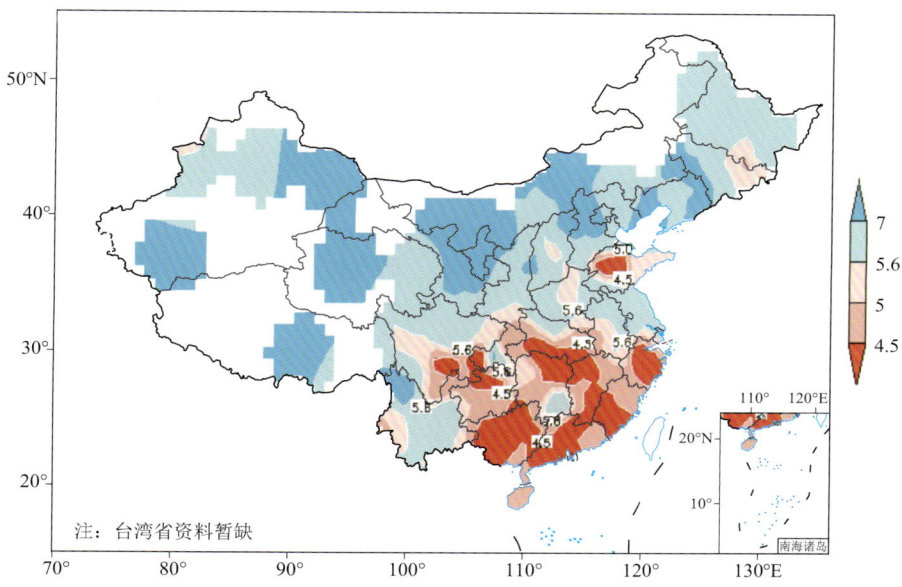

图 2.10.1　2002 年全国 87 个酸雨站年均降水 pH 值分布

Fig. 2.10.1　Annual weighted average pH distribution of 87 acid rain stations in 2002

取近 5 年有连续观测的 85 个酸雨站的数据进行统计(下同)(表2.10.1),可见 2002 年我国非酸雨台站数(pH≥5.6)接近 2001 年,较 1999—2000 年平均略偏少,表明近两年我国非酸雨台站略有减少,降水达酸雨程度(pH<5.6)的台站数略有增多(表2.10.1)。

表 2.10.1　1998—2002 年降水出现不同 pH 值等级的台站数

Table 2.10.1　Station number of different pH levels during 1998—2002

pH 值	强酸雨	弱酸雨	非酸雨
1998 台站数(个)	12	38	35
1999 台站数(个)	8	37	40
2000 台站数(个)	11	35	39
2001 台站数(个)	8	41	36
2002 台站数(个)	9	39	37

2. 全国酸雨出现频率分布

2002 年我国年酸雨出现频率大于 80% 的区域与重酸雨区位置较为一致,主要位于长江中下游及其以南地区。赣州、沙坪坝和临安站的酸雨出现频率最高,在 90% 以上,长沙、广州和贵阳等 6 个站的酸雨出现频率也在 80% 以上。呼和浩特、拉萨、西宁、银川等 18 个站全年无酸雨出现(图2.10.2)。

2002 年,酸雨出现频率在 20% 以下的站点数为 41 个,约占有连续观测的国家级酸雨站(85 个)的 48%,低于 1999—2001 年;酸雨频率高于 50% 的站点数为 25 个,与 2001 年持平,略高于 1999—2000 年(见表2.10.2)。

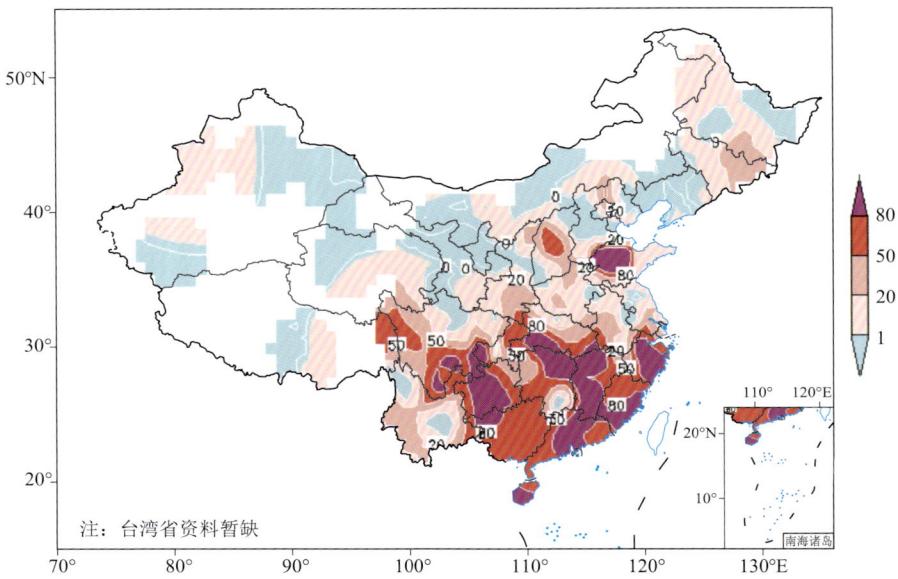

图 2.10.2　2002 年全国 87 个酸雨站年酸雨出现频率分布

Fig. 2.10.2　Acid rain frequency distribution of 87 acid rain stations over China in 2002(%)

表 2.10.2　1998—2002 年不同频率等级酸雨出现的台站数统计表

Table 2.10.2　Station number of different pH levels during 1998—2002

酸雨频率(F)%	$F=0$	$0<F\leqslant 20$	$20<F\leqslant 50$	$50<F\leqslant 80$	$80<F\leqslant 100$
1998 台站数(个)	16	21	21	19	8
1999 台站数(个)	18	27	18	12	10
2000 台站数(个)	18	29	14	14	10
2001 台站数(个)	18	26	16	17	8
2002 台站数(个)	17	24	19	17	8

2002 年,我国强酸雨出现频率最高的站为浙江临安站,高达 71.7%,其余站强酸雨频率均在 70% 以下。全年约 40 个站没有出现强酸雨,主要位于西北、西南、东北以及内蒙古、西藏等。

3. 降水电导率(K)分布

降水电导率是衡量降水被矿物质污染的指标之一,电导率越大,说明污染越严重。2002 年福州、黄山、三亚、丽江等 13 个站的降水电导率年平均在 25 微西门子/厘米以下;年平均电导率大于 150 微西门子/厘米的站为长春站和和田站,年均电导率位于 25~100 微西门子/厘米之间的站数约占全部台站数的 83%(图 2.10.3)。

2.10.2　南方酸雨区变化特征分析

对贵州、四川、重庆、湖南、湖北、江西、广东、广西、福建和浙江等 10 省份酸雨站的年均降水 pH 值、酸雨频率和强酸雨频率进行计算,可以发现 1999—2002 年南方酸雨区年均降水 pH 值为波动下降的趋势,但总体仍大于 1993—1998 年,表明这段时期我国南方酸雨区降水酸度逐年增强,但仍较前一阶段有所减弱。1993—1998 年酸雨频率和强酸雨频率波动下降,1999—2002 年的酸雨频率和强酸雨频率又呈逐年升高的趋势,至 2002 年酸雨频率和强酸雨频率接近 1998 年的水平(图 2.10.4)。

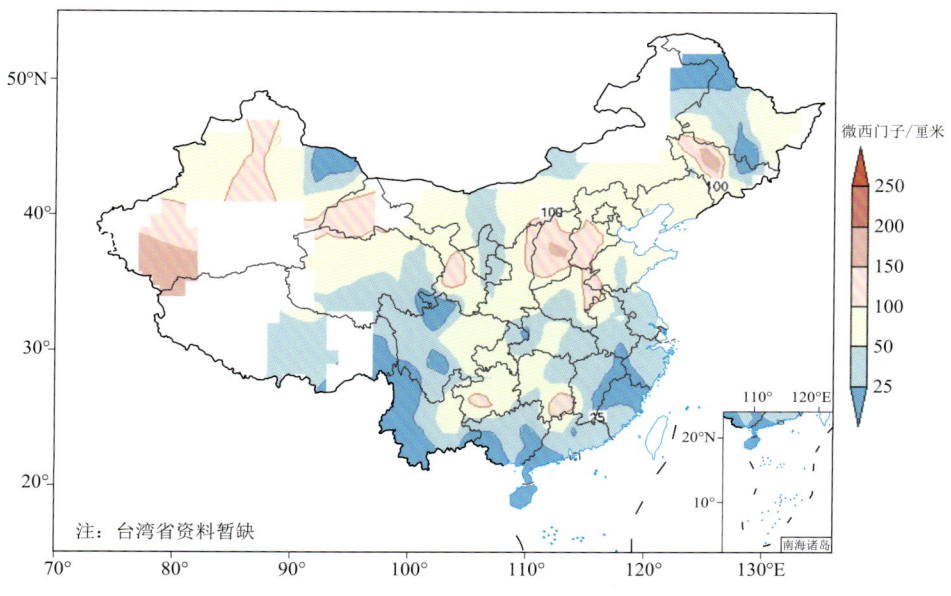

图 2.10.3　2002年全国87个酸雨站电导率分布

Fig. 2.10.3　Conductivity of 87 acid rain stations in 2002(unit:μS/cm)

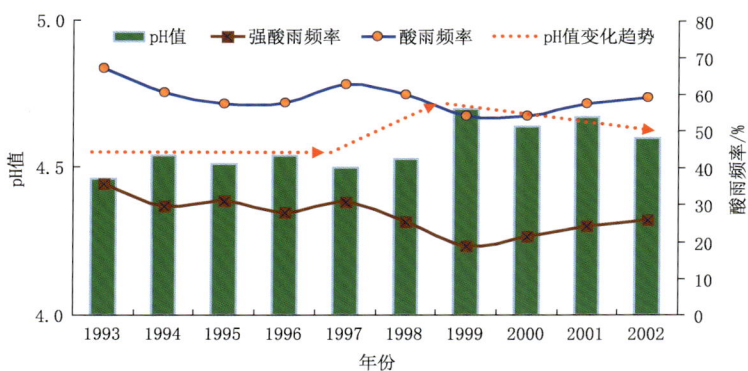

图 2.10.4　1993—2002年中国南方酸雨站年均降水pH值和酸雨年出现频率变化

Fig. 2.10.4　pH value and frequency of acid rain in south of China during 1993—2002

2.11　农业气象灾害

2.11.1　基本概况

2002年,全国主要农业气象灾害有干旱、暴雨洪涝、低温冷害等。全国农区农业干旱与大旱的前3年相比影响偏轻,但北方部分农区伏秋连旱仍对秋收作物产量形成和冬小麦播种造成了不利影响;暴雨洪涝灾害总体较常年偏轻,但局部地区夏季洪涝灾害叠发、重发,农业损失较重;淮河及其以南地区连阴雨、东北等地阶段性低温对农业影响突出。

2.11.2　主要农业气象灾害事例

1. 农业干旱、高温热害

2002年,北方大部分农区发生较重春旱和伏秋连旱,南方部分农区也发生较重春旱;但影响偏轻。2002年,全国农作物因旱受灾面积2200多万公顷,其中成灾1317万公顷,绝收256.8万公顷;

同大旱的1999—2001年3年平均相比,受灾、成灾、绝收面积分别下降约39%、41%、58%。

(1)北方大部和南方部分农区初春旱,影响北方冬小麦返青和南方早稻栽插

2002年1—3月,华北大部、黄淮北部、东南沿海部分地区及吉林西部降水量比常年同期偏少5成以上,加上气温持续异常偏高,土壤水分蒸发强烈,致使春旱露头早,发展速度较快;此外,北方早春大风、沙尘天气多,进一步加剧了土壤缺墒的状况。截至3月底,全国受旱和缺水、缺墒面积达2100多万公顷,为1973年以来同期最大值,对于北方冬小麦返青、春小麦播种出苗和南方早稻栽插,玉米、大豆、甘蔗等旱地作物的播种及幼苗生长均产生一定的不利影响。

(2)北方大部分地区伏秋连旱影响秋收作物生长发育和产量形成,部分地区作物减产

6—7月,北方农区大部分时段持续高温少雨,东北、华北、黄淮、西北地区东南部、西南地区东北部均出现不同程度的干旱,秋收作物生长发育受到一定影响。8月至9月上旬,西北地区东部、东北地区西部、华北和黄淮大部降水量仍持续偏少,其中黄淮大部及河北东北部和南部降水量持续偏少5成以上,出现伏秋连旱,对玉米、大豆等作物后期灌浆产生较大影响,旱情较重的山东等地玉米等作物出现较大幅度的减产。9月中下旬,北方降雨逐渐增多,大部分地区旱情得到缓解,但陕西中部、甘肃东部、河北大部、山东大部、江苏和安徽北部及四川盆地等地的部分地区墒情仍较差,部分地区麦播延迟,其中河北、山东等地推迟3～12天;淮北地区冬小麦播种至冬前旱情持续,小麦、油菜出现缺苗断垄、死苗,长势偏差。

夏季,全国大部分地区气温起伏较大,南方盛夏出现数次大范围的阶段性高温天气,使江南、华南正处于灌浆期的早稻遭受高温逼熟,灌浆受到较大影响。

2. 台风、暴雨洪涝

2002年夏季,南方暴雨频繁,与常年相比,虽未发生大范围、流域性洪涝灾害,但局地洪涝灾害对农业生产影响较重。洪涝灾害主要发生在江南、华南沿海、西南地区等地。全年全国农作物因台风、暴雨等造成的洪涝受灾面积1200多万公顷,其中成灾739万公顷,绝收200多万公顷。

(1)南方夏季暴雨洪涝灾害频发,农业生产受到一定影响

4月下旬至5月上旬,长江中下游以南地区春汛明显,部分地区出现大到暴雨或局地大暴雨,湖南、广西等地农田出现渍涝灾害。进入夏季后,南方大部分地区暴雨天气过程频繁,多省部分地区均发生洪涝灾害,导致水稻、玉米、棉花等作物出现被淹、农田被毁现象,给农业生产造成较大损失。其中,长江流域自6月19日入梅以后,强降水天气较多,对江南早稻开花授粉造成较大影响,使空壳率上升,导致减产;同时,由于长时间多雨,土壤湿度过大,部分地区出现渍害,影响旱地作物的根系生长及其对养分的吸收,生长缓慢,各种作物生长发育不均衡,特别是补播、补栽的作物发育期显著推迟;并且由于降水强度大,地表径流增大,农田土壤中肥料、有机质流失严重,土壤结构和旱地作物后期生长发育受到一定影响。

(2)台风带来的强降雨使沿海农业生产遭受一定损失

年内共有7个台风登陆我国沿海地区,登陆个数接近常年、强度总体偏弱,对农业影响偏轻。其中7月4日,台风"威马逊"沿华东沿海近海北上,对江苏东部,尤其是南通地区影响较大,全市农作物受灾23.9万公顷,成灾11.5万公顷,绝收1.7万公顷,台风带来的强风暴雨使玉米等高秆作物受影响最大,其次是棉花、大豆、花生等旱地作物。8月,受第12、14号强热带风暴"北冕"和"黄蜂"影响,江南和华南沿海出现几次强降雨天气,福建、湖南、江西、广西等地部分农区遭受较重洪涝灾害,其中"北冕"对广东的农业生产影响较重。初秋,第16号台风"森拉克"登陆时恰逢天文大潮,造成浙江大部、福建北部等地普降大到暴雨,局地大暴雨或特大暴雨,使部分地区晚稻被淹,一定程度上造成了晚稻的减产。

3. 连阴雨、低温冷害、霜冻、寒露风

(1)南方春季低温阴雨、秋季寒露风对农业生产影响较大

4月中旬至5月中旬,江淮、江汉、江南和西南地区大部出现了持续性的低温、阴雨、寡照天气,阴雨日数长达18～25天,江南大部达25～30天,降水量有200～600毫米,比常年同期偏多5成至1.5倍,光照明显不足,部分地区发生较严重的渍害,致使冬小麦穗粒数减少,小麦、油菜灌浆受阻,籽粒不饱满,粒重偏低,加之部分地区还出现大风、冰雹、暴雨天气,造成冬小麦、油菜大面积倒伏,已经成熟的田块不能及时收晒,籽粒发生霉烂变质;阴雨天气也使田间病虫害加重,导致上述地区冬小麦、油菜均有较大幅度的减产,其中江苏夏粮单产比2001年减少8.2%;部分地区较重湿渍害使春播及春播作物苗期生长也受到较大的影响。

秋季,南方大部分地区多低温、寡照天气,双季稻区出现几次较大范围的"寒露风"天气,造成晚稻开花授粉不良,结实率明显下降。另外,8月中下旬,贵州大部分地区出现的低温"秋风"天气使水稻比2001年减产22.5%。

(2)霜冻对经济林果生产和棉花产量品质造成影响,东北地区农作物夏季遭受冷害、晚秋遭遇"埋汰秋";北方冬麦区冬前气温偏低,导致冬小麦冬前苗弱

4月24—25日,黄淮东部日最低气温降至−5℃左右,低温使山东鲁中及胶东半岛林果业及农作物遭受冻害,使正值花期的苹果、桃树等经济林木及小麦、花生、地瓜等农作物遭受毁灭性伤害,损失严重。

8月上中旬,东北部分农区出现阶段性低温,作物生育进程明显延迟,且平均气温在20℃以下,一季稻等作物开花授粉受阻,空秕率上升,出现延迟型与障碍型兼有的混合型冷害;玉米和大豆灌浆也受到影响,出现贪青晚熟,产量和品质也受到影响。据调查,黑龙江中东部地区(占全省水稻播种面积60%以上)水稻空秕率和减产率均达30%左右;玉米、大豆减产率在10%左右。

10月中旬,华北、黄淮、江淮部分地区初霜期比常年偏早10～15天,对棉花吐絮和纤维品质都造成了不利影响;此后北方农区大部分时段气温偏低,其中北京10月下旬平均气温达1940年以来最低值,北方冬小麦幼苗生长量不足,华北北部及山东等地小麦冬前未形成壮苗。低温天气还影响东北已收获玉米、大豆晾晒入库;伴随低温的同时黑龙江东部10月26—28日普降大到暴雪,部分地区降大暴雪,许多大豆被雪掩埋,无法收获。

4. 大风、冰雹、雪灾

年内共有1300个县(市)出现冰雹或龙卷等强对流天气,比常年明显偏多,主要发生在浙江、江西、重庆、四川、湖南、湖北、广东、河南、北京等省(市),造成部分作物被毁或倒伏等。3月18—21日的强沙尘暴波及新疆、青海、内蒙古、北京等18个省(区、市),为近年来范围最广、强度最强的沙尘暴,造成温室棚膜受损或透光不良,设施农业等遭受一定损失。此外,年初和年末新疆、内蒙古、吉林、西藏、四川等地的强降雪过程使农牧业遭受不同程度的雪灾。

2.12 森林草原火灾

2.12.1 基本概况

2002年全国发生的森林草原火灾主要分布在黑龙江、内蒙古、福建、广东、广西和湖南(图2.12.1,图2.12.2)。在7月下旬至8月上旬,黑龙江省的漠河,内蒙古大兴安岭北部的乌玛、莫尔道嘎、奇乾、满归和阿龙山等地发生了多起森林大火。

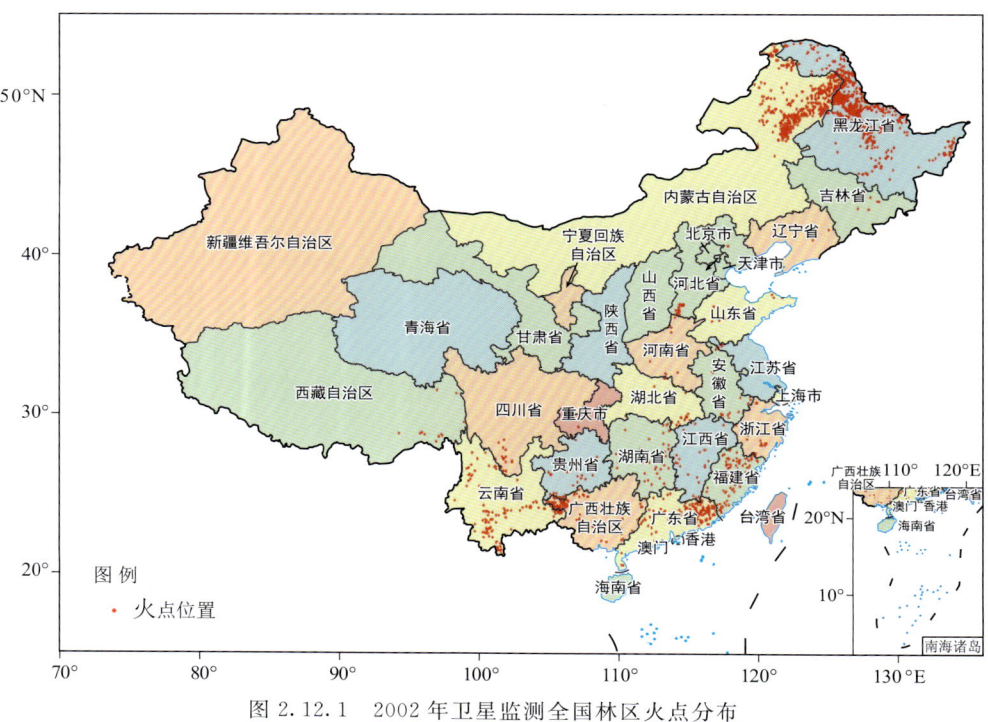

图 2.12.1　2002 年卫星监测全国林区火点分布

Fig. 2.12.1　Sketch of forest fire spots monitored by meteorological satellite in Chinese administrative region in 2002

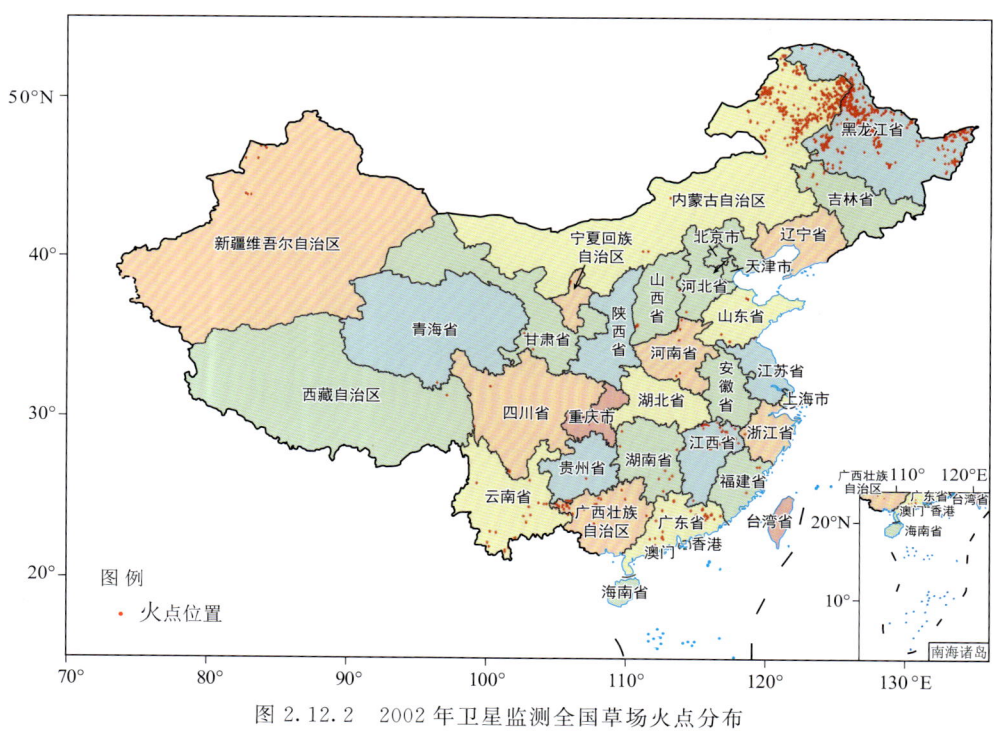

图 2.12.2　2002 年卫星监测全国草场火点分布

Fig. 2.12.2　Sketch of grassland fire spots monitored by meteorological satellite in Chinese administrative region in 2002

2002年，气象卫星遥感全国林区火点2460个（表2.12.1），因森林火灾受害森林47630公顷，伤亡98人；全国草场火点1392个（表2.12.2），因草原火灾受害的草原6.2万公顷，烧伤1人，烧死（伤）牲畜31头（只）。

表 2.12.1　2002年气象卫星监测我国林区火点分省(区、市)统计

Table 2.12.1　Monthly forest fire spot numbers monitored by meteorological satellite in terms of provinces of China in 2002

省份	1月	2月	3月	4月	5月	6月	7月	8月	9月	10月	11月	12月	总计
河北	0	0	0	0	0	28	0	0	3	4	0	0	35
内蒙古	0	48	245	37	5	19	28	113	45	18	117	0	675
辽宁	0	0	1	0	0	0	0	0	1	0	0	0	2
吉林	0	0	3	3	0	0	0	0	1	0	0	0	7
黑龙江	0	2	69	30	21	34	8	48	209	74	494	0	989
江苏	0	0	0	0	0	7	0	0	0	0	0	0	7
浙江	4	9	3	0	0	5	0	0	1	0	0	0	22
安徽	2	0	2	0	0	5	0	0	2	1	2	0	14
福建	16	44	11	12	2	1	0	0	4	4	0	0	94
江西	9	7	1	3	0	0	0	0	0	2	1	0	23
山东	0	2	3	0	0	1	0	0	2	0	0	0	8
河南	0	3	0	0	1	11	0	0	0	2	0	0	17
湖北	2	11	3	0	0	0	0	0	0	0	0	0	16
湖南	10	14	3	5	0	0	0	0	2	4	0	0	38
广东	21	85	23	13	20	0	0	0	1	4	4	1	172
广西	11	9	9	46	42	0	0	0	4	2	4	2	129
重庆	0	0	1	0	0	0	0	0	0	0	0	0	1
四川	0	2	2	16	0	0	0	0	0	1	1	1	23
贵州	1	1	5	4	11	0	0	0	1	0	0	1	24
云南	1	2	31	59	51	0	0	0	0	4	2	0	150
西藏	0	4	2	0	3	2	0	0	0	0	0	3	14

表 2.12.2　2002年气象卫星监测我国草原火点分省(区、市)统计

Table 2.12.2　Monthly grassland fire spot numbers monitored by meteorological satellite in terms of provinces of China in 2002

省份	1月	2月	3月	4月	5月	6月	7月	8月	9月	10月	11月	12月	总计
北京	0	0	0	0	0	0	0	0	0	0	1	0	1
河北	0	0	0	0	0	4	0	0	0	0	0	0	4
山西	0	1	2	3	0	5	0	0	0	0	0	0	11
内蒙古	0	25	123	42	6	19	13	56	90	14	87	0	475
辽宁	0	1	0	0	0	0	0	0	0	0	0	0	1
吉林	0	6	2	1	0	0	0	0	1	0	0	0	10
黑龙江	0	6	114	49	29	42	12	26	60	30	293	0	661

续表

省份	1月	2月	3月	4月	5月	6月	7月	8月	9月	10月	11月	12月	总计
江苏	0	0	0	0	0	2	0	0	0	0	0	0	2
福建	1	0	1	0	0	0	0	0	1	0	0	0	3
江西	6	10	3	3	1	0	0	0	2	7	1	0	33
山东	0	0	0	0	5	0	0	0	0	0	0	0	5
河南	0	2	0	0	0	5	0	0	5	3	0	0	15
湖南	2	1	3	0	1	0	0	0	0	2	0	0	9
广东	7	10	7	1	4	1	0	0	1	1	2	0	34
广西	1	2	3	14	21	0	0	0	5	0	0	0	46
重庆	0	0	0	0	0	0	0	0	1	0	0	0	1
四川	0	1	3	5	0	0	0	0	0	2	1	0	12
贵州	0	0	1	4	3	0	0	0	0	0	0	0	8
云南	0	0	6	7	7	0	0	0	0	2	0	0	22
西藏	0	0	0	1	0	0	0	0	0	0	0	0	1
陕西	0	3	0	0	0	1	0	0	1	0	0	0	5
甘肃	0	0	1	0	0	0	0	0	0	0	0	1	2
青海	0	0	0	1	0	0	0	0	0	0	0	0	1
宁夏	0	0	0	0	0	0	0	0	0	3	0	0	3
新疆	0	0	0	0	0	0	0	1	26	0	0	0	27

注：火点即卫星监测到的一处火区，各火点范围根据火区大小而有所不同，即各火点所含像元数随火区大小而异，林地、草原火点主要参考地理信息数据。

2.12.2 主要森林、草原火灾事件

2002年7月27日，内蒙古大兴安岭北部原始林区因雷击引发火灾。因干旱少雨，该地区过熟林干枯的树枝、站杆和倒木较多，地表可燃物多，雷击后引发了一场森林火灾。这次火灾因出现多处火场，持续到8月上旬。为扑灭火灾共投入军、警、民扑火人员16678人，直升机7架。当时，大部分火场林木茂密，山峦陡峭，直升机无法降落。在陆军航空兵的大力支援配合下，我国第一支森警直升机滑降分队首次成功实施了滑降，并先后开辟了5个机降场地，4架直升机源源不断地把扑火人员和灭火机具送进火场。

2.13 病虫害

2.13.1 基本概况

2002年全国主要农业病虫害为重发生年，发生面积约3.3亿公顷，为1980年以来最大值。其中，小麦病虫害发生面积为近20年来第2高、仅次于1998年，小麦条锈病的流行范围和程度达到1990年以来的最高水平；水稻病虫害、稻飞虱和稻纵卷叶螟发生面积较2001年有所增大，但均为中等程度发生；棉铃虫偏重发生，在棉田及其他作物上发生均较重；玉米病虫害、油菜病虫害、东亚飞蝗、草原蝗虫和草地螟均为大发生年。

2.13.2 主要病虫害事例

1. 2002年全国小麦病虫害发生面积近7900万公顷，为1980年以来第2高年，仅次于1998年

受2001/2002年冬春偏暖的影响，2002年小麦病虫越冬基数明显高于往年，且入春后复苏早、发生蔓延快。2001/2002年冬季我国大部分地区偏暖，尤其进入隆冬以后异常偏暖，冬至至清明期间，全国平均气温（2.3℃）比常年同期偏高3.1℃，为近50年来同期最高值；加之4—5月黄淮、长江中下游、西南等地大部适温、多雨高湿，十分有利于小麦条锈病及赤霉病、白粉病的发生流行。其中，小麦条锈病发生面积近600万公顷，损失小麦约10亿千克，是继1950年、1964年和1990年后又一个偏重发生和大流行年，发生区域涉及甘肃、陕西、四川、重庆、湖北、河南、山东、河北等11个省（市）；除河北省外，小麦条锈病发病时间均较常年提前。小麦赤霉病发生约360万公顷，在安徽、湖北、江苏、上海、浙江、四川等省（市）发生较重。河北、安徽、陕西等省的小麦白粉病也偏重发生。小麦蚜虫发生1560万公顷左右，在黄淮海大部分麦区发生较重。

2. 水稻病虫害发生略重于2001年，为中等程度发生

2002年，全国水稻病虫害发生8580万公顷，略高于2001年、接近常年。其中，稻飞虱、稻纵卷叶螟发生面积分别为1510万公顷、1390万公顷左右，较2001年分别增加约11%和23%，为中等程度发生。水稻二化螟和三化螟发生面积与2001年基本持平，分别为1460万公顷和780万公顷，但为害损失比2001年略偏轻。全国稻瘟病发生465万公顷，较2001年减少7%。2002年黑龙江省中东部水稻抽穗期间阴雨天多、日照少、气温低，导致稻瘟病、细菌性褐斑病和叶鞘腐败病等大面积发生，感病面积占水稻总面积的约70%。

3. 棉花病虫害偏重发生，玉米、油菜病虫害均达20世纪80年代以来最高值

主产区棉花生长季多阴雨天气，导致2002年棉花病虫害发生严重，发生面积约2500万公顷，为1996年以来的最大值；发生面积较2001年增加27%，但造成经济损失与2001年持平；其中，棉铃虫发生面积约760万公顷，除在棉田发生较重外，在玉米等其他作物上也严重发生。2002年玉米病虫害发生4440万公顷，达到1980年以来的最大面积；其中，玉米螟发生面积1530万公顷，也为1980年以来的最高值。2002年全国油菜病虫害发生面积和造成经济损失均为1980年以来的最大值；其中春季长江流域出现长时间的连阴雨天气，导致油菜菌核病发生345万公顷、造成产量损失35万吨，均为1980年以来最大值。

4. 东亚飞蝗、草原蝗虫和草地螟均大发生

继2000年、2001年东亚飞蝗和农牧区草原蝗虫大发生后，2002年受春夏阶段性干旱的影响，东亚飞蝗、草原蝗虫仍继续大发生。

2002年，东亚飞蝗夏、秋蝗发生总面积240多万公顷，较2001年减少10%，接近2000年，为大发生年，山东、河北、河南、天津、辽宁等省（市）出现了高密度蝗群。山东省东亚飞蝗发生面积51.4万公顷，其中夏蝗发生面积31.2万公顷，比2001年增加1.5万公顷，重点发生在黄河三角洲一带的东营、滨州地区，黄河滩区的菏泽及湖库区的济宁、泰安、枣庄、潍坊、济南等地；部分地区出现多个每平方米千头以上的高密度蝗片。河北省东亚飞蝗发生56.4万公顷，达防治指标面积33.3万公顷，比2001年增加15万公顷；其中夏蝗发生范围涉及8个市的30多个县，面积达30多万公顷，达防治指标的面积为20多万公顷；沧州沿海带洼荒地、唐山沿海及平山、磁县、衡水等供水水库和湿地保护区陆续出现了高密度群居型蝗蝻群。河南省有9个市36个县发生东亚飞蝗，发生面积达37.9万公顷，比2001年增加5.1万公顷，达防治指标面积比2001年增加3.7万公顷，均为近20年来的最高值；封丘、长垣等地出现了每平方米500～1000头以上的高密度蝗群。

新疆、青海、内蒙古、甘肃、西藏等地草原蝗虫发生面积达1500万公顷，为大发生年。其中，内蒙古草原蝗虫大面积发生,锡林郭勒盟大部分地区5月中下旬发生蝗虫灾害,7月灾情持续加重,发生面积达496.2万公顷,严重发生面积263.5万公顷。巴彦淖尔盟乌拉特中旗虫口密度平均每平方米达30～40头,最高达110头,严重的地方柠条幼苗、谷类及杂草几乎被吃光。

2002年,全国草地螟发生面积270万公顷左右,为大发生年,在内蒙古、黑龙江、吉林、河北、山西、辽宁、陕西等省(区)发生严重,其中为害最重的第一代幼虫发生面积占86%,第二代占9.7%。

第 3 章 每月气候灾害事记

3.1 1月主要气候特点及气象灾害

3.1.1 主要气候特点

2002年1月,全国大部分地区气温明显偏高;东北大部、西北大部、西南西部及福建、浙江等地降水量偏多,全国其余地区降水量接近常年或偏少;南方大部持续雨(雪)天气较多;内蒙古和新疆的部分地区出现雪灾。

1月降水量与常年同期相比,东部大部接近常年或偏少,其中华北中部和北部及河南西南部、湖北北部偏少5~9成;东北大部、西北大部、西南西部及浙江、福建大部偏多5成至2倍,其中内蒙古东北部及黑龙江、南疆等地的部分地区偏多2倍以上(图3.1.1)。

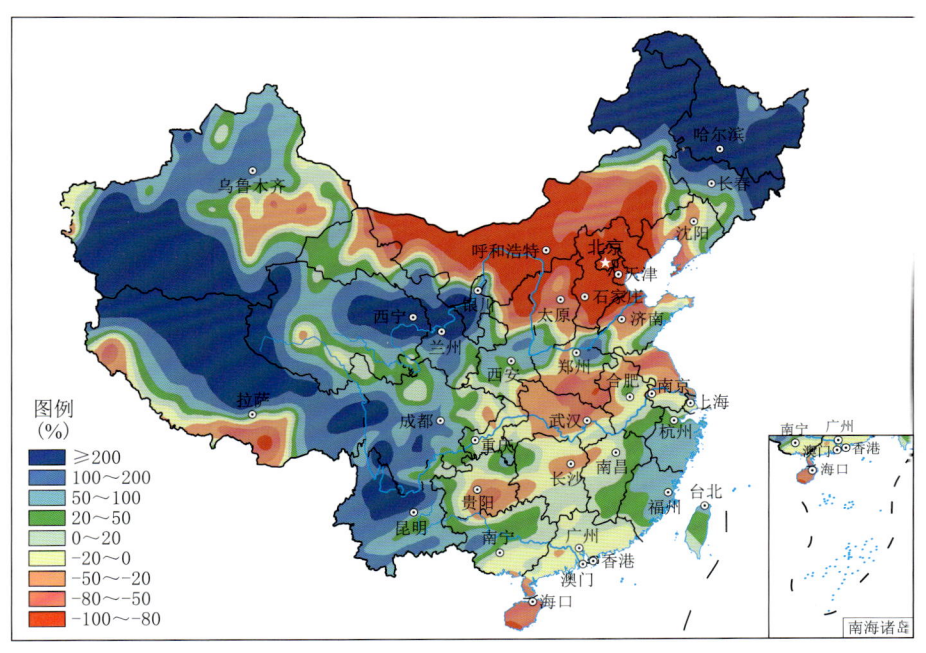

图 3.1.1 2002年1月全国降水量距平百分率分布

Fig. 3.1.1 Distribution of precipitation anomaly percentage over China in January 2002(%)

1月平均气温与常年同期相比,除西藏西部、四川西北部等地略偏低外,全国其余大部分地区普遍偏高,其中,黄淮大部、江淮、江南、西北大部及贵州东部、广西北部等偏高2~4℃,东北大部、华北、西北地区东北部偏高4~6℃,内蒙古局部地区偏高6℃以上(图3.1.2)。

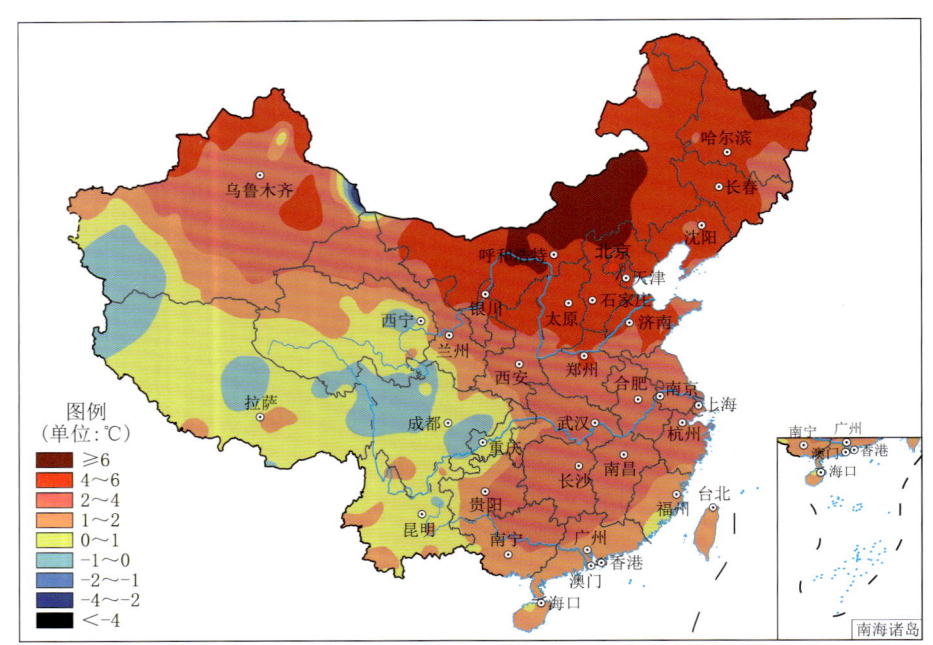

图 3.1.2　2002 年 1 月全国平均气温距平分布

Fig. 3.1.2　Distribution of mean temperature anomaly over China in January 2002(unit:℃)

3.1.2　主要气象灾害事记

2002 年 1 月本是一年中最冷月份，可是 2002 年 1 月，由于入侵我国冷空气次数少、强度弱，致使全国大部分地区月平均气温明显偏高，其中东北地区西部、西北地区东北部、华北大部、黄淮、江淮、江南等地气温异常偏高。据统计，在全国 336 个代表站中有 138 个台站的月平均气温都创下近 50 年来历史同期最高值，另有 47 个台站月平均气温为近 50 年来历史同期次高值。隆冬时节，大范围如此偏暖天气实属罕见。另外，1 月上半月，全国大部分地区气温偏高尤为显著，不少台站日最高气温也创下历史同期新纪录。如 4 日，华北、黄淮等地气温迅猛上升，北京日最高气温达 14.3 ℃（历史同期最高 12.5 ℃），天津为 14.3 ℃（历史同期最高 12.7 ℃），石家庄 17.7 ℃（历史同期最高 15.2 ℃）；8 日，乌鲁木齐日最高气温达 9.9 ℃，也超过历史同期极值；14 日，哈尔滨日最高气温为 2.3 ℃，上海 22.1 ℃，南京 19.8 ℃，均超过历史同期极值。

月内，我国降水分布不均。上半月，全国大部分地区以晴暖天气为主；下半月，暖湿气流比较活跃，江南大部、华南大部及四川东北部出现了 9～12 天的持续雨（雪）天气。由于空气潮湿，加之气温明显偏高，河南、上海、浙江、江西等地出现了在隆冬时节十分少见的雷暴或冰雹或大雨或暴雨天气，浙江省还遭受了一定损失。16 日，浙江台州市椒江、黄岩两地电闪雷鸣，且下了历史上罕见的冰雹，冰雹最大直径为 4～5 厘米，降雹密度相当大，瞬间地面积雹最大厚度达 10 厘米，受雷暴和降雹的影响，1 人死亡，3 人重伤；100 多间房屋倒塌；约 266.7 公顷大棚受损，1131.6 公顷露天农田受损，1000 公顷水果受损，农业损失共计 2800 多万元。

月内，东北大部及内蒙古东北部、新疆大部降水偏多，部分地区因降雪量大出现雪灾。7 日前后，黑龙江东部、吉林和辽宁的东部出现了历史上罕见的大雪天气，降雪量一般有 8～20 毫米，局部超过 30 毫米，大雪造成牡丹江民航班机 7—8 日停飞；201、301 公路等主要交通干线出现雪阻，运输暂时中断。14—18 日，新疆南部的和田、喀什地区连续降雪，过程降雪量普遍有 2～5 毫米，其中叶城、泽普达 7～10 毫米,部分地区积雪深度达 13 厘米,据气象卫星监测估算,叶城县积雪覆盖面积约 193.3 万公顷,其中草地面积约 62 万公顷,部分牧区已出现雪灾;值得一提的是,多年来度冬如春的塔克拉玛干沙漠出现了大范围积雪,并且维持了较长时间,这在南疆地区是十分罕见的。内蒙古呼伦贝尔市 2001 年 12 月中旬至 2002 年 1 月,出现了 5 次较大范围的降雪天气过程,1 月全市降雪量为 5～20 毫米,比常年同期偏多 1～6 倍,积雪深度达 5～37 厘米,呼伦贝尔市西南部和偏东部牧区出现轻到中度雪灾,西北部牧区雪灾较重。据统计,仅 13～14 日的暴风雪,就使得岭北地区受灾草场面积约 533.3 万公顷,受灾人口 3 万多人,受灾牲畜达 195 万头(只)。

3.2　2 月主要气候特点及气象灾害

3.2.1　主要气候特点

2002 年 2 月,全国大部分地区气温仍显著偏高;大部分地区降水明显偏少,华北等地降水持续稀少,部分地区有旱情;东部地区多次出现大雾天气,交通运输受到一定影响。

2 月降水量与常年同期相比,仅湖北西部、湖南东北部、贵州中部、北疆等地偏多 5 成至 2 倍,全国其余地区大部分降水偏少或接近常年,其中东北大部、华北、西北大部、西南地区西部及东南沿海等地偏少 5～9 成(图 3.2.1)。

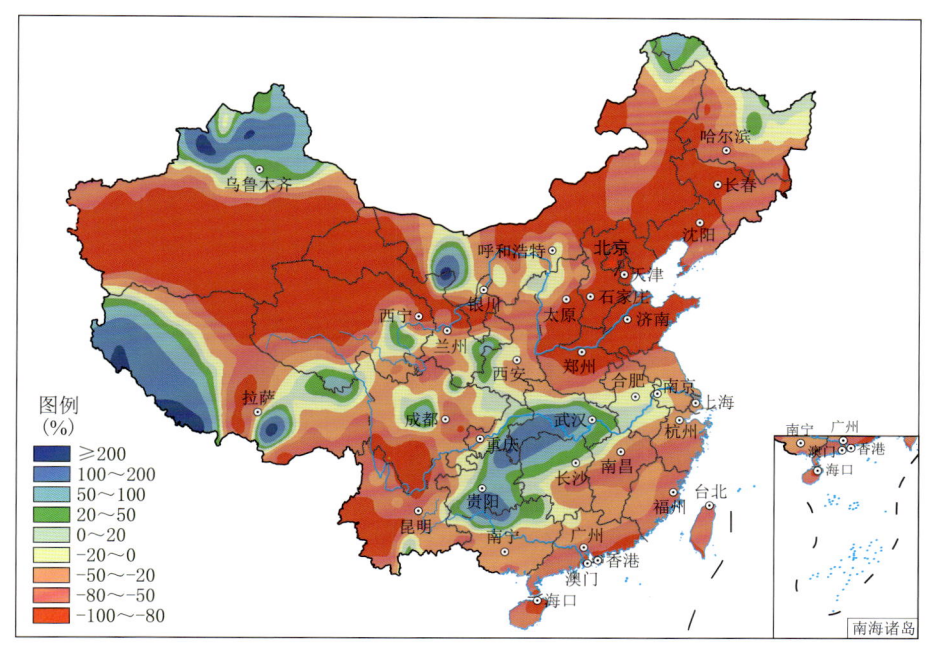

图 3.2.1　2002 年 2 月全国降水量距平百分率分布

Fig. 3.2.1　Distribution of precipitation anomaly percentage over China in February 2002(%)

2 月平均气温与常年同期相比,全国普遍偏高。除新疆西南部、西藏大部及云南大部偏高 1～2 ℃外,全国其余大部分地区偏高 2 ℃以上,其中华北大部、西北东北部、黄淮、江淮及大兴安岭、北疆北部偏高 4～6 ℃,东北大部及内蒙古中部、河北南部等地偏高达 6 ℃以上(图 3.2.2)。

3.2.2　主要气象灾害事记

2002 年 1—2 月,由于影响我国的冷空气少,且大多势力较弱,致使全国大部分地区持续偏暖。华北大部、东北西部、黄淮、长江中下游等地出现了近几十年罕见的隆冬偏暖天气,2 月这种偏暖势

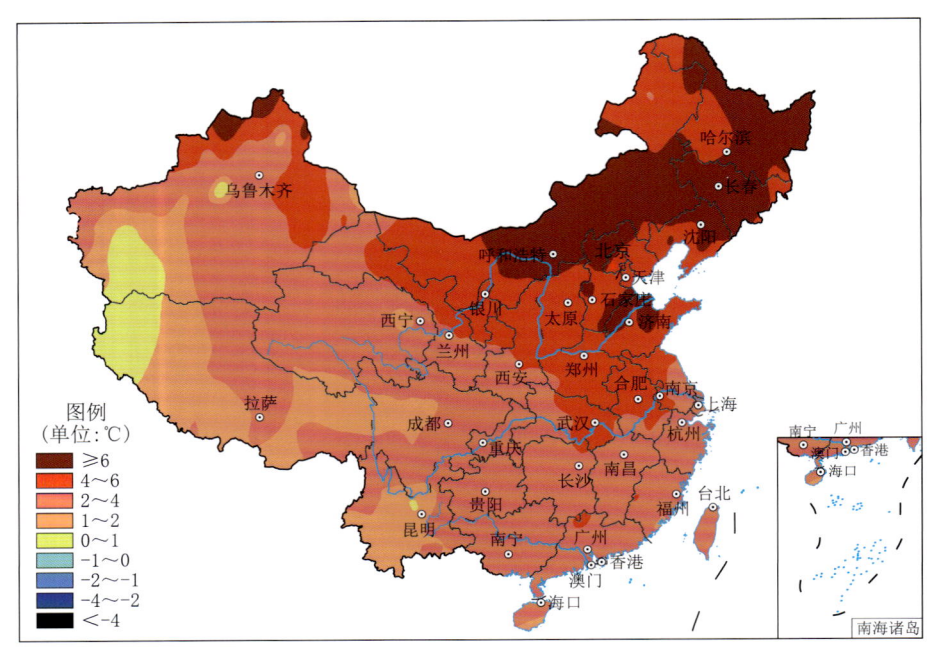

图 3.2.2　2002年2月全国平均气温距平分布
Fig. 3.2.2　Distribution of mean temperature anomaly over China in February 2002(unit:℃)

头仍有增无减。月平均气温与常年同期相比,除青藏高原偏高1～2℃外,其余地区偏高幅度均在2℃以上,其中北方大部地区偏高幅度达4～6℃,东北等地偏高6～9℃。2002年2月全国及20个省(区、市)气温均创1961年以来历史同期最高纪录,有4个省气温居1961年以来同期第2位,四川省气温居1961年以来同期第3位,偏暖范围之广、幅度之大均超过偏暖异常明显的1999年同期,为近40年来同期之最。

月内,南方大部分地区降水偏少且时空分布不均。上中旬江南、西南地区降水偏少,江汉和四川盆地中北部中旬有干旱,下旬长江中下游地区出现的降水过程使江汉地区的干旱有所缓解;但西南大部和华南地区降水明显偏少,四川、云南等地的干旱持续,华南沿海地区局部出现旱象。

月内,江南大雾天气频繁,因能见度差,水、陆、空交通运输受到较大影响。5—7日江苏省连续出现大雾,其中5日出现的大雾造成沪宁高速公路关闭7小时,禄口机场99个航班晚点,长江关闭航道9小时,轮渡停航8小时,南京长途汽车总站约有150趟班车未能按时发出,3000多名旅客滞留,南京市当天共发生交通事故60起。7日沪宁和锡澄高速公路全线封闭,无锡市"110"指挥中心从凌晨至11时共接到交通事故报警46起,近10人受伤,4人死亡,沪宁铁路跨圩段1小时内有2人被火车撞亡。24日江苏省大部分地区又出现大雾,京沪高速公路高邮段发生多起汽车追尾交通事故,造成11人死亡,33人受伤。6日,江西有56个县(市)被大雾所笼罩,能见度最小只有30～50米。昌九、温厚、昌樟3条高速公路被迫关闭2～8小时,其中温厚高速公路有5辆汽车连环追尾相撞,1人死亡,5人受伤;昌北机场9个航班延误,南昌港被迫关闭4.5小时,造成大量旅客滞留。

本月,北方地区由于空气湿度小,没有出现较大范围的大雾天气,但局部大雾天气时有发生,并造成了较为严重的影响。14日,京津塘高速公路距北京78.5千米处由于雾浓、能见度低,致使五六十辆汽车连环追尾,54人受伤,至少3人死亡。27日,受大雾影响,大连国际机场共有17个航班被迫延误,1500名旅客滞留机场。

3.3 3月主要气候特点及气象灾害

3.3.1 主要气候特点

2002年3月,全国大部分地区气温明显偏高;降水量空间分布不均,东北、华北、黄淮部分地区旱情持续或发展;北方地区出现大范围沙尘天气;南方多局地强对流天气。

3月降水量与常年同期相比,除辽宁南部、内蒙古中北部、北疆北部、四川南部、重庆西部、贵州西北部和海南等地偏多5成至2倍外,全国其余大部分地区接近常年或偏少,其中东北中部、华北中南部及山东西部、南疆、西藏西北部等地偏少5～9成(图3.3.1)。

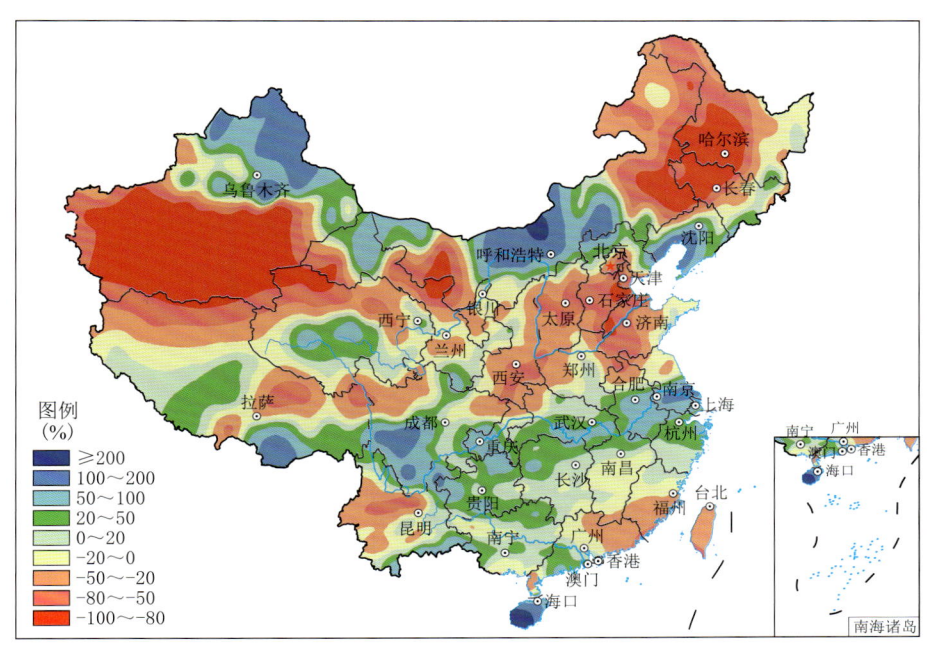

图3.3.1 2002年3月全国降水量距平百分率分布

Fig. 3.3.1 Distribution of precipitation anomaly percentage over China in March 2002(％)

3月平均气温与常年同期相比,全国大部分地区普遍偏高,东北三省大部、内蒙古东部、河北大部、京津、河南中北部、江苏东南部和浙江北部等地偏高达4～6 ℃,仅西南地区西部及青海南部、西藏大部等地气温接近常年(图3.3.2)。

3.3.2 主要气象灾害事记

2002年3月,全国大部分地区气温普遍偏高,尤其是东北和华北大部分地区气温偏高异常显著。3月全国平均气温继1—2月后再次达到1961年以来历史同期最高值。月内,中旬气温偏高幅度最大,东北、华北、西北东部、黄淮、长江中下游地区较常年同期普遍偏高4 ℃以上,其中东北大部、江淮及河北中北部、京津等偏高6～9 ℃。3月30—31日,受较强暖气团控制,东北、华北等地气温骤升,北京市31日最高气温攀升到28.8 ℃,创1915年有历史记录以来同期最高值。黑龙江、吉林、辽宁西部、河北和内蒙古的大部分地区31日最高气温比29日升高了7～16 ℃,使人一度有初夏的感觉。气温偏高使越冬作物发育期普遍提前,春播春种农事偏早。虽然天气偏暖有利于作物生长发育,但也导致作物生长过快,对产量形成具有不利影响。另外,气温持续偏高也使部分地区病虫害发生发展较快,月内,陕西、甘肃、河南、江苏、四川、云南和西藏等省(区)的部分地区都有不同

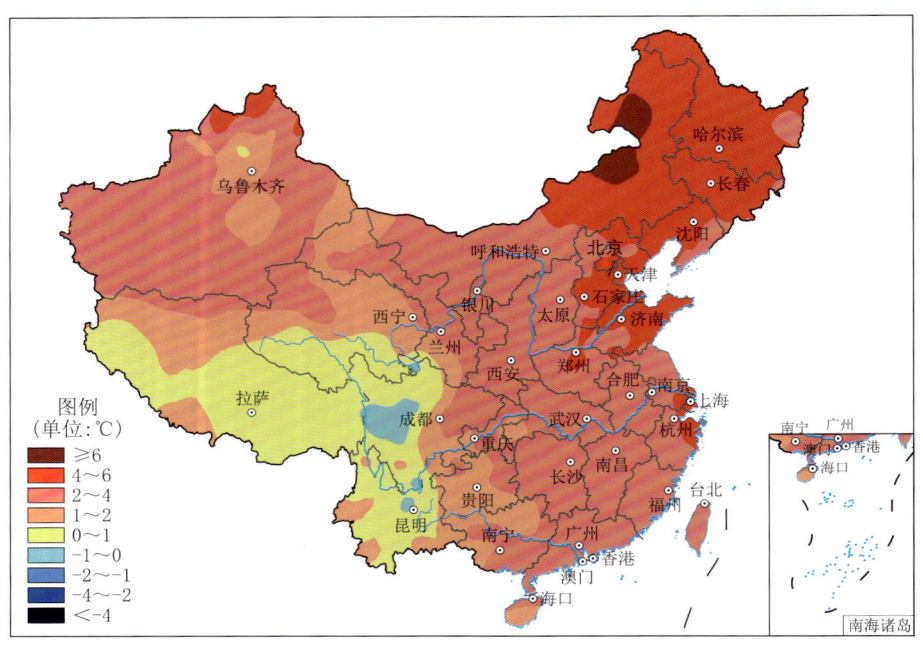

图 3.3.2　2002 年 3 月全国平均气温距平分布

Fig. 3.3.2　Distribution of mean temperature anomaly over China in March 2002（unit：℃）

程度病虫害发生。

　　月内，江南、华南、西南部分地区有不同程度的旱情出现。广东、福建的部分沿海地区持续少雨时间达 40 余天，旱情发展较为严重。3 月中旬前期，福建作物受旱面积达到 13.4 万公顷，近 20 万人发生临时饮水困难，厦门、漳州旱情严重，暖干的天气还导致森林火灾频频发生。中下旬，南方有较大范围降水出现，使上述地区前期出现的旱情得到明显缓解或解除。

　　月内，北方地区虽然也出现了较大范围的降水，但降水量一般不大，有效性差，东北、华北、黄淮、西北等地月降水量普遍不足 30 毫米，黑龙江西南部、吉林西部等地基本无降水。少雨加上气温偏高、大风天气多，土壤水分蒸发快、失墒迅速。月末测墒显示，东北中部、华北大部、黄淮北部、西北东部等地 10 厘米土壤相对湿度普遍不足 60%，上述地区旱情维持或发展，部分地区出现严重干旱。

　　月内，北方地区频繁出现大范围的沙尘天气，共受到 5 次沙尘天气影响，主要出现在中旬后期和下旬。3 月 18—21 日的过程最为严重，西北、华北、东北以及山东、河南、湖北、湖南西北部和四川东部等地先后出现了沙尘天气，其中内蒙古、甘肃中部、宁夏北部、河北北部、北京、吉林西北部等地出现了强沙尘暴，甘肃鼎新、内蒙古乌拉特后旗能见度一度为 0。这是 20 世纪 90 年代以来出现的范围最广、强度最大、影响最严重的沙尘暴天气。由于大风沙尘天气能见度低，部分地区交通运输受到一定影响，一些地区供电和通信线路被大风刮断，工厂、学校的房屋和设备受损。甘肃、宁夏等地的部分农田遭沙埋，小麦麦种移位，塑料大棚等农业设施遭到不同程度的破坏，春播受到较大影响。大范围频繁的沙尘天气加剧了北方地区的旱情，给人民生产生活及环境保护带来极大影响。

　　月内，由于冷暖空气交绥频繁，南方局部地区强对流天气较多，四川、重庆、云南、浙江、江西、福建、广东等省（市）出现了雷雨、大风、冰雹等灾害性天气，给当地农业生产和人民财产造成较为严重的损失。3 月 12 日，四川内江资中县遭受冰雹袭击，农作物受灾 0.73 万公顷，直接经济损失达 3000 多万元；3 月 20 日，江西北部局部地区出现了雷雨大风、冰雹等强对流天气，造成电线杆折断、房屋坍塌等事故，并有人员伤亡；3 月 29 日，广东深圳市龙岗区暴发罕见龙卷，龙岗镇龙西灯光夜市近千平方米的简易铁皮市场顶棚被掀起,造成 5 人死亡、40 余人受伤。

月内,江淮、江汉、江南、华南等地以晴、雨相间天气为主。自 2 月中下旬至 3 月上旬前期,江淮、江汉、江南的部分地区出现了长达半个月之久的连阴雨天气,部分干旱地区的旱情有所缓解,但也造成局部地区土壤过湿,不利于作物生长,自上旬后期开始,上述地区晴热天气增多,土壤过湿状况明显改善。

另外,月内大部分地区气温波动较大,主要的降温过程出现在月初和中旬末下旬初,但影响不大。下旬前期,南方部分地区降温较为明显,江南和华南部分地区过程降温幅度 8～12 ℃,但因前期温度高,降温过后气温回升迅速,没有明显的低温冷害出现。

3.4 4月主要气候特点及气象灾害

3.4.1 主要气候特点

2002 年 4 月,全国大部分地区降水量偏多或接近常年;大部分地区气温偏高,但波动幅度较大;北方沙尘天气仍较频繁;南方多局地强对流天气。

4 月降水量与常年同期相比,东北大部、华北北部、西北大部、长江中下游沿江地区及西南部分地区偏多 5 成至 1 倍,部分地区偏多 2 倍以上;华北南部、黄淮北部、华南大部及陕西、甘肃、云南等省的部分地区偏少 2～8 成(图 3.4.1)。

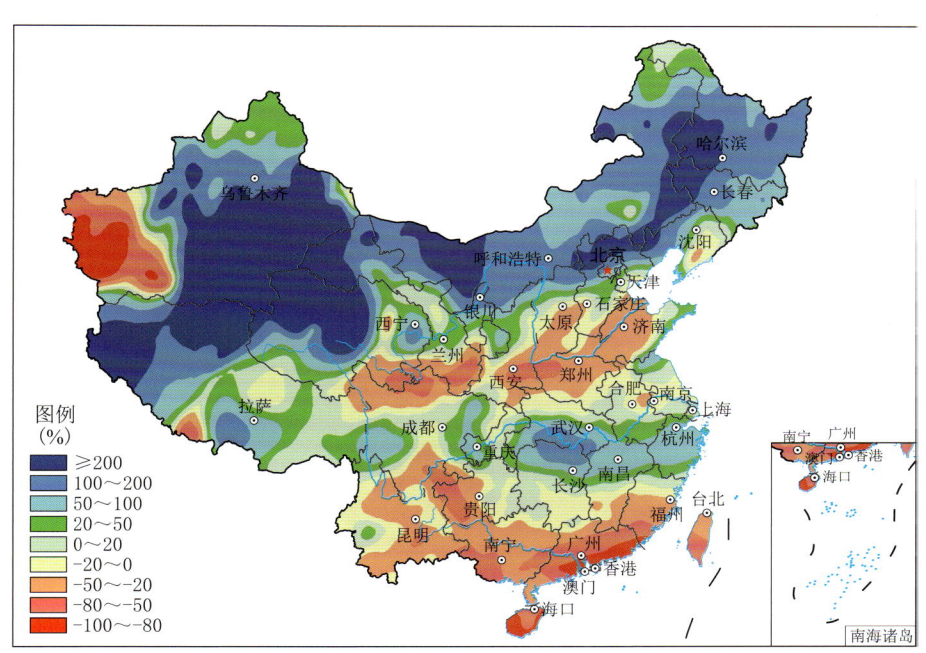

图 3.4.1 2002 年 4 月全国降水量距平百分率分布

Fig. 3.4.1 Distribution of precipitation anomaly percentage over China in April 2002(%)

4 月平均气温与常年同年相比,全国大部分地区偏高 1～2 ℃,仅新疆北部、内蒙古西部及华西的部分地区略偏低(图 3.4.2)。

3.4.2 主要气象灾害事记

2002 年 4 月,华北南部、黄淮北部、华南沿海持续少雨,干旱持续。前期遭受大范围干旱的北方地区,月内先后出现了 3 次较大范围的降水,使农田表层土壤湿度增大,对冬小麦拔节生长、春播出

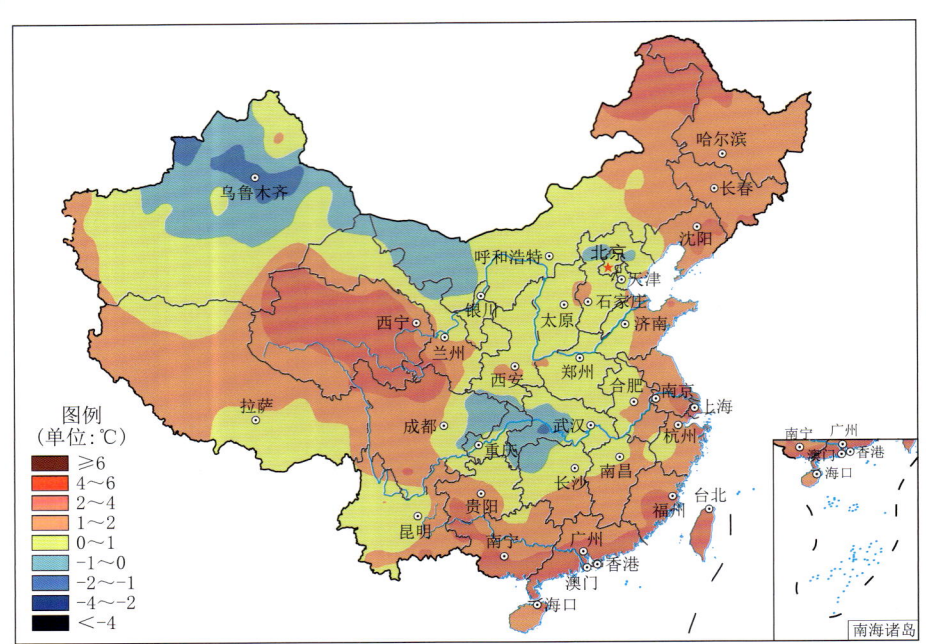

图 3.4.2　2002 年 4 月全国平均气温距平分布

Fig. 3.4.2　Distribution of mean temperature anomaly over China in April 2002 (unit: ℃)

苗及牧草返青生长等有利,也不同程度地抑制了沙尘天气的发生和发展。但因降水量地区分布不均,华北南部、黄淮北部、西北东南部一带降水量持续偏少,月降水量一般在 25 毫米以下,4 月 28 日耕作层土壤湿度观测表明有 40% 左右的测站土壤相对湿度在 60% 以下,关中部分地区及陇东和陇南的局部地区干土层有 5～20 厘米,对春播出苗和冬小麦后期生长发育有较大影响。

福建南部、台湾、广东大部、海南、广西西部和南部及云南、贵州等省的部分地区继前期少雨之后,4 月降水量一般只有 30～60 毫米,局部地区在 10 毫米以下,月内又出现 ≥34 ℃ 的高温天气,水分蒸发量加大,旱情也较严重(仅两广受旱农作物就有 120 多万公顷),旱地农作物生长和早稻插秧用水受到影响,部分地区城乡居民用水也出现紧缺局面。

月内,南方地区局地强对流天气频发。由于冷暖气流活跃,且势力偏强,受其影响,南方各省(区、市)均出现了不同范围的雷雨大风、冰雹等强对流天气,广东、湖南、湖北、安徽等省局部地区还出现了龙卷。尽管强对流天气持续时间不长,但因发生突然,风大雨急,给局地工农业生产和人民生命财产造成了较大的损失,其中湖北、江西、安徽、湖南、重庆等省(市)的灾情较重。湖北省于 2—4 日、15—16 日、22—23 日先后 3 次遭受强对流天气袭击,最大风力有 6～8 级,阵风 9～10 级,最大冰雹直径 2～4 厘米,降水量一般为中至大雨或暴雨,局地降水量达 200 毫米左右,随州、襄樊、荆州、沙市的局部地区还出现了龙卷。初步统计,农作物受灾 40 万公顷;死亡 19 人,伤 1014 人;倒房 3.8 万间,房屋损坏 8.7 万间;直接经济损失 9 亿元左右。江西省在 2—7 日有 45 县(市、区)先后遭受雷雨大风、冰雹等强对流天气袭击,最大风力有 6～8 级,导致 400 多万人受灾,5 人死亡,7730 人受伤;农作物受灾 20 多万公顷;倒房 3.6 万间;直接经济损失 8 亿元左右。

月内,北方地区沙尘天气仍较频繁,先后出现 6 次较大范围的沙尘天气过程,其中以 5—9 日的沙尘天气过程最强、影响范围最广。受冷空气和蒙古气旋的影响,5—9 日新疆南部盆地、西北东部、华北北部、东北中南部先后出现了扬沙和沙尘暴,其中内蒙古中部和东部偏南地区,河北北部及辽宁等地的部分地区还出现了能见度不足 500 米的强沙尘暴(内蒙古锡林郭勒盟部分地区能见度不足 100 米),北京、天津、河北中南部、山东、江苏、安徽等地的部分地区出现了浮尘或扬沙。最大风力一般有 5～7 级、局部 8～9 级。大风沙尘天气给上述地区农牧业生产、交通运输和人民群众日常生活带来了不同程度的影响。其中,内蒙古受这次沙尘天气影响,造成 9 人死亡,1.5 万头(只)牲畜走失或死亡,近 20 万延米网围栏倒塌。

月内,由于冷暖气流的频繁交绥,长江中下游大部分地区出现持续阴雨天气,月降水日数大部分有 15～20 天,月降水量有 150～380 毫米,湖北、安徽两省大部、江苏南部、浙江北部等地月日照时数偏少 40～70 小时。其中,以下半月表现最为突出,降水日数达 10～14 天,不少地区几乎天天阴云密布,日照时间每天 1 小时左右,与此同时气温又比常年同期偏低 1～3 ℃。连续低温阴雨寡照,造成部分地区田间积水,严重影响农作物根系生长,植株功能下降,使春播作物幼苗生长和冬小麦、油菜的灌浆、成熟受到影响,也有利于病虫害的发生和流行,一些地区小麦赤霉病、白粉病、条锈病及油菜菌核病等一度加重发生。

新疆北部棉区月内气温低、阴雨多、农田湿度大,部分棉田出现不同程度的烂种烂芽现象。伊犁州各县(市)19—21 日和 24 日出现 30～60 毫米的强降水天气过程,造成 1.4 万头(只)牲畜死亡,房屋倒塌 1.1 万间,直接经济损失 6000 万元。

另外,受下旬中前期强冷空气影响,全国大部分地区过程降温 6～12 ℃,北方中北部及山东中东部等地的大部分地区最低气温降至-5～3 ℃,部分地区遭受轻度冻害。其中,山东省中东部地区的 43 个县(市、区)的果树、桑苗、烟叶和冬小麦、蔬菜等遭受较严重的低温冻害,受灾农作物达 51 万公顷。

3.5 5月主要气候特点及气象灾害

3.5.1 主要气候特点

2002 年 5 月,全国大部分地区气温接近常年或偏低;大部分地区降水偏多,但分布不均,东北、华北、华南部分地区旱情又复露头或发展,长江中下游部分地区出现渍涝或局地洪涝;贵州等地出现局地强对流天气。

5 月降水量与常年同期相比,全国大部分地区偏多或接近常年,其中黄淮、江淮东部及内蒙古中部、宁夏大部、甘肃中部、湖南北部、贵州东南部、云南西部等地偏多 5 成至 1 倍,局部地区偏多 2 倍以上;东北大部、华北北部、华南东部及内蒙古东部、南疆大部等地偏少 5～9 成(图 3.5.1)。

5 月平均气温与常年同期相比,东北、青藏高原西南部、华南沿海以及内蒙古东部、新疆东北部等地偏高 1 ℃以上;河南大部、安徽、湖北、江西北部、湖南北部、重庆、贵州北部、云南中北部等地偏低 1～2 ℃,局部偏低 2 ℃以上;全国其余大部分地区接近常年(图 3.5.2)。

3.5.2 主要气象灾害事记

2002 年 5 月,华南地区降水时空分布非常不均。尽管大部分地区月降水量在 100 毫米以上,其中广西大部、广东中部和西南部、福建东北部、海南南部等降水量有 200～380 毫米,广西局部地区超过 400 毫米,但降雨多集中在下旬,上、中旬降水量较小,尤其是上旬,大部分地区降水量不足 50 毫米,而同期部分地区出现了 2～5 天≥35 ℃的高温天气,降水少,气温偏高,致使 5 月上旬末为 2002 年前 5 个月华南地区旱情最严重的时段。据统计,2002 年广东、福建、海南等省遭遇的冬春连旱为近几十年来罕见。严重的干旱造成广东省 76 多万公顷农作物受灾,58 万多人饮水困难,2077 座水库干涸;海南省 18.2 万公顷农作物受旱,127.8 万人、16 万多头牲畜饮水困难;福建省 35.4 万公顷农作物受旱,92 万人饮水困难,300 座水库干涸。中旬,降水量虽较上旬有所增加,但仍不足以缓和持续已久的严重干旱,进入下旬后,由于降水量大,广西、海南、广东雷州半岛等地前期出现的旱情

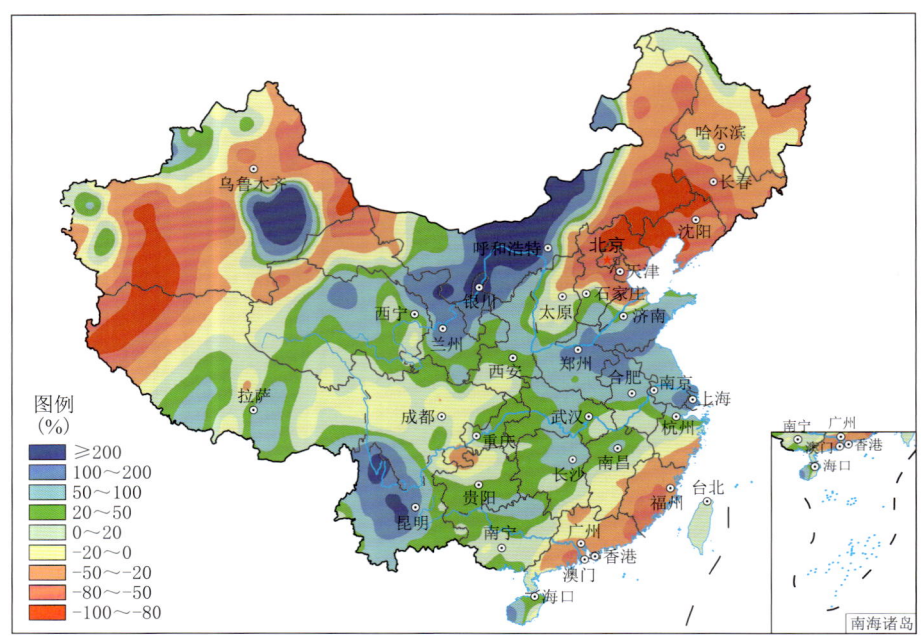

图 3.5.1　2002 年 5 月全国降水量距平百分率分布

Fig. 3.5.1　Distribution of precipitation anomaly percentage over China in May 2002（%）

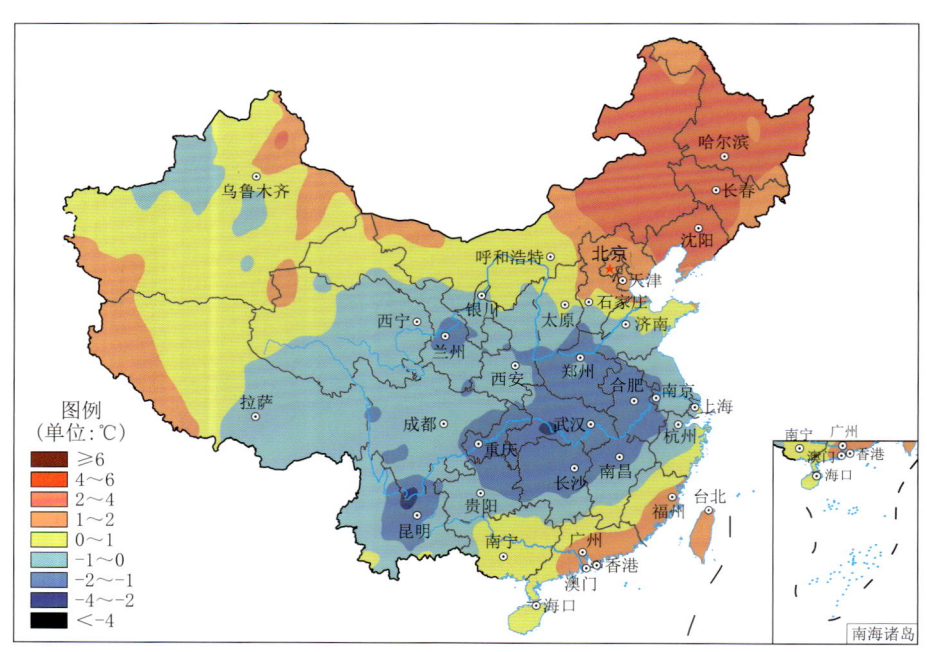

图 3.5.2　2002 年 5 月全国平均气温距平分布

Fig. 3.5.2　Distribution of mean temperature anomaly over China in May 2002（unit：℃）

已基本解除，但由于降水量分布不均，加上前期干旱时间长、旱情重，月末，广东东部、福建南部等地仍存在不同程度的干旱。

　　月内，华北南部、西北东部、黄淮地区降水量一般有 40～140 毫米，其中上旬大部分地区降水量有 25～50 毫米，由于降水量较大，土壤表层墒情得到明显改善，旱情基本得到解除。东北大部和华北中东部等地降水量小（在 30 毫米以下），较常年同期偏少 5～9 成；加之同期气温持续明显偏高，尤其是中旬内蒙古东部、吉林和辽宁西部一带旬平均气温较常年同期偏高 4～5 ℃，最高气温为 30～34 ℃，蒸发量大，土壤失墒迅速，这些地区旱象又复露头或发展。28 日测墒显示，内蒙古东部、吉林西部、辽宁西部和南部、河北中部一带 10～20 厘米深土壤相对湿度普遍不足 60％，部分地区干土层厚度达 3～8 厘米。

月内，受西南暖湿气流和北方冷空气的频繁影响，江淮西部、江汉、江南西北部及川东、重庆、贵州大部等地降水频繁，降雨日数普遍有 15～22 天（主要集中在上半月），加上 4 月下半月近半个月的连阴雨天气，这些地区连续降雨日数一般在 30 天以上。由于连阴雨时间长，气温较常年同期偏低 1 ℃多，日照偏少 40～130 小时，致使湖北、湖南、东西、安徽、重庆、贵州等地的一些地区早稻、棉花出现烂种、烂秧、僵苗、死苗现象；冬小麦、油菜无法正常收割或收割后无法晾晒，造成发芽、霉烂。连阴雨期间，部分地区还出现了暴雨或大暴雨，如 12—14 日，湖南、湖北、江西、安徽及贵州、广西等省（区）出现了区域性（约 200 站次）暴雨或局地大暴雨。长时间大范围降水使上述地区的江、河、湖、库水位普遍上涨，湖北、湖南、江苏、广西等地的一些河流水位一度超过或接近警戒线，部分地区防洪大堤因浸泡时间过长，出现了比较严重的垮堤垮坡现象，给 2002 年的防汛工作造成了极大压力。

另外，新疆伊犁河谷地区 4 月中旬至 5 月下旬降水不断，并多次出现中到大雨，降水量一般有 80～160 毫米，局部发生洪水、山体滑坡、泥石流等灾害，造成一定损失。

月内，辽宁、黑龙江、内蒙古、天津、陕西、宁夏、新疆、四川、云南、贵州、重庆、广东等省（区、市）的局部地区先后出现了雷雨大风、冰雹或龙卷等强对流天气，造成一定损失。如上旬，贵州省有 39 县（次）遭受大风、冰雹袭击，造成 11 人死亡，15.1 万公顷农作物受灾，6797 间房屋倒塌。

此外，受 2001/2002 年冬季气候偏暖的影响，病虫虫卵越冬基数大。加之入春后，尤其是 4 月下半月至 5 月底，一些地区长期阴雨寡照，空气湿度大，江西、河南、安徽、河北等省部分地区小麦条锈病、赤霉病、白粉病、蚜虫和油菜的菌核病以及棉花立枯病、炭疽病等病虫危害有加重的趋势。

3.6 6月主要气候特点及气象灾害

3.6.1 主要气候特点

2002 年 6 月，全国降雨过程频繁，大部分地区降水量偏多或接近常年，华南、西南、西北、长江中下游等地的一些地区发生暴雨洪涝灾害。全国大部分地区气温偏高，但时空变化比较明显。

6 月降水量与常年同期相比，全国大部分地区偏多或接近常年，其中东北中部、华北大部、西北大部及四川东部、重庆大部、河南大部、广西东北部等偏多 5 成至 1 倍，局部地区偏多 2 倍以上；仅云南、西藏、新疆的局部地区偏少 5～8 成（图 3.6.1）。宁夏月降水量为 1961 年以来的最大值，陕西、新疆为次大值。

6 月平均气温与常年同期相比，除东北大部、华北东部、新疆局部等略偏低外，全国其余大部分地区偏高 1～2 ℃，其中内蒙古西部、新疆南部、宁夏、甘肃南部等偏高 2～4 ℃（图 3.6.2）。

3.6.2 主要气象灾害事记

2002 年 6 月，全国多次出现大范围的降雨过程，华南、西南东部、西北东部及长江中下游等地的部分地区出现暴雨或大暴雨。截至 6 月 26 日统计，全国有 20 个省（区、市）发生了不同程度的洪涝灾害，并引发滑坡、泥石流等地质灾害；影响人口 5400 万人，死亡 470 多人，受灾农田 260 万公顷，直接经济损失 179 亿元。但所发生的暴雨洪涝灾害仍属局地或小范围，大江大河水势比较平稳。

6—12 日，北方地区出现了 2002 年以来最强的一次降雨过程，西北东部、华北大部和东北部分地区先后出现大雨或暴雨、局部大暴雨或特大暴雨，陕西、甘肃、宁夏及新疆等省（区）的局部地区发

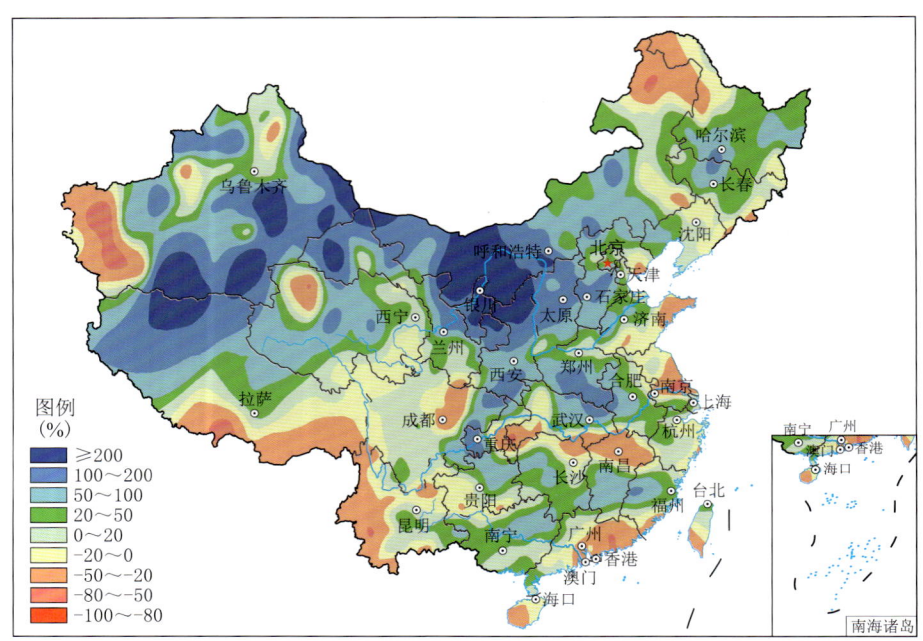

图 3.6.1 2002年6月全国降水量距平百分率分布
Fig. 3.6.1 Distribution of precipitation anomaly percentage over China in June 2002(%)

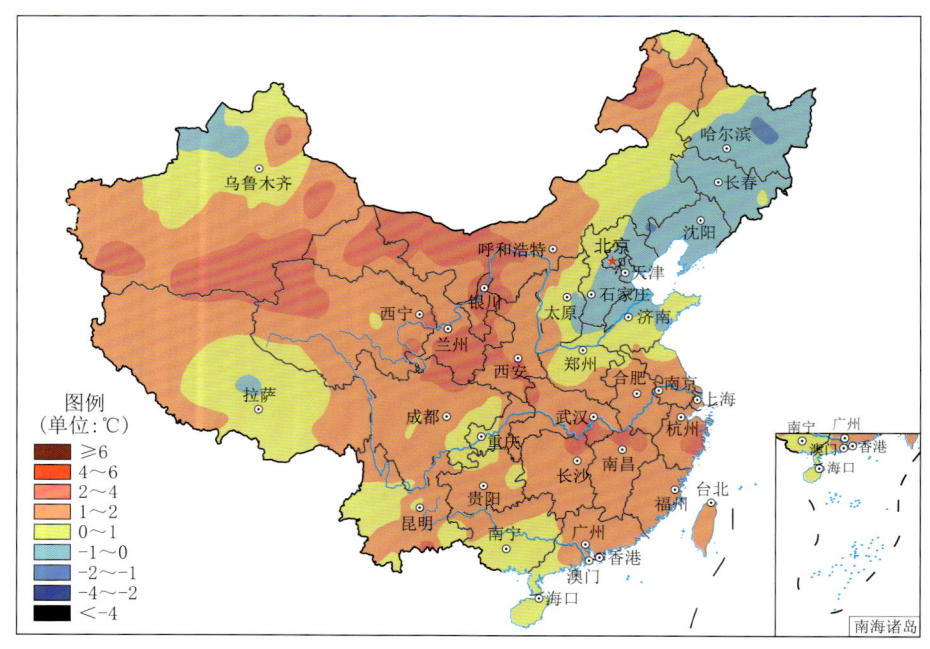

图 3.6.2 2002年6月全国平均气温距平分布
Fig. 3.6.2 Distribution of mean temperature anomaly over China in June 2002(unit:℃)

生暴雨洪涝等灾害。7—10日,陕西出现2002年第一场汛期降水,较常年异常偏早,降水范围之广、强度之大为历史同期罕见。全省共出现33站次暴雨或大暴雨,局部地区发生严重洪涝灾害,陕南部分地区因灾死亡100多人,佛坪县城沿河街道进水最深达1米以上;因洪水冲断陇海铁路灞河铁路桥,造成300多次列车和近万人滞留;暴雨洪水造成陕西全省直接经济损失25.8亿元。

10—18日,华南、西南东部、江南中南部一带出现持续性大到暴雨、局地大暴雨过程,致使广西西江、湖南湘江、江西赣江、抚河和福建闽江等江河发生洪水,广西、四川、重庆、湖北、贵州、福建、江西、湖南等省(区、市)遭受不同程度的暴雨洪涝灾害。14—18日广西北部持续出现暴雨到大暴雨天气,局部出现特大暴雨,累计雨量超过300毫米的有7个县(市),桂江、右江、柳江、西江等部分河段出现了超警戒水位或洪涝灾害;漓江全线封航3天,湘桂铁路中断30小时,15个城市受淹,房屋倒塌4.6万间,农作物受灾22.7万公顷,水产养殖、工矿企业、道路交通及水利设施、堤防等遭受一定损失,全区直接经济损失40多亿元。

18日后,南方主要降雨带北抬至长江中下游一带,该地区进入梅雨季,湖北、湖南、安徽、浙江、江西等省部分地区暴雨成灾。其中,安徽黄山48小时降雨量达373毫米;湖南张家界连续2天降大暴雨,18日20时至19日20时雨量达249毫米。由于暴雨来势猛、强度大,造成山洪暴发,淮河上游干支流发生洪水,长江干流部分江段的水位超过警戒水位。湖北北部和江汉平原不少农田被淹,桥梁、堤坝被毁,房屋倒塌,人员伤亡。湖南省由于暴雨范围大、来势猛,洞庭湖水位急剧上涨,超过1998年同期水位,是20世纪90年代以来同期最高值,湘西、湘中、湘南局部地区形成暴雨山洪。

另外,6月下旬西北东部、华北及黄淮地区再次出现大范围降雨,局地暴雨引发山洪,造成一定损失。

月内,全国不仅降雨范围广、雨量偏多,而且雨日也多,东北大部、华北大部、西北东南部、西南大部、长江中下游以南大部分地区月阴雨日数一般有10~20天,部分地区达20~25天。丰沛的降雨,使华南及北方地区前期旱情大为缓解,特别是西北和华北一些地区,雨势较缓,雨水渗入地下,对地下水位的回补起到积极的作用。但伴随多雨而来的是长时间寡照天气,中旬四川东部、重庆、贵州、广西北部、湖南西部等地,下旬河北大部、京津地区、江苏南部、浙江北部及贵州、重庆、安徽等地的部分地区日照时数均不足30小时;其中中下旬北京仅9小时,为建站以来最少,河北中南部地区甚至不到6小时。阴雨寡照天气对南方早稻、北方大秋作物等生长发育产生不利影响,同时却给某些病虫害的发生发展提供了有利条件。

月内,受冷空气和降雨天气影响,东北、华北的一些地区出现了持续凉爽天气。中旬,由于冷空气势力较强,东北大部出现明显低温天气,旬平均气温比上旬还低2~4 ℃;11—15日哈尔滨平均气温一直在15 ℃以下,11日仅为13 ℃,12—15日长春平均气温也持续在16 ℃以下,一些地区出现低温冷害。下旬东北地区气温回升,但华北地区气温显著偏低,旬平均气温一般为18~23 ℃,日最高气温大都在20~28 ℃,23日石家庄(19.6 ℃)、25日北京(19.3 ℃)的最高气温均为近50年来同期最低值。

月内,南疆、华北及其以南的大部分地区出现了不同程度的高温天气,极端最高气温一般有35~39 ℃。另外,甘肃、四川、山东、河北、新疆等14个省(区、市)出现了冰雹等局地强对流天气,造成一些损失。

3.7　7月主要气候特点及气象灾害

3.7.1　主要气候特点

2002年7月,全国平均降水量较常年同期偏少,平均气温较常年同期略偏高。月内,华南、江南等地发生暴雨洪涝;部分地区发生伏旱;全国大范围出现高温酷热天气;热带风暴及局地强对流天气频良。

7月降水量与常年同期相比,长江以北地区普遍偏少,其中黄淮北部、华北南部、西北东南部及川东北等地偏少5~8成;华南、江南、西南地区西南部以及新疆西部、西藏西北部和东部、吉林东北部、黑龙江东南部等地偏多,其中江南大部、华南中东部及云南西北部、西藏中南部、新疆西部等偏多5成至1倍,部分地区偏多1倍以上(图3.7.1)。

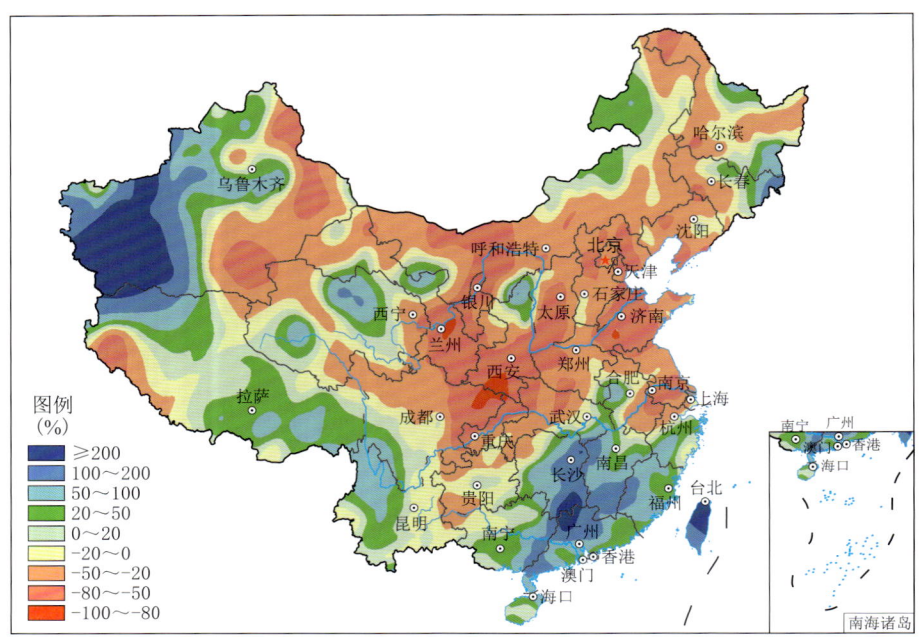

图 3.7.1　2002 年 7 月全国降水量距平百分率分布

Fig. 3.7.1　Distribution of precipitation anomaly percentage over China in July 2002(%)

7月平均气温与常年同期相比,除湖南东南部、江西西部、新疆西部偏低1~2℃外,全国其余大部分地区接近常年或偏高,其中东北西部和南部、华北东部、西北大部及内蒙古大部、山东中西部、江苏北部、四川东北部、西藏中部等地偏高1~4℃(图3.7.2)。

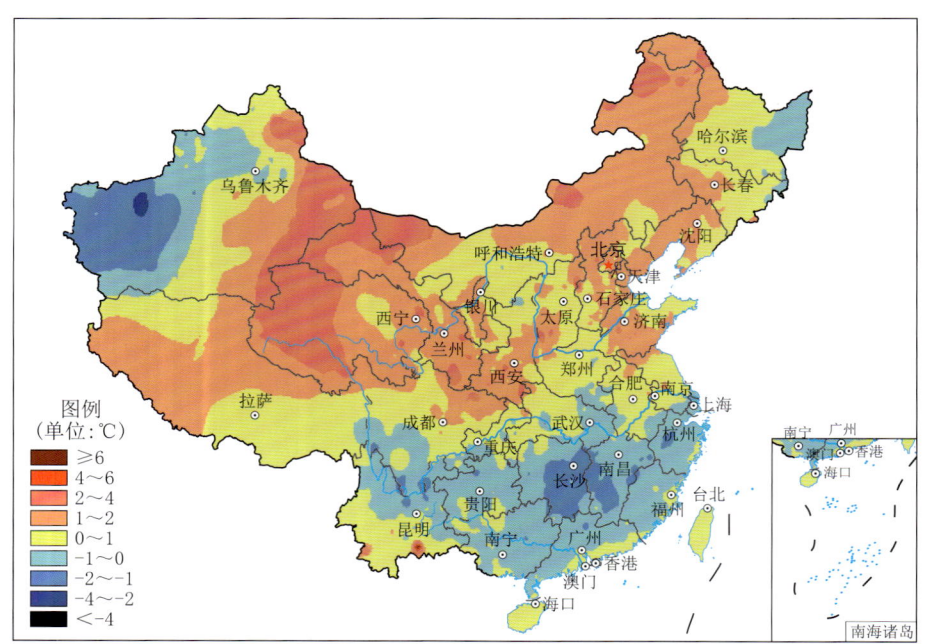

图 3.7.2　2002 年 7 月全国平均气温距平分布

Fig. 3.7.2　Distribution of mean temperature anomaly over China in July 2002(unit:℃)

3.7.2 主要气象灾害事记

2002年7月,全国暴雨天气较频繁,绝大多数省份都遭受到暴雨袭击,其中,南方暴雨范围较大,灾情也较重。6月底至7月初,华南、江南连降大到暴雨,局地降大暴雨,降水量普遍有50~200毫米,局地超过200毫米,致使广西、广东、江西、湖北等省(区)的部分地区发生较重洪涝。广西西江梧州站洪峰水位超过警戒水位7米,全区40个县(市)600多万人不同程度受灾,死亡32人,农作物受灾29万公顷,毁坏中小型水库80多座、灌溉设施1500多处,直接经济损失达38.5亿元;湖南湘江干流全线超危险水位,全省35个县(市)450万人受灾,死亡9人,农作物受灾24.9万公顷,损坏中、小型水库69座,直接经济损失达21.8亿元。7月17—27日,华南、长江中下游和淮河流域出现了大范围的强降水过程,降水量普遍有100~200毫米,局地超过200毫米,广东、广西、湖南、湖北、江西、安徽等省(区)部分地区发生了洪涝灾害。广东有14个县(市)100万人受灾,经济损失5亿元;广西有26个县(市)400多万人受灾,经济损失4亿元;湖北有800多万人、60多万公顷农田受灾,直接经济损失10亿元;安徽有300多万人、24万公顷作物受灾,直接经济损失5亿元。另外,7月下旬新疆阿克苏地区发生罕见的洪灾,损失也比较严重。

7月上旬后期开始,中东部地区出现了10天左右的酷热少雨天气,致使土壤失墒加剧,伏旱迅速发展。据7月16日监测分析,旱区一度波及到东北西部、华北大部、黄淮大部、江淮东部、西北东南部和西南地区东北部。干旱对山东和四川部分地区农作物产生不利影响;四川巴州地区出现牲畜饮水困难;广东东部部分地区水库蓄水不足,工农业生产和人民生活受到很大影响。7月17日以后,上述旱区出现大范围降雨,旱情得到明显缓解。

7月上旬后期至中旬中期,华北大部、黄淮大部、西北东部以及淮河和秦岭以南的大部分地区出现高温天气;持续时间一般10天左右;最高气温一般在35~39℃,部分地区达40~43℃。晴热天气不仅加剧了部分地区的旱情,而且也给人们的正常生活带来较大影响。北京和江苏日供电创历史最高纪录。

月内,有1个台风(第8号"娜基莉")在台湾登陆。由于登陆时强度不强,未造成明显灾害,而它带来的降雨对缓解高温伏旱天气起了很大作用。

另外,月内局地强对流天气比较频繁。据不完全统计,全国有18个省(区、市)出现了冰雹或龙卷,其中河南、湖北、安徽、辽宁、吉林等省的局部地区损失较重。

3.8 8月主要气候特点及气象灾害

3.8.1 主要气候特点

2002年8月,全国平均降水量和平均气温都接近常年同期。月内,华南及长江流域持续降雨,一些地区发生暴雨洪涝灾害;华北、黄淮部分地区降水偏少,旱情发展;东北及南方大部出现低温(阴雨)天气;2个强热带风暴在广东沿海登陆。

8月降水量与常年同期相比,南方大部及东北地区东部偏多或接近常年,其中江南大部、华南北部及云南东部、黑龙江南部等偏多5成至1倍;北方大部偏少,其中黄淮中北部、华北大部、西北中西部等地偏少5成以上(图3.8.1)。

8月平均气温与常年同期相比,南方及东北的大部分地区偏低,其中长江中上游大部分地区及黑龙江东部偏低1~2℃;北方其余大部分地区偏高,其中新疆大部、内蒙古西北部等地偏高2~4℃(图3.8.2)。

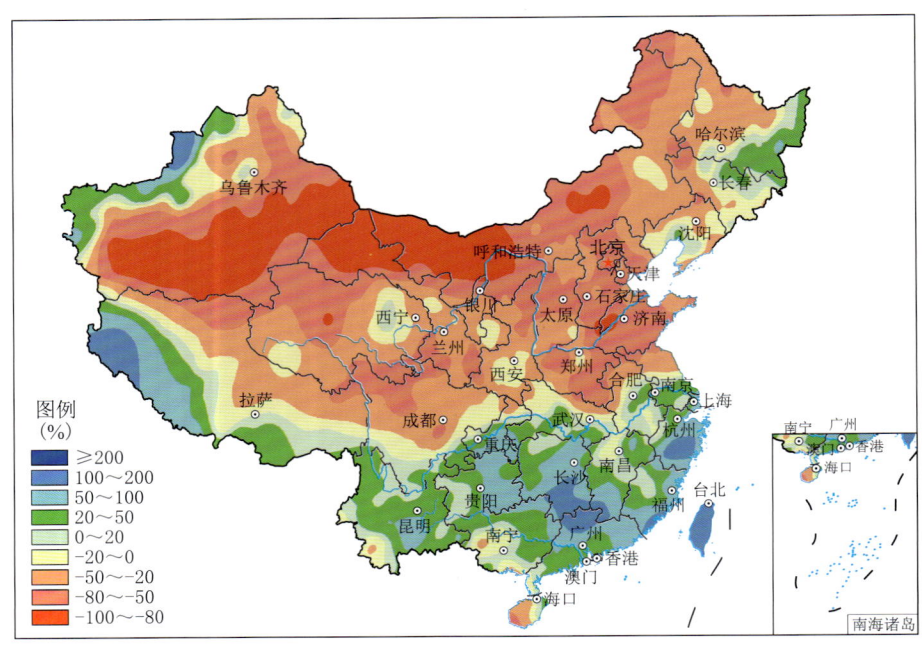

图 3.8.1 2002年8月全国降水量距平百分率分布
Fig. 3.8.1 Distribution of precipitation anomaly percentage over China in August 2002(%)

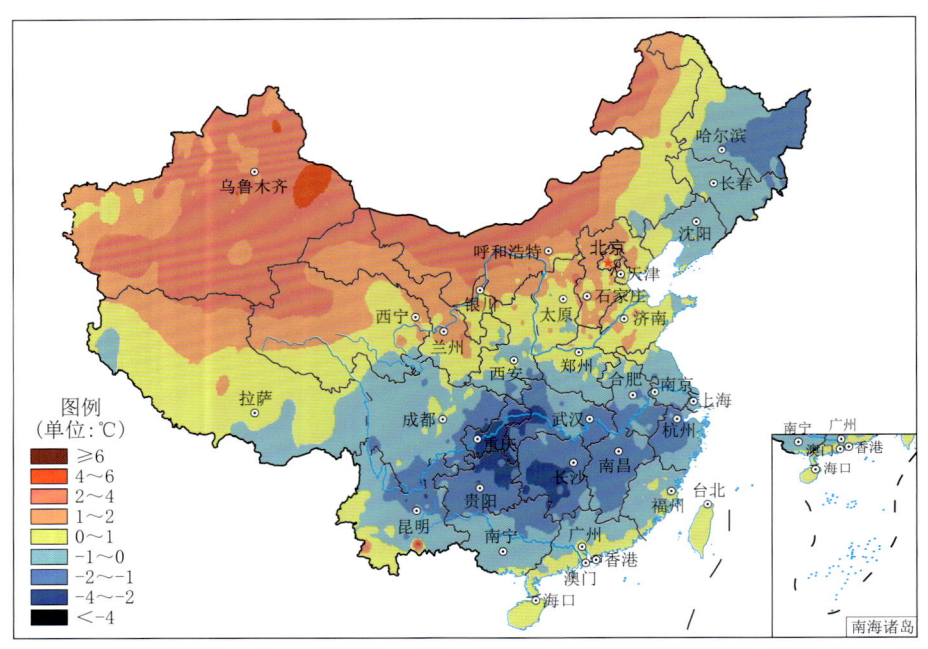

图 3.8.2 2002年8月全国平均气温距平分布
Fig. 3.8.2 Distribution of mean temperature anomaly over China in August 2002(unit:℃)

3.8.2 主要气象灾害事记

2002年8月,南方多降雨天气,月降雨日数普遍达10～20天。其中5—11日,江南南部、华南出现持续较强降雨过程,降雨量普遍有100～300毫米;由于降雨强度大、持续时间长,致使局部地区山洪暴发,江河水位上涨。湖南、广东、广西、福建、江西及云南等省(区)遭受不同程度的灾害。其中,湖南省因灾死亡73人,农作物受灾29.4万公顷,直接经济损失30多亿元;降雨造成的山体滑坡致使京广铁路郴州境内部分路段受损。广东省韶关、梅州、潮州等地市受灾也比较严重,全省直接经济损失9亿多元。8月中下旬,长江流域出现2次降雨过程。湖南省暴雨造成的直接经济损失仅永州和衡阳市就有6亿多元。持续的降雨致使长江干流部分河段和湖南湘江、资水等河流及洞庭湖、鄱阳湖等水域超警戒水位;长江出现2002年前8个月的最大一次洪峰。持续的高水位致使湖南、湖北等沿江各省汛情一度十分严峻。

月内,北方大部降水持续偏少,中旬华北大部、黄淮中北部及下旬西北东部降水量均不足10毫米。少雨加上气温较高,华北、黄淮等地的部分地区旱情发展,不利于秋作物产量形成。河北省有230多万公顷农作物受旱,其中重旱68万公顷,近6万公顷干枯绝收;山东省受旱农田170多万公顷,其中重旱40万公顷。

8月5—11日,东北大部分地区出现了阶段性低温寡照天气,北部地区平均气温为15~19℃,南部地区为19~22℃,低温冷害对水稻等农作物造成一定影响。受连续降雨天气的影响,上旬后期至中旬,我国中南部地区出现低温天气。中旬,这些地区平均气温一般为20~25℃,贵州大部地区仅16~19℃。持续低温阴雨寡照天气对棉花、水稻、玉米和蔬菜等作物生长有不利影响。

月内,有2个台风在我国登陆,与常年同期相当。第12号强热带风暴"北冕"于8月5日在广东陆丰沿海登陆,第14号强热带风暴"黄蜂"于8月19日在广东吴川沿海登陆,台风所带来的强降雨使广东、福建、海南、湖南等省的部分地区遭受灾害。但也解除了广东、海南旱区持久的干旱,增加了水库蓄水量。

另外,7月末至8月初,我国中东部地区出现了高温闷热天气,日最高气温达34~37℃。下旬,中东部的大部分地区又出现闷热天气,江南大部及福建等地≥35℃的高温日数有3~8天,极端最高气温达35~39℃。

3.9　9月主要气候特点及气象灾害

3.9.1　主要气候特点

2002年9月,全国平均降水量较常年同期偏少,全国平均气温接近常年同期。月内,北方部分地区及西南地区东部等地旱情发展;3个热带风暴登陆,浙江、福建遭受较大损失;"秋老虎"上旬横行中东部大部分地区;南方多低温寡照或阴雨天气,"寒露风"影响华南、江南等地的部分地区。

9月降水量与常年同期相比,除西北西部、华南南部及内蒙古、河北、山西、浙江、江西等地的部分地区偏多5成至2倍外,全国其余大部分地区偏少或接近常年,其中东北大部分地区、内蒙古东部、西北地区的东南部、黄淮、江淮中西部、江汉平原及西南东部等地偏少5~8成以上(图3.9.1)。

9月平均气温与常年同期相比,全国大部分地区接近常年或偏高,其中黑龙江和吉林两省西部、内蒙古东部及四川盆地等地的部分地区偏高2~4℃;江西南部、湖南南部、广西中部、云南中北部及新疆局部等地偏低1~2℃(图3.9.2)。

3.9.2　主要气象灾害事记

2002年,华北、黄淮大部自夏季以来降水一直偏少。9月上旬,除华北中西部有10~50毫米降水,旱情有所缓和外,其余大部降水不足10毫米,其中华北南部、黄淮大部滴雨未降,发生了夏秋连旱。山东省旱情十分严重,全省有370多万公顷农田受旱,其中重旱120多万公顷,全省有300多万人和100多万头大牲畜出现临时性饮水困难。西北地区东南部上旬降水也十分稀少,致使旱情发展。9月下旬,北方大部降雨量一般不足10毫米,西北东部、华北南部、黄淮西部等地旱情复有发

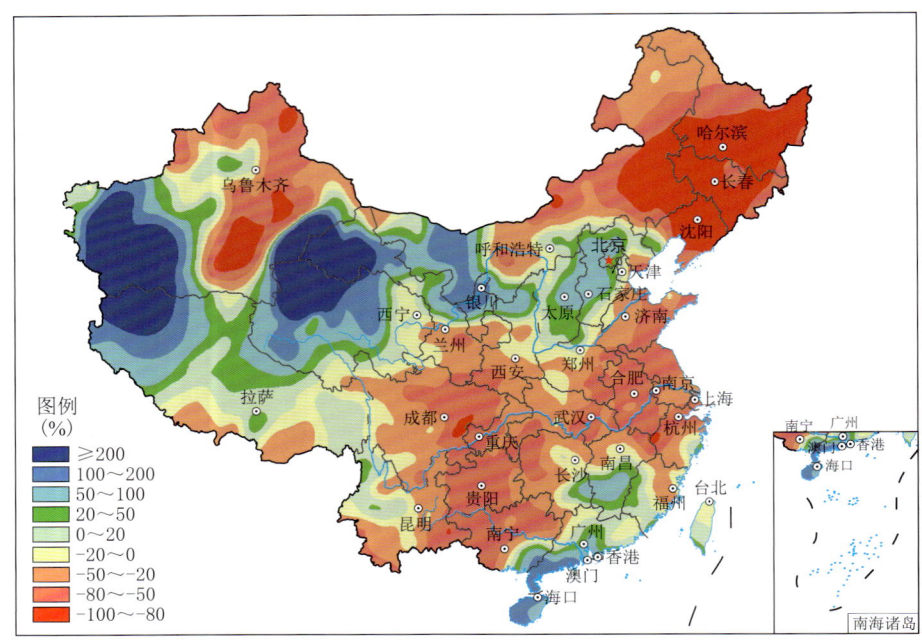

图 3.9.1 2002年9月全国降水量距平百分率分布

Fig. 3.9.1 Distribution of precipitation anomaly percentage over China in September 2002(%)

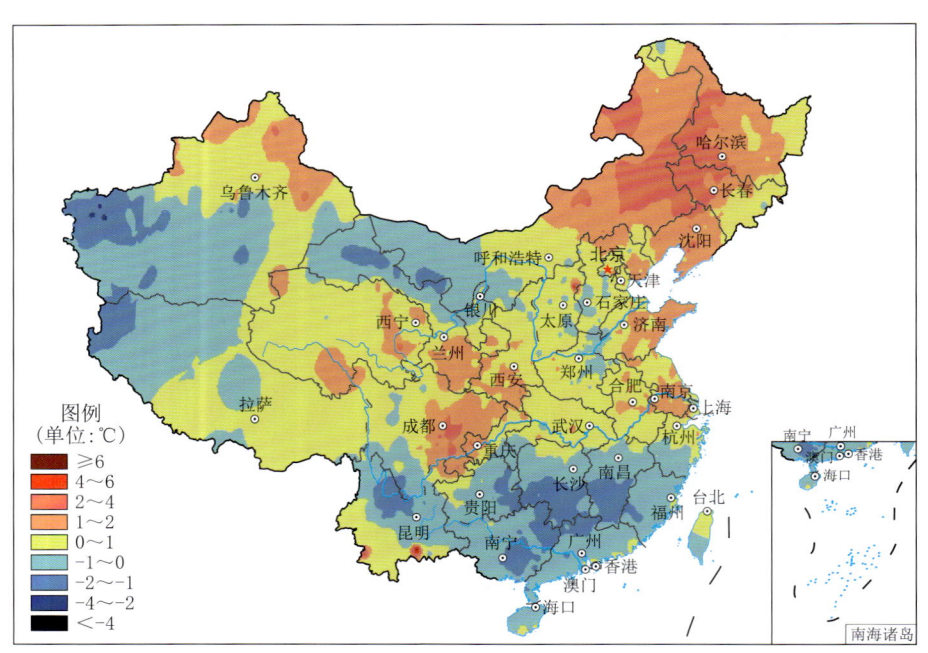

图 3.9.2 2002年9月全国平均气温距平分布

Fig. 3.9.2 Distribution of mean temperature anomaly over China in September 2002(unit:℃)

展,但山东大部、河北北部旬内出现10~50毫米降水,使旱情得到不同程度的缓和或缓解。此外,东北大部月内降水持续偏少,旱情发展快。由于各地多种农作物相继已进入成熟期,干旱对产量形成影响不大。西南东部部分地区也由于持续少雨,出现不同程度的旱情。

月内,共有3个台风登陆我国,登陆个数较常年同期偏多。其中,第16号台风"森拉克"于9月

7日在浙江苍南沿海登陆,受其影响,浙江大部、福建北部等出现了大到暴雨,局部地区大暴雨和特大暴雨天气,此时又恰逢天文大潮,在暴雨、强风、大潮的共同影响下,浙江、福建部分地区受灾近1000万人,因灾死亡29人。第18号强热带风暴"黑格比"于12日在广东省阳江登陆,第20号热带风暴"米克拉"于25日在海南省三亚登陆。这2个台风给广东、广西、海南等地带来了丰沛的降水,对缓解部分地区的旱情和增加水库蓄水十分有利。

9月上旬,华北大部、黄淮及陕西大部、甘肃东南部等地出现了1～3天,淮河以南大部分地区及西南东部出现了3～8天的日最高气温为33～39 ℃的"秋老虎"天气。9月中下旬,南方大部分地区气温较常年偏低,其中江南东南部、华南东部、西南西部等下旬气温偏低2～3 ℃;两旬日照时数仅有30～90小时;江南中部和南部、华南大部以及西南西部阴雨日数一般有10～16天。持续的低温寡照或阴雨天气,对江南、华南部分地区的晚稻孕穗、抽穗和灌浆及云南等地的一季稻收晒造成了不利影响。中旬中期及下旬中后期,华南、江南、江汉及江淮等地的部分地区受冷空气的影响出现了阶段性"寒露风"天气,致使晚稻的生长发育遭受不同程度的危害,不利于产量形成和提高。

3.10 10月主要气候特点及气象灾害

3.10.1 主要气候特点

2002年10月,全国平均降水量较常年同期偏多,全国平均气温接近常年同期。月内,北方大部降水偏少,部分地区仍有旱情;南方月末出现强降水天气,局地发生暴雨洪涝灾害;冷空气活动频繁,下旬,全国出现大范围强降温天气,东部地区气温明显偏低;部分省(市)局地出现大风、冰雹等强对流天气。

10月降水量与常年同期相比,东北大部以及福建大部、江西大部、湖南中南部、广西中东部、广东中西部、北疆西部等地偏多5成以上,其中福建西部、江西中南部、湖南南部、广东北部、广西东部、黑龙江中东部等地偏多1倍以上;全国其余大部分地区接近常年或偏少,山东南部、河南东北部、云南西部、内蒙古中西部以及西北部分地区偏少5～8成(图3.10.1)。

10月平均气温与常年同期相比,东北大部、华北东北部及江西南部、广东中北部、四川西部、青海东南部等地偏低1 ℃以上,其中内蒙古中部和东部、河北北部、北京、辽宁西部、吉林西部等地偏低2～4 ℃;全国其余大部分地区接近常年或偏高,其中新疆、甘肃西部、四川东部、陕西南部、江苏南部等地偏高1～4 ℃(图3.10.2)。

3.10.2 主要气象灾害事记

2002年10月上半月,降水使得前期干旱的吉林大部、辽宁中东部、四川东部、山东半岛的旱情得到缓解或解除,北方其他大部分地区基本无降水,旱情持续发展。16—20日,北方旱区出现大范围降水,除山东大部、河南东北部降水偏少外,冬麦区其他地区降水均比常年同期偏多,多数旱区墒情有所改善。但是,10月下旬,长江以北大部分地区降水再度明显偏少,部分地区旱情又抬头或发展。

10月28—30日,福建西部、江西中南部、湖南中南部、广西中东部、广东北部出现大到暴雨天气,降水对水库蓄水、河流航运有利。但是,局地出现洪涝灾害。江西共有18个县(区)(赣州12个、吉安6个)遭受洪水袭击,赣州市因洪灾死亡12人,水产养殖、堤防、护岸、水闸和灌溉设施受损,部分道路中断。赣州、吉安两市直接经济损失11亿元。广东乐昌也出现千年一遇的特大洪灾,直接经济损失1.5亿多元。

进入10月,冷空气活动频繁,且势力较强,全国大部分地区经历了2～3次明显的降温天气过程,其中10月11—22日出现的降温过程降温幅度较大、影响范围广。北方大部分地区的日最高气温普遍

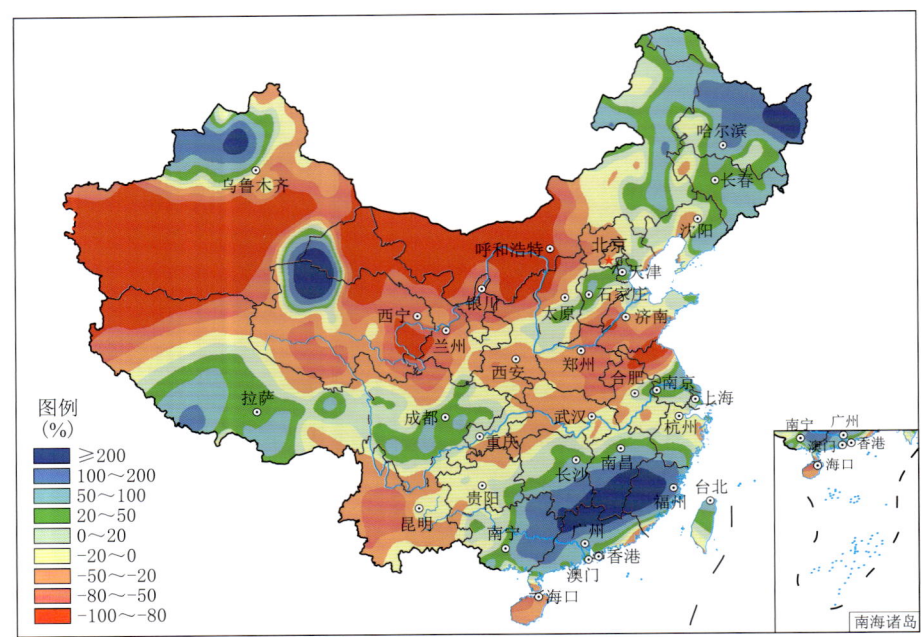

图 3.10.1 2002年10月全国降水量距平百分率分布

Fig. 3.10.1　Distribution of precipitation anomaly percentage over China in October 2002(%)

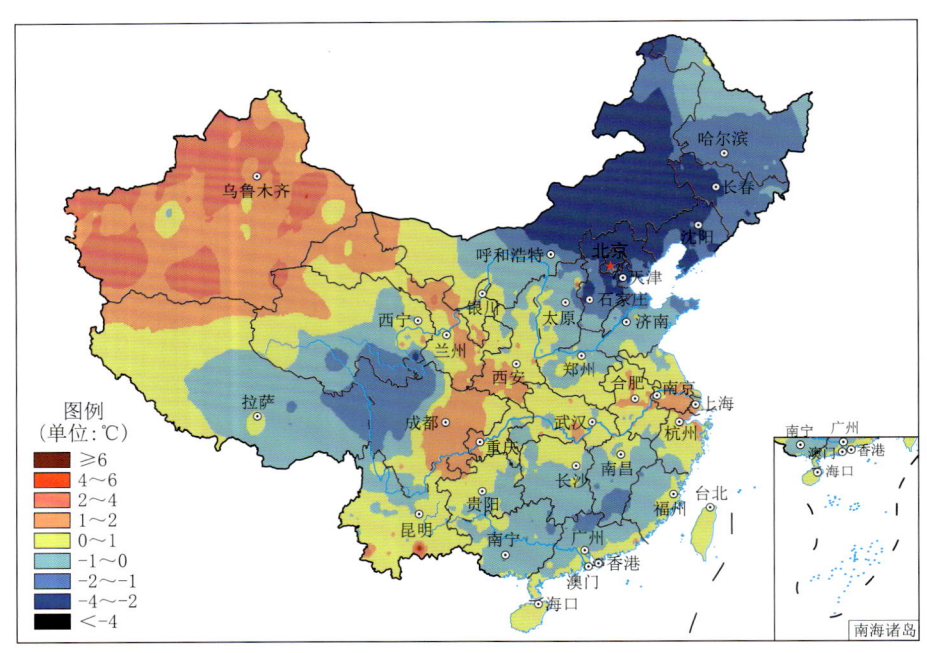

图 3.10.2　2002年10月全国平均气温距平分布

Fig. 3.10.2　Distribution of mean temperature anomaly over China in October 2002(unit:℃)

下降10～16 ℃,局部地区降温幅度超过18 ℃。南方大部分地区气温下降7～12 ℃,河北南部、河南北部、山东中北部出现初霜冻。月内,受不断南下的冷空气影响,7—14日、21—23日广西等地先后出现两次大范围日平均气温低于22 ℃的干型寒露风天气,给晚稻的生长和生产带来极为不利的影响。

　　月内,安徽、重庆、四川、山东、贵州等省(市)的局部地区先后出现大风、冰雹等强对流天气,造成一定的经济损失。

3.11 11月主要气候特点及气象灾害

3.11.1 主要气候特点

2002年11月,全国平均降水量较常年同期偏少,全国平均气温较常年同期略偏低。月内,华北、黄淮、江淮北部及西北东部降水偏少,部分地区有不同程度旱情维持或发展;北方部分地区上中旬气温偏低;中东部地区出现大范围大雾天气;江南、华南等地出现阴雨天气;内蒙古、青海部分牧区发生不同程度的白灾。

11月降水量与常年同期相比,除江南局部地区、华南东部及内蒙古东北部、新疆中东部、青海西部、西藏大部、云南南部等偏多5成以上外,全国其余大部分地区偏少或接近常年,其中东北西南部、华北、黄淮、江淮、西北东部及湖南西南部、广西北部、贵州大部、云南北部、新疆西部等地偏少5～9成(图3.11.1)。

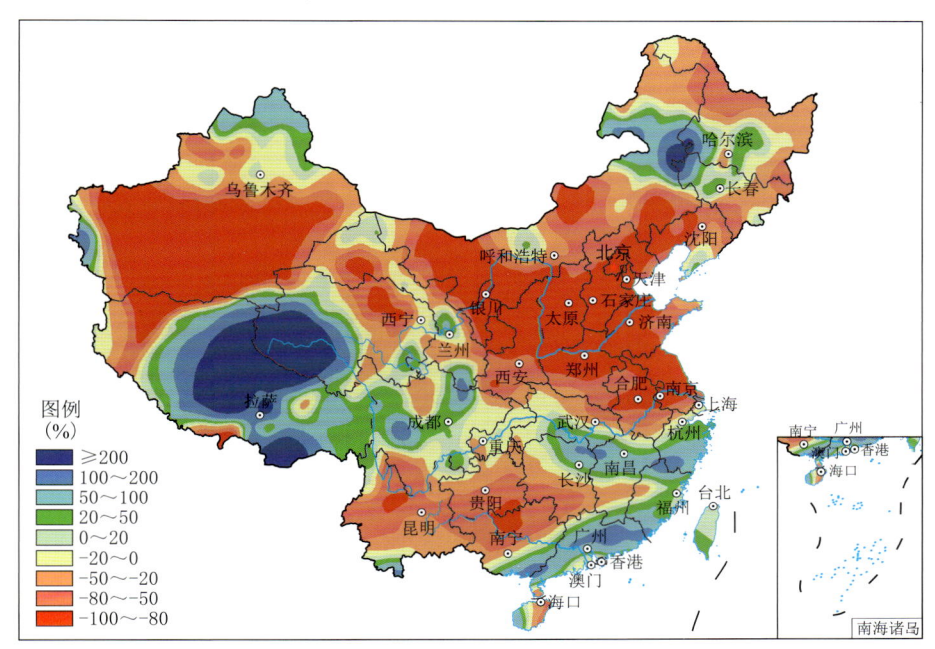

图 3.11.1 2002年11月全国降水量距平百分率分布

Fig. 3.11.1 Distribution of precipitation anomaly percentage over China in November 2002(%)

11月平均气温与常年同期相比,东北、华北东部及内蒙古中东部偏低1℃以上,其中东北大部及内蒙古东部偏低2～4℃,局部地区偏低4℃以上;全国其余大部分地区接近常年或偏高,其中新疆大部、内蒙古西部和甘肃西北部偏高2～4℃(图3.11.2)。

3.11.2 主要气象灾害事记

2002年11月,华北、黄淮、江淮、西北东部等降水持续偏少,部分地区土壤墒情较差,有不同程度的旱情出现或维持;华北、黄淮等地的部分地区旱情持续或发展,对越冬作物造成不利影响。

11月上中旬,东北、华北和黄淮的东部气温较常年同期偏低2～3℃。华北、黄淮、江淮的部分地区初霜期比常年偏早10～15天,冬麦区热量明显不足,对农业生产造成一定不利影响。天气寒冷导致北京、济南、石家庄、大连等城市提前供暖。下旬,东北大部气温仍明显偏低,导致采暖费用增加,同时也给人们出行、身体健康等带来不利影响。另外,持续的低温天气使得一些河流和水库

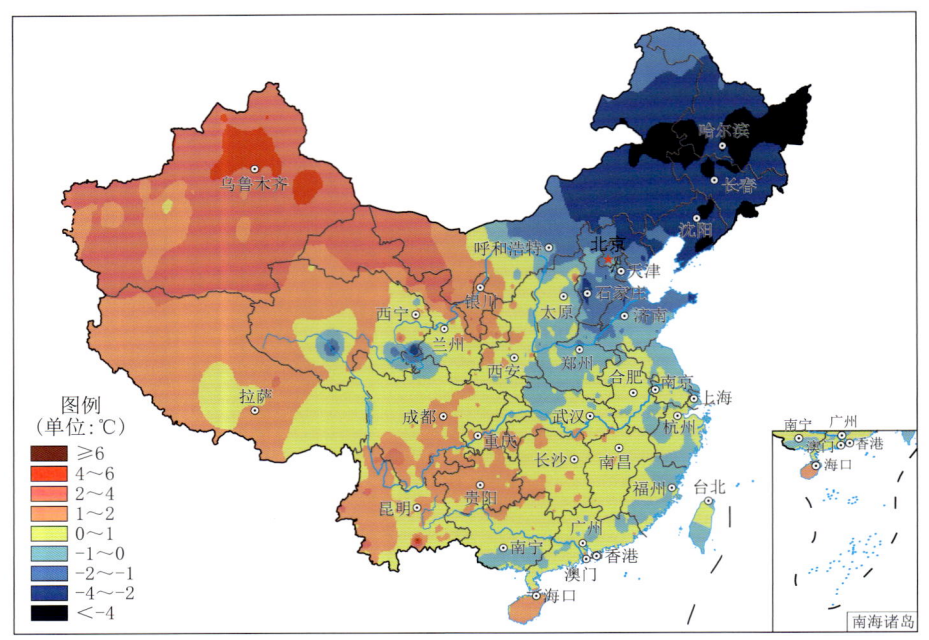

图 3.11.2　2002年11月全国平均气温距平分布

Fig. 3.11.2　Distribution of mean temperature anomaly over China in November 2002 (unit：℃)

提前封冻,给城市供水增加了难度。

月内,中东部地区出现大范围的轻到大雾天气,特别是下旬大雾影响范围广,华北南部、黄淮、长江中下游及四川东部、重庆、陕西中部等地都出现了浓雾。大雾弥漫对这些地区的交通运输非常不利,机场、高速公路、水运受到不同程度的影响。连续大雾还造成城市污染物难以扩散,空气质量急剧下降。

11月中下旬,江汉、江南、华南和西南东部的部分地区出现阶段性阴雨天气,造成局部地区农田过湿,加上同期日照普遍不足,给冬作物的生长带来不利影响。

月内,内蒙古、青海及北疆牧区多次出现降雪天气过程,由于气温持续偏低,青海东南部和内蒙古中东部牧区出现不同程度的白灾。黑龙江、吉林、辽宁等地也出现了大雪天气过程,降雪对土壤保墒和净化空气极为有利,但对交通运输造成一定不利影响。

11月10日,内蒙古中西部地区出现大范围的大风和沙尘天气。11日,沙尘区继续向东移动,辽宁、吉林等省的部分地区出现扬沙或浮尘天气。

3.12　12月主要气候特点及气象灾害

3.12.1　主要气候特点

2002年12月,全国平均降水量较常年同期明显偏多,全国平均气温较常年明显偏低。月内,北方出现大范围强降雪天气;南方大部持续阴雨(雪)寡照,局地出现暴雨天气;部分地区发生雪灾或冻害;大雾天气频繁;南方局地出现冬季罕见的雷雨大风、冰雹等强对流天气。

12月降水量与常年同期相比,除东北大部、西南地区西部以及青海大部、西藏东部和南部、山东半岛等地偏少2成以上外,全国大部分地区降水偏多或接近常年,其中华北、西北大部、黄淮大部、江淮、江南、华南及黔东南等地偏多5成至2倍,部分地区偏多2倍以上,华北、黄淮等地前期出现的干旱已基本缓解(图3.12.1)。

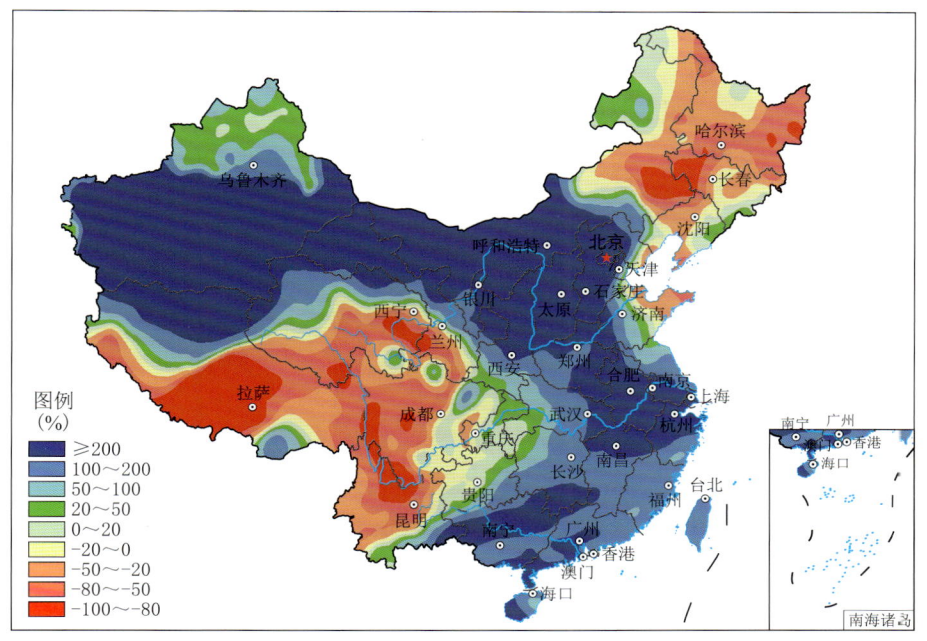

图 3.12.1　2002年12月全国降水量距平百分率分布
Fig. 3.12.1　Distribution of precipitation anomaly percentage over China in December 2002(%)

12月平均气温与常年同期相比,新疆东部、内蒙古西部和东北部、辽宁中部和西北部等地偏低2～4 ℃;青藏高原大部及云南东部和南部、广东中部和东南部、海南、福建、浙江南部、江苏东部等地偏高1～4 ℃;全国其余大部分地区接近常年(图3.12.2)。

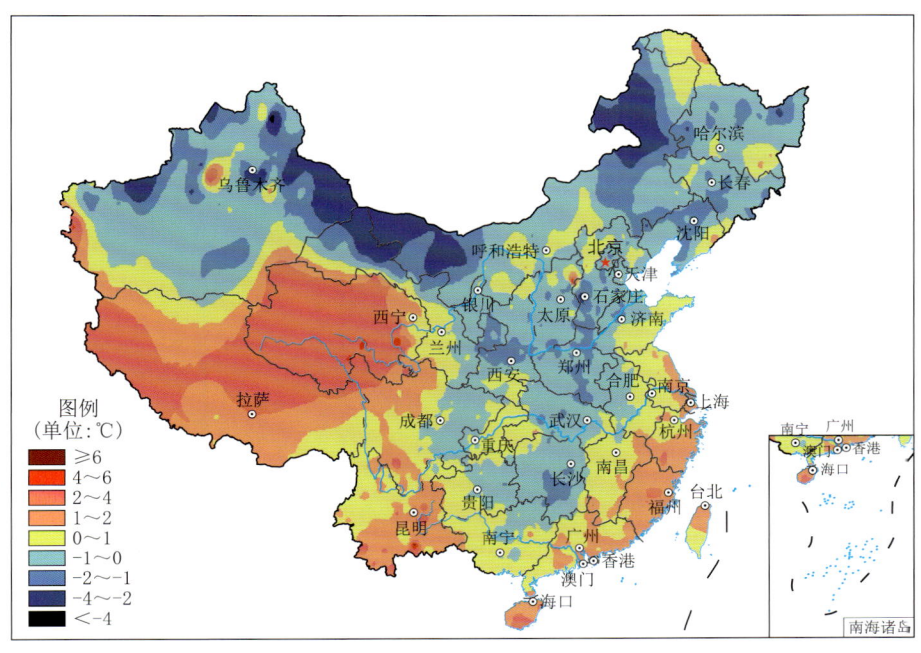

图 3.12.2　2002年12月全国平均气温距平分布
Fig. 3.12.2　Distribution of mean temperature anomaly over China in December 2002(unit:℃)

3.12.2 主要气象灾害事记

2002年12月5—8日和19—24日,北方先后2次出现较明显的降雪天气过程。其中19—24日的降雪是入冬以来范围最大、持续时间最长的一次,大部分地区降了小到中雪,北京、山西、河北、河南、陕西等降了大到暴雪。北京持续降雪时间达6天之久,创下了1875年以来连续降雪时间的最长纪录。这次大范围持续性的强降雪天气,大幅度缓解了华北、黄淮等地的干旱,对冬小麦安全越冬和增墒保墒等非常有利。同时,对净化空气、抑制病虫害等也都十分有益。但雪量大、气温低,给交通运输和人们出行带来很大不利影响。

月内,南方大部分地区出现持续阴雨(雪)寡照天气。其间,1—3日、5—8日、16—21日、25—27日出现了4次较明显的降水过程。其中,江南、江淮及华南普降中到大雨,湖南、安徽、江西、广西、广东局地降暴雨;江南南部和华南北部及西南部分地区还降了雪或雨夹雪。持续阴雨(雪)、冰冻天气,对农作物、蔬菜等生长不利,使交通也受到较大不利影响。

入冬后,内蒙古降雪过程十分频繁。12月中下旬,内蒙古中西部连续5天出现降雪,其中乌兰察布盟、呼和浩特、包头、鄂尔多斯等地降中到大雪,局地降暴雪,过程降雪量5~10毫米,最大积雪深度10~20厘米。由于积雪较厚,加之最低气温普遍达-40~-25℃,致使部分牧区发生雪灾。

12月下旬,受较强冷空气影响,我国出现了一次明显的降温和雨雪天气过程,大部分地区气温出现了入冬以来的最低值。华北大部、西北东部、黄淮大部极端最低气温降到-30~-10℃,长江流域大部降到-6~-1℃,华南大部及云南等降到0~5℃。此次强降温天气使部分地区农业生产受到较大不利影响。

12月上中旬,我国频繁出现雾或雾凇天气,范围波及华北平原、江淮、汉水流域、渭水流域、西南地区东部、江南、华南北部和西部等地。其中,天津各地全月大雾日数9~11天,比常年同期偏多7天;河北大部分地区雾日多达15天,个别地区能见度不足50米。

12月18—20日,广东、广西、福建、贵州、浙江、海南等省(区)有30个县(市)出现冬季罕见的冰雹、雷雨大风等强对流天气。

第4章 分省气象灾害概述

4.1 北京市主要气象灾害概述

4.1.1 主要气候特点及重大气候事件

2002年北京市年平均气温为12.1℃,比常年偏高1.0℃(图4.1.1);平均年降水量为448.6毫米,比常年偏少24%(图4.1.2)。年内,2001/2002年冬季气温异常偏高,为1961年以来最暖的冬季,春、夏季气温偏高,秋季偏低。冬、春、夏季降水偏少,秋季降水略偏多。春季多次出现沙尘天气,夏季多高温、闷热天气;岁末低温、多雪。

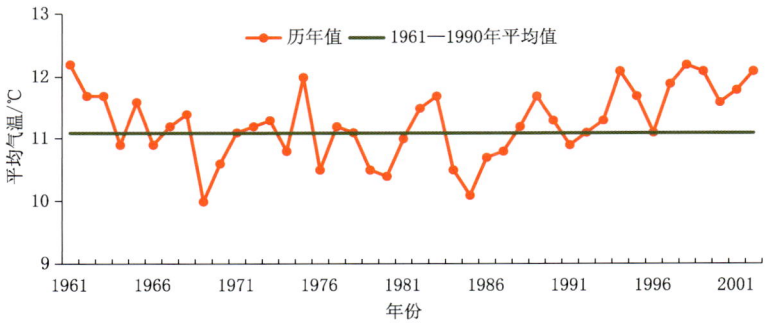

图4.1.1 1961—2002年北京市年平均气温变化
Fig. 4.1.1 Annual mean temperature in Beijing during 1961—2002(unit:℃)

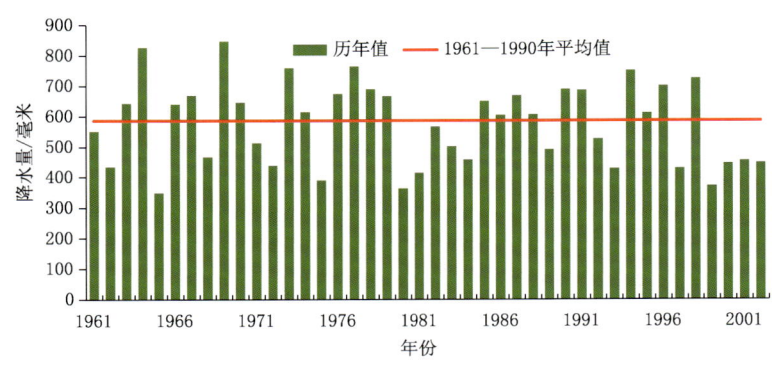

图4.1.2 1961—2002年北京市平均年降水量变化
Fig. 4.1.2 Annual precipitation in Beijing during 1961—2002(unit:mm)

2002年北京市主要气象灾害有暴雨洪涝、局地强对流、干旱、低温冷害、大风等。全年因气象灾害造成29.3万人受灾,3人死亡;农作物受灾19.5万公顷,绝收1.8万公顷;直接经济损失达3.6亿元。总的来看,北京2002年属气象灾害较轻年。

4.1.2 主要气象灾害及影响

1. 暴雨洪涝

2002年北京市因暴雨洪涝灾害共造成农作物受灾0.2万公顷,直接经济损失0.4亿元。8月3日,密云县溪翁庄镇、西田各庄镇发生暴雨洪涝,损坏房屋348间,倒塌房屋13间,农作物受灾706.6公顷,农作物绝收431.3公顷,大棚损坏12座,树木受损448棵,冲走鱼3500千克,公路损坏长度5.1千米,倒塌围墙1165米,冲毁线路20处,冲毁集雨池3处,冲毁两个砖厂砖坯100万块,冲毁3条道路共8处,受灾户167户,进水163户,4户山墙倒塌,直接经济损失3251万元。

2. 局地强对流

2002年北京多次出现局地强对流天气,共造成农作物受灾2.7万公顷,绝收0.8万公顷;3人死亡;直接经济损失2.8亿元。

5月10日,密云县西田各庄、大城子、不老屯、十里堡等13个乡(镇)出现冰雹,受灾最严重的西田各庄镇,农作物减产45%,果品减产70%以上。农作物受灾1.1万公顷。

8月4日,通州区宋庄镇、永顺镇、潞城镇、西集镇、张家湾镇、火县镇、梨园镇、马桥镇、台湖镇、永乐店镇受冰雹袭击,降雹过程持续5分钟左右,冰雹直径达12毫米,瞬间风速达24米/秒,由于大风刮倒树木,将屋顶砸塌,致3人死亡,1人重伤,部分汽车被砸。农作物受灾1.6公顷,直接经济损失2.1亿元。

3. 干旱

2002年北京市因旱农作物受灾16.6万公顷,绝收1万公顷;受灾人口29.3万人;直接经济损失0.4亿元。北京市继1999—2001年连续3年干旱、少雨以来,2002年又发生了严重干旱,地下水位下降,地表水面缩小,甚至干枯。截至2002年9月,密云、官厅两大水库蓄水量分别较2001年同期少3.94亿立方米和0.49亿立方米。

4.2 天津市主要气象灾害概述

4.2.1 主要气候特点及重大气候事件

2002年天津市平均气温13.3℃,较常年偏高1.4℃,为1961年以来历史同期第2高值(图4.2.1);全市平均年降水量346.5毫米,比常年偏少42%,为1961年以来仅次于1968年的历史同期第2少值(图4.2.2)。四季中,冬、春季气温显著偏高、降水量偏少,夏季平均气温偏高、降水偏少,秋季气温偏低、降水接近常年同期略偏少。

年内主要出现了严重干旱、高温热浪、低温冷冻害和雪灾、局地强对流等灾害性天气气候事件,对农业、人体健康及交通运输等造成一定不利影响。全年因气象灾害造成农作物受灾23.5万公顷,绝收3.1万公顷;2人死亡;直接经济损失2.0亿元。

4.2.2 主要气象灾害及影响

1. 干旱

2002年,天津市因干旱共造成21.9万公顷农作物受灾,绝收2.9万公顷,直接经济损失1.6亿元。

2002年是天津市连续干旱的第6个年头,全市各月降水量均较常年同期偏少。2001/2002年冬季,大部分地区连续70天无降水,干旱严重;至3月,全市严重缺墒耕地面积占全市总耕地面积的80%以上;夏季降水量仍持续偏少,9月18日测墒结果显示,全市42个测点中,10厘米土壤含水量小于15%的占76%,20厘米土壤含水量小于15%的达到45%。持续降水偏少导致天津城市供水

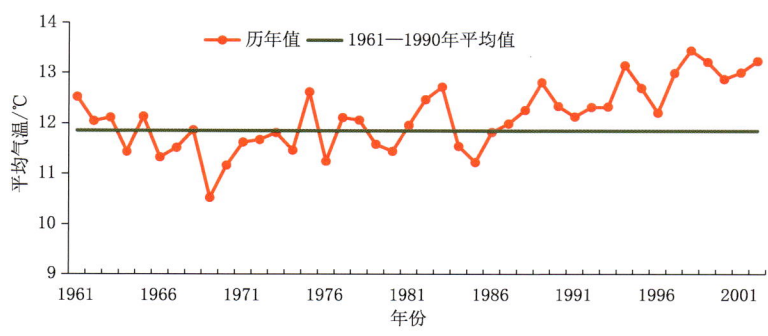

图 4.2.1 1961—2002 年天津市年平均气温变化

Fig. 4.2.1 Annual mean temperature in Tianjin during 1961—2002(unit:℃)

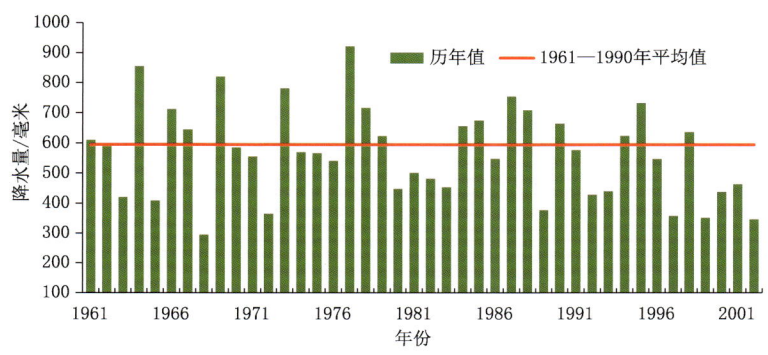

图 4.2.2 1961—2002 年天津市平均年降水量变化

Fig. 4.2.2 Annual precipitation in Tianjin during 1961—2002(unit:mm)

的水源地——潘家口、大黑汀、于桥水库蓄水不足,天津城市面临严重的缺水问题,党中央、国务院高度重视,决定实施引黄济津。2002 年 10 月 31 日,山东黄河位山闸开闸向天津放水,本次调水至 2003 年 1 月 23 日结束,历时 85 天,累计放水 6.0 亿立方米,天津九宣闸收水 2.5 亿立方米。

2. 局地强对流

2002 年,天津市因局地强对流造成农作物受灾 1.6 万公顷,绝收 0.2 万公顷;2 人死亡,直接经济损失 0.4 亿元。

5 月 10 日,武清区部分乡(镇)出现大风,致使 4666.7 公顷小麦倒伏。5 月 11 日,北辰区 5 个乡(镇)出现大风冰雹,农作物受灾 2600.0 公顷,成灾 815.4 公顷,绝收面积 491.3 公顷,直接经济损失 3209.7 万元。7 月 1 日,静海县出现大风天气,造成农作物受灾 666.7 公顷,直接经济损失 70.0 万元。7 月 15 日,宁河县遭冰雹袭击,农作物受灾达 2666.7 公顷。8 月 5 日,武清区部分乡(镇)遭受暴雨、大风、冰雹袭击,农作物受灾 4000.0 公顷,直接经济损失 1000 多万元。

3. 低温冷冻害和雪灾

10 月下旬,天津市平均气温为 5.6 ℃,比常年同期偏低 5.1 ℃,是建站以来历史同期最低值,全市 13 个区(县)下旬平均气温均为建站以来历史同期最低值。由于天气寒冷,电采暖的增加导致用电负荷在短短的 1 周内上升 116 万千瓦,达到了 342 万千瓦,与 2001 年同期相比增长了 36％。全市供暖从 11 月 15 日提前至 11 月 1 日。

4. 高温热浪

7 月 12—14 日、7 月 31 日至 8 月 2 日,天津市出现了 2 次大范围的高温天气过程。其中 7 月 14 日,除塘沽、汉沽和西青外,其余区(县)极端最高气温均超过 40 ℃,市区和大港达到 41 ℃。市区、宁河和汉沽的日最高气温均突破建站以来历史极值,蓟县、宝坻、北辰、东丽、津南和大港均为第2位高值,宝坻为第3位高值,静海、西青和塘沽为第4位高值。高温使电力负荷屡创新高,7月14日,日用电量突破408.0万千瓦·时,8月1日最高用电负荷达448.0万千瓦。

4.3 河北省主要气象灾害概述

4.3.1 主要气候特点及重大气候事件

2002年河北省年平均气温为12.5℃,比常年偏高1.3℃(图4.3.1),冬、春、夏三季平均气温均比常年偏高,冬、春季偏高超过1.5℃,尤其冬季异常偏高(偏高3.4℃),秋季气温比常年偏低。河北省年平均降水量为380.7毫米,比常年偏少29.3%(图4.3.2),冬季降水量3.2毫米,比常年偏少73.9%,夏季降水量240.5毫米,比常年偏少36.1%,春、秋两季接近常年。2002年河北省主要气象灾害有干旱、暴雨、局地强对流等,共造成5389.5万人次不同程度受灾,死亡48人;农作物受灾面积299.5万公顷,绝收57.1万公顷;直接经济损失92.5亿元。其中干旱、暴雨洪涝和局地强对流影响严重。

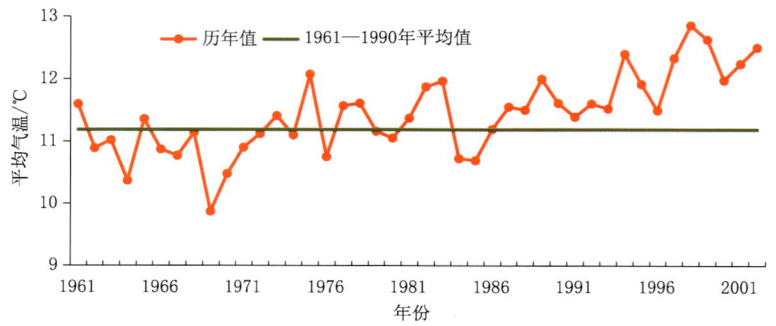

图 4.3.1 1961—2002年河北省年平均气温变化

Fig. 4.3.1 Annual mean temperature in Hebei during 1961—2002(unit:℃)

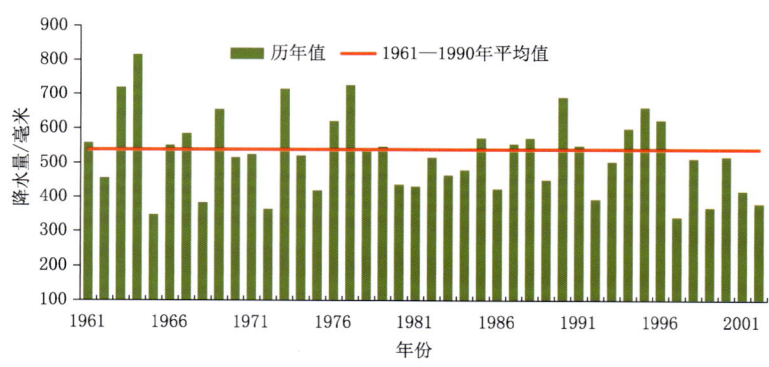

图 4.3.2 1961—2002年河北省平均年降水量变化

Fig. 4.3.2 Annual precipitation in Hebei during 1961—2002(unit:mm)

4.3.2 主要气象灾害及影响

1. 干旱

2002年,河北省部分地区出现初春干旱或伏旱,且伏旱严重。全年干旱东部平原地区较重,唐山地区最为严重。全年河北省因干旱受灾人口4601.2万人,农作物受灾217.0万公顷,绝收45.5

万公顷,经济损失达55.0亿元。

2. 暴雨洪涝

2002年河北省因暴雨洪涝受灾36.9万人次,29人死亡;农作物受灾3.6万公顷,绝收0.8万公顷;直接经济损失1.2亿元。6月24日,蔚县白草村乡、阳眷镇、涌泉庄乡等11个乡(镇)的112个村13617户34765人受灾,农作物受灾2700公顷,绝收1600公顷,冲毁道路50.3千米,冲毁堤坝22处,直接经济损失1089.7万元。因暴雨来势凶猛,黑金山煤矿和永发煤矿有25名矿工因矿井被淹而死亡。

3. 局地强对流

2002年河北省因雷雨大风、冰雹受灾698.6万人次,19人死亡;农作物受灾达66.1万公顷,绝收10.5万公顷;直接经济损失35.5亿元。

7月14日乐亭县遭受强风袭击,535个村遭灾。全县农作物受灾2.7万公顷,受灾人口28万人,经济损失2.9亿元。其中大相各庄损毁房顶36间,大相私营经济综合材料厂围墙倒塌50余米,并将一路过村民压死。8月25日邢台市威县遭受冰雹天气袭击,冰雹大的如鸡蛋,小的如核桃。全县受灾达3.0万公顷,成灾2.2万公顷,绝收1400公顷,1人死亡,4人受伤,直接经济损失2.3亿元。

4.4 山西省主要气象灾害概述

4.4.1 主要气候特点及重大气候事件

2002年,山西省年平均气温10.5℃,较常年偏高1.2℃(图4.4.1);平均年降水量459.1毫米,较常年偏少9%(图4.4.2)。

2002年山西省遭受了干旱、暴雨、冰雹、大风等灾害性天气的侵袭。全年因气象灾害造成农作物受灾160.3万公顷,绝收20.2万公顷;受灾人口1452.6万,死亡55人;直接经济损失57.0亿元。

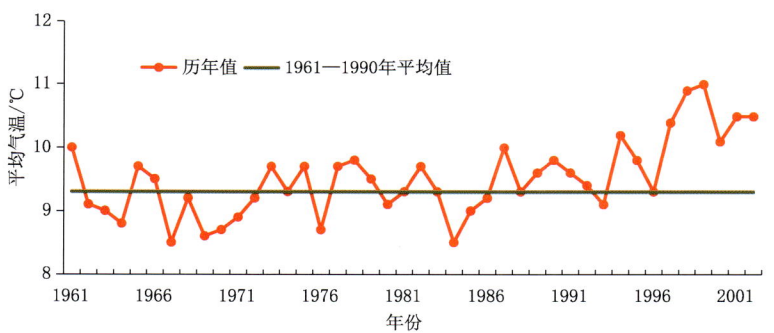

图4.4.1 1961—2002年山西省年平均气温变化

Fig. 4.4.1 Annual mean temperature in Shanxi during 1961—2002(unit:℃)

4.4.2 主要气象灾害及影响

1. 干旱

2002年,山西省因旱造成925.5万人受灾;农作物受灾120.0万公顷,绝收10.0万公顷;直接经济损失32.7亿元。1—3月,山西大部降水量比常年同期偏少2~5成,其中中北部地区偏少5~8成,气温比常年同期偏高2~6℃,雨少温高,土壤失墒严重,出现严重春旱。7—8月,山西省无大范围的降水天气过程,大部分地区降水量较常年同期偏少5~8成,全省除长治市、晋城市外,其他地

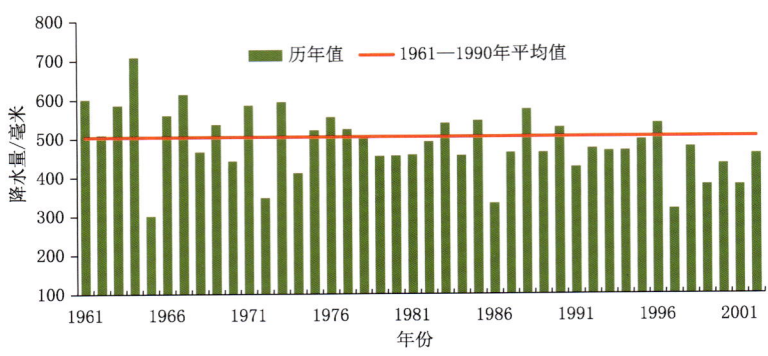

图 4.4.2　1961—2002年山西省平均年降水量变化

Fig. 4.4.2　Annual precipitation in Shanxi during 1961—2002(unit:mm)

区均出现了不同程度的干旱,尖草坪、岚县、吉县等部分县(市)受旱作物面积占当地该作物播种面积的80%以上。

2. 局地强对流

2002年,山西省局地强对流天气共造成15.1万公顷农作物受灾,绝收4.5万公顷;受灾人口340.7万人,死亡26人;倒塌房屋0.4万间,损坏房屋0.5万间;直接经济损失15.1亿元。尤其夏季,频繁出现的局地大风、冰雹等灾害性天气,给工农业生产及人民生命财产等造成较大损失。

3. 暴雨洪涝

2002年,山西省因暴雨洪涝造成117.3万人受灾,29人死亡;倒塌房屋0.5万间,损坏房屋2.1万间,农作物受灾20.7万公顷,绝收4.8万公顷;直接经济损失7.1亿元。

6月26—28日,交城县连降暴雨,共冲倒高压电杆19根、通信电杆95根、电视电缆线路50千米。7月20日,偏关县遭受暴雨袭击,持续时间50多分钟,降水量达62.9毫米,有线电视网络遭到雷击,中断转播达10小时之久;电力部门输配电线路、变电设备遭受严重破坏。

4.5　内蒙古自治区主要气象灾害概述

4.5.1　主要气候特点及重大气候事件

2002年,内蒙古年平均气温5.8℃,较常年偏高1.6℃(图4.5.1),年降水量301.9毫米,较常年偏少7%(图4.5.2)。与常年同期相比,大部分地区秋季平均气温偏低,其余3季气温偏高,尤其是冬季平均气温偏高3~5℃,为明显的暖冬年;夏季、秋季降水量大部分地区偏少,而春季降水量为西多东少,冬季降水量除呼伦贝尔市、阿拉善盟和乌兰察布市南部地区偏多外,其余地区均偏少。

2002年内蒙古发生的主要气象灾害有暴雨洪涝、干旱、雪灾、沙尘暴等。气象灾害共造成内蒙古74.7万人受灾,死亡32人;农作物受灾约238.8万公顷,绝收40.9万公顷;直接经济损失52.2亿元。

4.5.2　主要气象灾害及影响

1. 干旱

2002年内蒙古出现干旱的范围较常年明显偏小,特别是中西部大部分地区未出现明显旱情,为近年少见;年内仅中东部部分地区出现阶段性干旱。旱灾共造成6.4万人受灾;农作物受灾189.9万公顷,绝收24.8万公顷;直接经济损失27.7亿元。

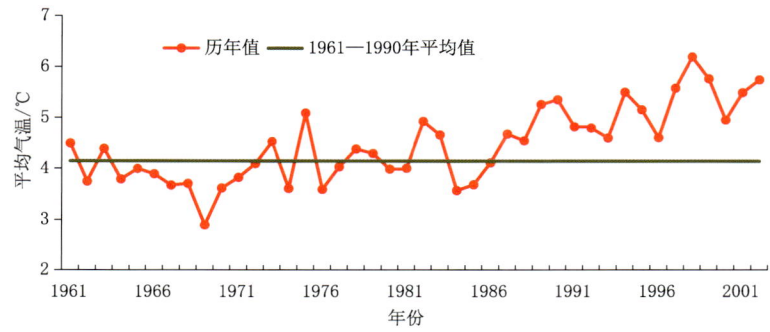

图 4.5.1　1961—2002 年内蒙古年平均气温变化

Fig. 4.5.1　Annual mean temperature in Inner Mongolia during 1961—2002(unit:℃)

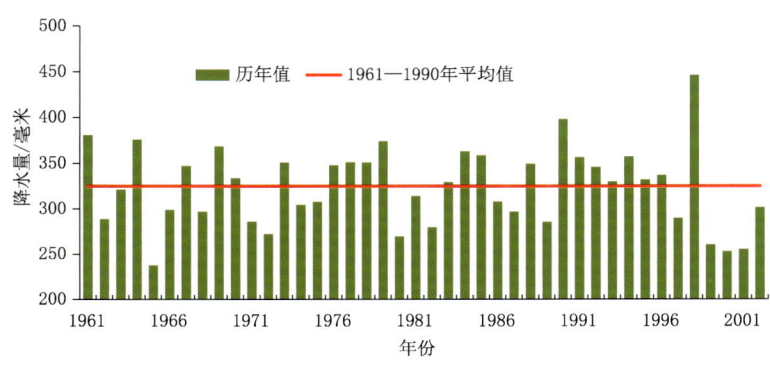

图 4.5.2　1961—2002 年内蒙古平均年降水量变化

Fig. 4.5.2　Annual precipitation in Inner Mongolia during 1961—2002(unit:mm)

2. 暴雨洪涝

2002 年内蒙古地区多次出现强降雨天气过程,形成暴雨洪涝灾害,造成严重损失。其中 8 月 5 日赤峰阿鲁科尔沁旗局部地区降暴雨和特大暴雨,4 小时降雨量达 110 毫米,致使山洪暴发,农牧业生产和生活遭受严重影响。全年暴雨洪涝灾害共造成 68.3 万人受灾,28 人因灾死亡;农作物受灾 11.5 万公顷,绝收 4.1 万公顷;直接经济损失 9.4 亿元。

3. 局地强对流

2002 年夏季,内蒙古自治区多次发生局地强对流天气过程,造成严重损失。灾害共造成 4 人死亡;农作物受灾 35.9 万公顷,绝收 12 万公顷;损坏房屋 0.7 万间;直接经济损失 13.8 亿元。其中 6 月 24 日至 8 月 5 日,通辽市降雹 24 次,造成直接经济损失 1.1 亿元。

4. 低温冷冻害和雪灾

2002 年内蒙古自治区多次出现较大范围的寒潮降雪天气过程,尤其是 2002 年年初东部地区出现 5 次较大范围的降雪天气过程,1 月降雪量比常年同期偏多 1～6 倍,积雪深度 5～37 厘米,最大降雪量为 4 毫米。11 月以后,中东部地区多次出现降雪天气过程,局部地区降暴雪,出现不同程度雪灾。灾害共造成农作物受灾 1.5 万公顷,直接经济损失 1.2 亿元。

5. 沙尘暴

2002 年春季,内蒙古共出现 12 次沙尘天气过程,主要出现在 3 月和 4 月,另外,11 月 10—11 日,中西部地区出现一次大范围沙尘天气过程。频繁出现的大风、扬沙、沙尘暴天气,使全区特别是中西部地区遭受严重损失。3 月 19—21 日、4 月 6—8 日,锡林郭勒盟大部分地区先后 2 次遭强沙尘暴侵袭,最大风力 8～11 级,最小能见度在 500 米以下,直接经济损失达 2700 余万元。

4.6 辽宁省主要气象灾害概述

4.6.1 主要气候特点及重大气候事件

2002年,辽宁省年平均气温9.0℃,比常年(7.9℃)偏高1.1℃(图4.6.1);平均年降水量525.0毫米,较常年(676.3毫米)偏少2成(图4.6.2)。

2002年辽宁省主要气象灾害有干旱、暴雨、台风、雷电、大风、冰雹和沙尘等。2002年辽宁省出现了大范围的暴雨天气过程和海面大风过程,风雨还引发了堤坝被毁、泥石流和滑坡等次生灾害。气象灾害造成农作物受灾约159.2万公顷,绝收16.5万公顷;受灾人口238.0万人,死亡12人;直接经济损失16.1亿元。

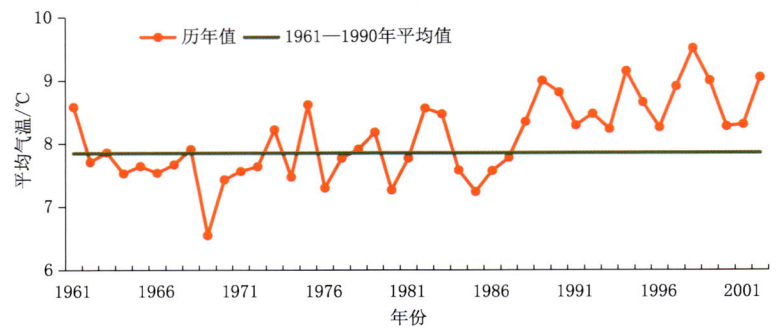

图4.6.1 1961—2002年辽宁省年平均气温变化

Fig. 4.6.1 Annual mean temperature in Liaoning during 1961—2002 (unit:℃)

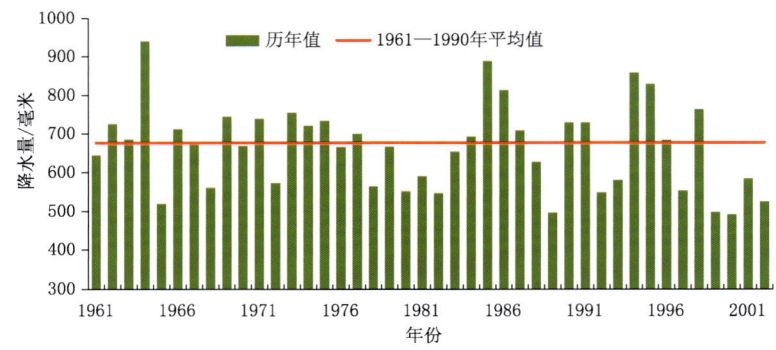

图4.6.2 1961—2002年辽宁省平均年降水量变化

Fig. 4.6.2 Annual precipitation in Liaoning during 1961—2002 (unit:mm)

4.6.2 主要气象灾害及影响

1. 干旱

2002年,辽宁省发生3次干旱灾害过程,导致农作物受灾112万公顷,绝收6.1万公顷;饮水困难人口113.6万人;直接经济损失约4.1亿元。

6月25日以后,辽宁气温持续偏高。7月12—14日,营口市出现33~35℃的高温天气。高温少雨致使部分大田作物遭受干旱。

6月25日至7月16日,葫芦岛市气温偏高,大部分地区基本无降水。全市22.3万公顷农田不同程度受到干旱影响,造成农作物受灾4万公顷,绝收0.8万公顷,18万人受灾。

2. 暴雨洪涝

2002年,辽宁省出现3次暴雨灾害,造成农作物受灾25.2万公顷,绝收7.2万公顷,直接经济损失约12.0亿元。

6月18日,朝阳市部分乡(镇)出现暴雨,降水量为51.8~54.5毫米。暴雨洪涝造成农作物受灾0.9万公顷,绝收975公顷,直接经济损失2655万元。

8月3—4日,营口部分地区出现大暴雨和特大暴雨,导致农作物受灾4.7万公顷,工矿企业及一些基础设施遭到破坏。

8月6日,庄河地区遭受暴雨洪涝灾害,造成约666.6公顷农作物受灾。

3. 局地强对流

2002年,辽宁省出现6次冰雹灾害,造成农作物受灾1.3万公顷,绝收100公顷,直接经济损失约355万元。

5月10—12日,受强对流天气影响,朝阳地区有2个乡(镇)遭受雹灾。沈阳有大棚及地膜蔬菜、葡萄等经济作物受雹灾。

7月24日,喀左县、朝阳县发生冰雹和暴雨灾害,降水量达65.0毫米。

8月3日,盖州遭受雷雨大风,伴有冰雹,持续时间30分钟左右,最大直径5厘米。

8月12—13日,朝阳地区的喀左县、建平县局部地区遭受风雹灾害,农作物受灾0.4万公顷。

4. 沙尘暴

2002年,辽宁省出现3次沙尘暴,造成农作物受灾0.2万公顷,死亡1人;损坏房屋0.5万余间;直接经济损失约1.8亿元。

3月,辽宁阜新地区、辽东湾大部及黑山、新民、昌图大风天气达5~13天。3月16—18日,辽宁省部分地区出现了扬沙和浮尘天气。20—21日,辽宁省大部分地区出现严重的扬沙和浮尘天气,建平县、丹东市出现沙尘暴。25日,葫芦岛出现西南西大风,10分钟平均风速17.3米/秒,瞬时最大风速22米/秒。31日沈阳市西南风极大风速14.9米/秒,出现扬沙。

4月,阜新地区及新民、黑山大风日数为13~19天,其他大部分地区为2~9天。2日沈阳市极大风速为18.5 m/s,出现扬沙天气,17时为沙尘暴,空气污染为4级,达中度污染。沈阳市所属的4个县(区)有1550个温室大棚被破坏,直接经济损失约154万元。5—6日,盖州12个乡(镇)遭受历史上罕见的大风袭击,最大风力达10级。树木、电线杆被折断、刮倒,个别房屋倒塌,伤10余人。

4.7 吉林省主要气象灾害概述

4.7.1 主要气候特点及重大气候事件

2002年,吉林省年平均气温5.9 ℃,比常年(4.5 ℃)偏高1.4 ℃(图4.7.1)。平均年降水量578.3毫米,比常年(605.5毫米)少4%(图4.7.2)。春季平均气温8.9 ℃,是1961年以来历史同期第2高值。特别是3月持续温高少雨,加之2001年冬季降雪偏少,导致吉林中西部旱情严重。4月降水量较常年同期偏多1倍,为1961年以来同期最多,旱情得到缓解。5月全省平均降水量仅为22.2毫米,为1961年以来同期最少。持续1个月的高温少雨天气,致使吉林省中西部大部分农田出现干旱。春季沙尘天气持续时间长、强度强、范围广。夏季气温和降水量均接近常年同期,但具有阶段性变化特征。6月中下旬及8月上旬至中旬初,吉林出现阶段性低温,东部发生了低温冷害。夏季多局地暴雨、冰雹天气。松原北部、长春北部、吉林北部及延边的部分地区发生内涝;长春、松原和延边遭受了不同程度的冰雹灾害。秋季气温接近常年同期,降水偏少。

2002年吉林省气象灾害导致270.3万人受灾,死亡12人;农作物受灾142.6万公顷,绝收21.2万公顷;直接经济损失37.9亿元。属气象灾害较轻年。

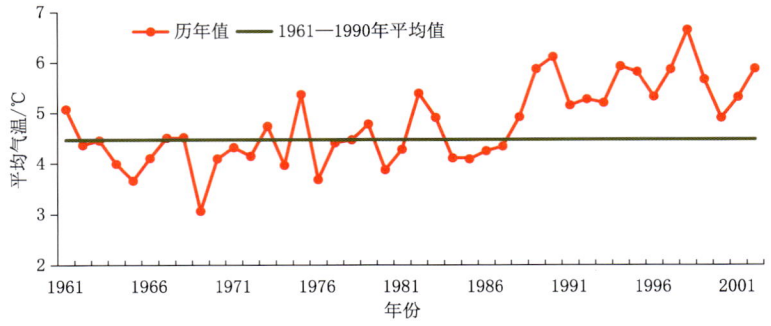

图 4.7.1　1961—2002 年吉林省年平均气温变化

Fig. 4.7.1　Annual mean temperature in Jilin during 1961—2002(unit:℃)

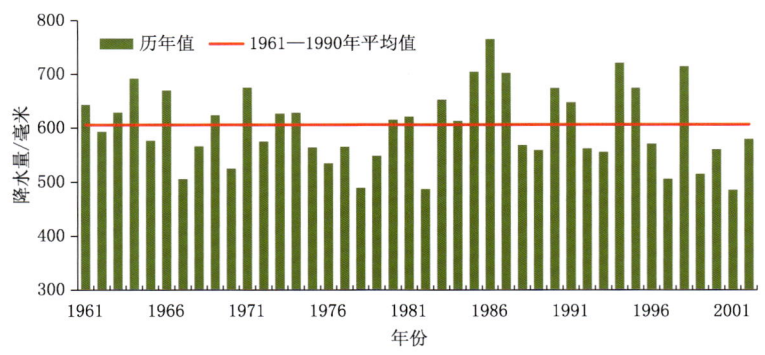

图 4.7.2　1961—2002 年吉林省平均年降水量变化

Fig. 4.7.2　Annual precipitation in Jilin during 1961—2002(unit:mm)

4.7.2　主要气象灾害及影响

1. 局地强对流

2002年吉林省因雷雨大风、冰雹等强对流天气导致4.7万人受灾,死亡11人;农作物受灾17.9万公顷,绝收9.7万公顷;直接经济损失4.0亿元。

7月31日,柳河县出现大风降雨天气,瞬时风速22米/秒,并伴有强降水天气。大风降雨天气造成农作物受灾1.1万公顷,损坏温室41个,大棚28个,直接经济损失8687万元。

7月4日,梨树县遭受了罕见的雷雨大风袭击,瞬时风力10~11级,导致2人死亡。

2. 干旱

2002年,干旱导致吉林203.7万人受灾;农作物受灾86.2万公顷,绝收6.6万公顷;直接经济损失22.4亿元。5月1日至6月6日,吉林省平均降水量仅有23.9毫米,较常年同期偏少63％,同时气温持续偏高。温高雨少致使吉林省大部分县(市)尤其是中西部地区农田缺墒严重,干土层达10厘米,出现严重干旱。

3. 暴雨洪涝

2002年夏季吉林省降水过程频繁,暴雨洪涝灾害导致54.1万人受灾,死亡1人,转移安置8.1万人;倒塌房屋1.7万间,损坏房屋10.0万间;农作物受灾18.9万公顷,绝收4.4万公顷;直接经济损失11.1亿元。

7月23日至8月5日,榆树市出现了4次大范围强降雨过程,总雨量达253.7毫米。榆树市15个乡(镇)遭受洪涝灾害,涉及140个村946个村民小组4.5万农户17.9万人,灾害导致农作物受灾3.0万公顷,绝收1.2万公顷;倒塌房屋288间;3000多头(只)畜禽死亡;直接经济损失超过2亿元。

4. 低温冷害和雪灾

2002年1月,吉林省东部出现雪灾,191人受灾,倒塌房屋2间,大棚损坏42个,死亡大牲畜245头,农作物受灾76公顷,直接经济损失866.8万元。

4—6月,吉林省东部出现低温冷害,造成受灾人口7.7万人;农作物受灾19.4万公顷,绝收0.5万公顷;直接经济损失3427万元。

4.8 黑龙江省主要气象灾害概述

4.8.1 主要气候特点及重大气候事件

2002年,黑龙江省年平均气温3.5℃,比常年偏高1.2℃(图4.8.1);年降水量534.2毫米,比常年偏多4%(图4.8.2)。2002年前春黑龙江出现大范围沙尘暴天气,发生时间偏早;夏季是近20年来少有的"凉夏",中东部出现低温冷害,严重影响农作物的正常生长发育;雨季开始早,暴雨天气危害较重,东部地区中小河流多次出现汛情;初秋雨少温高,森林火险等级偏高,北部林区出现火灾;晚秋出现"埋汰秋"和暴雪天气,影响农作物的正常收获和储运。全年气象灾害共造成黑龙江690.8万人受灾;农作物受灾414.9万公顷,绝收40.6万公顷;直接经济损失32.0亿元。2002年气候条件属偏好年景。

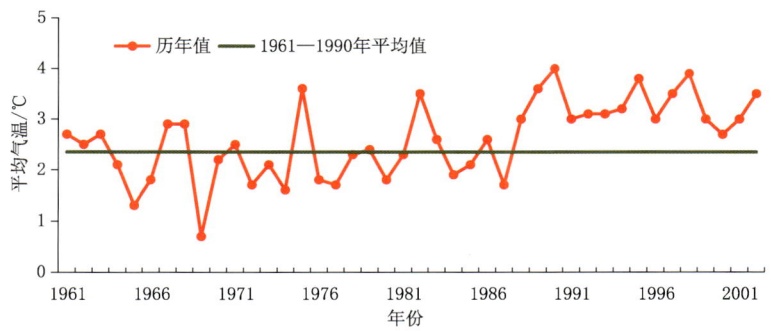

图4.8.1　1961—2002年黑龙江省年平均气温变化

Fig.4.8.1　Annual mean temperature in Heilongjiang during 1961—2002(unit:℃)

4.8.2 主要气象灾害及影响

1. 暴雨洪涝

2002年后春及夏季,黑龙江省局地雷暴大风、冰雹、暴雨等灾害性天气频发。雨季开始时间提前,东部一些中小河流夏季多次出现汛情。从6月初开始,黑龙江多暴雨天气,造成较大经济损失。其中7月22—24日,北安市通北乡出现暴雨、大风、冰雹天气,23—24日雨量140毫米,1000多户居民屋内进水,85户民房处于倒塌状态,完全倒塌12户,忠东水库、通胜青年水库、七道沟堤防出现严重险情。

2. 低温冷冻害和雪灾

2002年黑龙江省夏季气温偏低明显,出现了近20年来少有的"凉夏"。黑龙江省中东部夏季平均气温较常年同期偏低0.7~1.5℃,出现低温灾害。受夏季低温影响,水稻遭受障碍型冷害和延

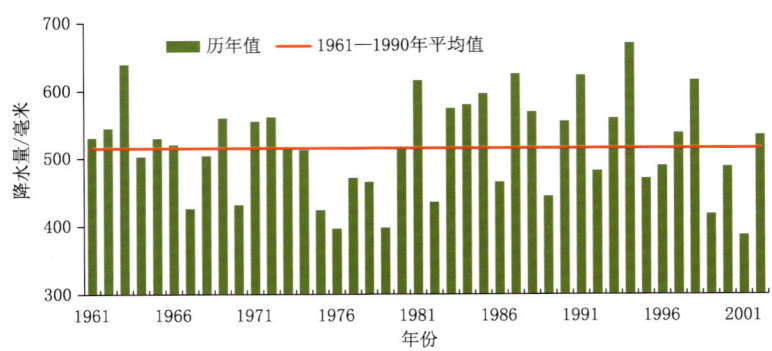

图 4.8.2 1961—2002 年黑龙江省平均年降水量变化

Fig. 4.8.2 Annual precipitation in Heilongjiang during 1961—2002(unit:mm)

迟型冷害,甚至是混合型冷害。其他大田作物也遭受延迟型冷害,玉米、大豆、杂粮等后期生长缓慢。发生冷害的地区以东部(三江平原)最为严重,中部次之。冷害对作物的影响以水稻受害最重,玉米、大豆、杂粮等产量也受到一定影响。

11月,受入侵冷空气影响,黑龙江省各地气温继10月中下旬大幅度偏低后,又连续3旬大幅度偏低。11月黑龙江省南部地区大部气温较常年同期偏低3~6℃,月平均气温和月最高气温是近40余年来历史同期最小值和次小值,黑龙江省各地月平均气温较2021年同期偏低6~10℃。

2002年黑龙江省出现多次强降雪过程,其中1月6—8日牡丹江、鸡西西部、七台河及依兰、桦南降暴雪,雪后以上地区积雪深度为20~32厘米,积雪较深致使交通干线出现雪阻,公路运输中断。10月26—28日东部出现暴雪伴大风天气,降水量一般有10~50毫米,积雪深度一般为10~40厘米,暴雪导致割倒未收回的大田作物和甜菜被捂在地里,部分温室大棚被压坏,同时造成交通雪阻,部分客车、列车停运。

3. 沙尘暴

2002年春季黑龙江省沙尘天气发生偏早。3月8日,哈尔滨和泰来出现扬沙天气。3月20—21日,黑龙江省南部地区出现沙尘天气,其中泰来、安达、绥芬河和东宁为沙尘暴。4月7—8日,黑龙江省南部地区有近30个县(市)出现沙尘天气,双城、穆棱、延寿出现沙尘暴。沙尘天气使黑龙江省空气质量差、能见度低,给交通和人们出行带来诸多不便,同时也造成了环境污染。

4.9 上海市主要气象灾害概述

4.9.1 主要气候特点及重大气候事件

2002年,上海市年平均气温17.0℃,较常年(15.5℃)偏高1.5℃(图4.9.1),为1961年以来次高值(低于1998年);冬、春、秋季气温均偏高,夏季气温前高后低,6—7月气温偏高,8月气温偏低,炎热、低温均有出现。平均年降水量1394.0毫米,比常年(1081.0毫米)偏多29%(图4.9.2),市区和东南沿海降水量偏多,冬、春、夏季降水偏多,秋季降水偏少,梅雨期降水量较常年偏多。平均年日照时数1831小时,比常年偏少181小时,冬、秋季日照时数接近常年同期,春季和夏季偏少。

2002年,上海市主要气象灾害有台风、暴雨、雷电、雷雨大风、低温冰冻、高温和大雾。气象灾害共造成7人死亡,10.8万人受灾;农作物受灾6.3万公顷,绝收4000公顷;倒塌房屋100间;直接经济损失4.1亿元。总体评价,2002年属气象灾害偏重年份。

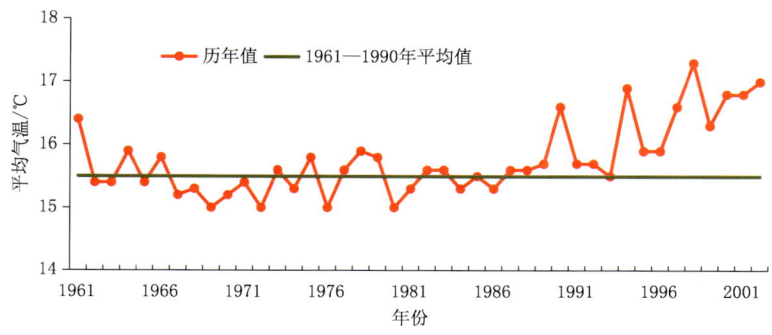

图 4.9.1 1961—2002 年上海市年平均气温变化

Fig. 4.9.1 Annual mean temperature in Shanghai during 1961—2002(unit:℃)

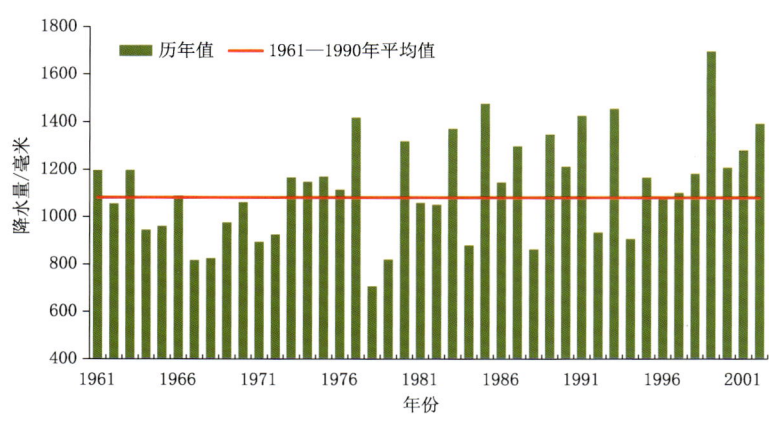

图 4.9.2 1961—2002 年上海市平均年降水量变化

Fig. 4.9.2 Annual precipitation in Shanghai during 1961—2002(unit:mm)

4.9.2 主要气象灾害及影响

1. 暴雨洪涝

2002 年,上海市多次出现大暴雨天气,平均暴雨日数(11 站平均)2.2 天,较常年略偏少。暴雨洪涝造成 1 人死亡,10.8 万人受灾;农作物受灾 1.3 万公顷,绝收 4000 公顷;倒塌房屋 100 间;20 多条马路和 1300 多户居民家中积水;直接经济损失 2.7 亿元。

2. 台风

受 0205 号台风"威马逊"影响,7 月 4—5 日,上海市普遍出现大到暴雨和 7~9 级大风,沿江沿海出现 9~11 级大风。大风暴雨造成 35 条高压线受影响,11 根电线杆倒塌,树木倒伏 4.3 万棵,近 8000 座塑料大棚被大风毁坏,浦东国际机场被迫取消航班 170 架次,造成 6000 多名旅客滞留。"威马逊"共造成 6 人死亡,44 人受伤;农作物受灾 1.6 万公顷;倒塌民房 371 间;直接经济损失 1.4 亿元。

3. 局地强对流

2002 年,上海市出现雷雨大风(并伴有龙卷、冰雹)7 起,造成 6000 多座大棚损坏,约 3.4 万公顷农作物受损,1 个变电站受袭击造成输电中断。上海共发生雷击事件 14 起,房顶 4 处击坏,20 多个电器和 10 多台变电器击坏,33 座变电站受损,62 条线路跳闸断电。

4. 高温热浪

2002 年,上海市区 35 ℃以上高温日数有 18 天,较常年偏多 11 天。高温对各行各业造成了一定影响。8月23日,上海市最高用电负荷达1235万千瓦,日用电和发电双双创历史新高,同时全市日供水量达到570万立方米,为2002年最多。高温期间上海市各大医院的门急诊量比往年同期上升了15%～30%。炎热造成交通事故增多,8月23日一天上海市高架道路上发生抛锚38起,事故52起,比平时高出50%。

5. 大雾

2002年1—4月,上海市多次出现大雾天气并影响交通。上海因大雾造成至少175个航班延误或取消;市内轮渡有15条渡线一度停驶,部分高速公路临时封闭。

4.10 江苏省主要气象灾害概述

4.10.1 主要气候特点及重大气候事件

2002年,江苏省年平均气温16.0℃,较常年(14.7℃)偏高1.3℃(图4.10.1),平均年降水量965.4毫米,较常年(994.7毫米)偏少3.0%(图4.10.2)。冬季明显偏暖;7月中旬出现全省范围的持续性高温天气,7月15日泗洪最高气温达41.3℃,是1951年以来最高气温的极值;8月上中旬淮河以南地区出现连续低温阴雨天气;淮北下半年出现3次干旱过程,其中8月上旬至11月底的干旱过程持续时间长;年日照时数较常年略偏少。

2002年,江苏省因气象灾害造成577.5万人次受灾,死亡19人;农作物受灾77.1万公顷;直接经济损失约35.1亿元。2002年气候条件为正常年景,对旅游、海盐生产、人体健康等较为有利,但干旱对农、林、水产养殖等造成不利影响。

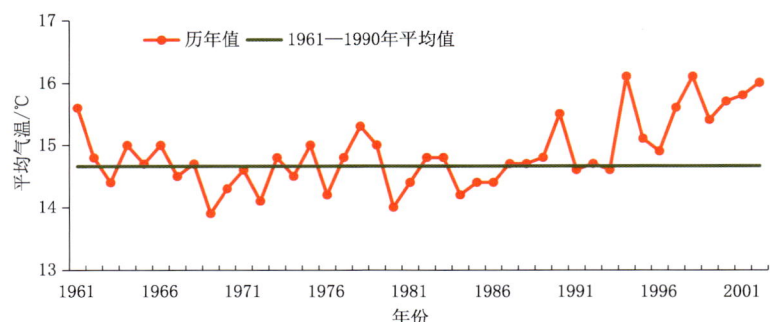

图4.10.1　1961—2002年江苏省年平均气温变化

Fig. 4.10.1　Annual mean temperature in Jiangsu during 1961—2002 (unit:℃)

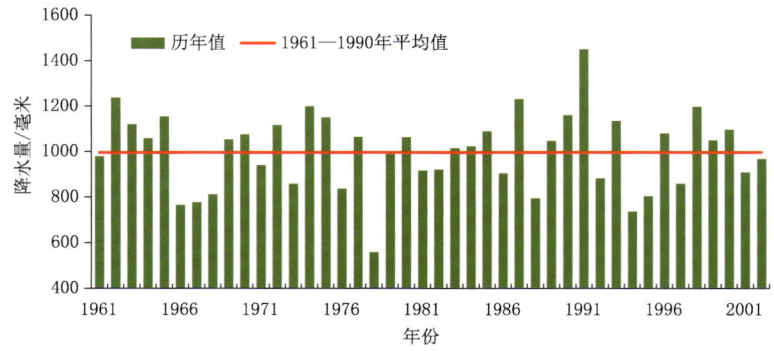

图4.10.2　1961—2002年江苏省平均年降水量变化

Fig. 4.10.2　Annual precipitation in Jiangsu during 1961—2002 (unit:mm)

4.10.2 主要气象灾害及影响

1. 干旱

2002年,淮北地区出现3次干旱过程,其中8月上旬开始的第3次干旱过程持续时间长、影响大。8月上中旬,淮北北部大部分地区降水量均不足10毫米,其中赣榆仅1.8毫米,旱情严重。8月23—26日,淮北出现降水,累计雨量一般有30~120毫米,其中,新沂121.9毫米、连云港126.8毫米,淮北大部分地区的旱情得到了有效缓解,但干旱最为严重的丰县、徐州降水量仅有31.9毫米和35.0毫米,旱情未得到解除。9月16日至10月31日,淮北地区降水量仅有5~37毫米,对秋播和出苗影响较大,其中徐州、连云港、宿迁3市影响最重,仅徐州市受旱面积就超过26.7万公顷。

2. 大雾

2002年,江苏省大雾天气比较频繁,给交通等造成了较大的不利影响。2月24日和28日,江苏大部分地区出现大雾,其中24日京沪高速公路高邮段发生多起汽车追尾交通事故,造成11人死亡,33人受伤。沂淮江段下行线亦发生多起汽车追尾相撞事故,造成人员伤亡。

3. 高温

7月11—16日,江苏出现大范围的持续高温天气,东部地区高温日数一般有2~4天,西部地区在5天以上。7月14—15日,淮北地区日最高气温达37~41℃,其他地区有36~39℃。7月15日,泗洪最高气温达41.3℃,是1951年以来最高气温的极值,连云港最高气温40.2℃、赣榆站39.5℃、江浦39.3℃均突破建站以来的极值。7月10—16日,徐州市高温天气持续时间7天,其间37℃以上的高温酷热天气有6天,15日该市最高气温达39.9℃。

4. 台风

2002年共有4个台风影响江苏,影响较大的是第5号台风"威马逊"。7月4日凌晨起第5号台风"威马逊"自南向北影响江苏。据统计,"威马逊"造成受灾人口331.0万人;农作物受灾23.9万公顷;倒塌房屋2000间,损坏房屋8000间;直接经济损失6.3亿元。

5. 局地强对流

2002年江苏强对流天气频发,共出现6个龙卷日和8个冰雹日。

4月2日,海门、启东、苏州部分地区降冰雹。海门市临江镇遭受冰雹袭击,受灾严重的有浦民、临江、解阳3个村,冰雹最大直径3厘米,最大积雹深度5~6厘米,受灾面积0.2万公顷,直接经济损失455.9万元。

8月23日17时前后,连云港市徐圩、台南盐场分别遭受龙卷和暴雨袭击,市区、东海、灌云、灌南等相继出现大风、雷暴等。连云港市区2小时降水量28.0毫米。此次灾害造成的直接经济损失达8910万元,其中农业直接经济损失7590万元。

4.11 浙江省主要气象灾害概述

4.11.1 主要气候特点及重大气候事件

2002年,浙江省年平均气温17.9℃,比常年偏高1.2℃(图4.11.1),位居1961年以来历史第2高位;全省平均年降水量1747.5毫米(图4.11.2),比常年偏多2成。

2002年影响浙江省的主要气象灾害有台风、暴雨洪涝、局地强对流、大雾等。受第5号台风"威玛逊"和第16号台风"森拉克"影响,浙江东部沿海及嘉兴、绍兴、丽水3市(地)东部少数县(市)损失较严重。4月下旬至9月中旬持续多阴雨,其中6月下旬、8月中旬和9月中旬连续暴雨,发生3次范围较大的雨涝灾害,致使杭州、衢州、金华3市(地)及绍兴、台州、丽水等市(地)部分县(市)遭受较严重的损失。2002年,全省因气象灾害农作物受灾76.3万公顷,受灾人口1491.8万,死亡102人,直接经济损失125.5亿元,其中农业经济损失42.6亿元。仅台风和雨涝灾害直接经济损就失高达120亿元之多,冰雹、龙卷等灾害比常年偏重。

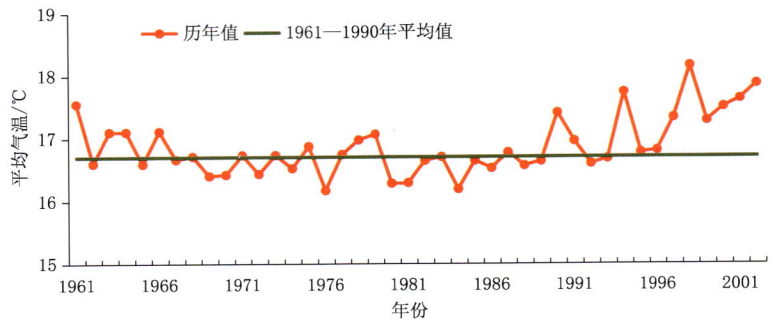

图 4.11.1　1961—2002年浙江省年平均气温变化

Fig. 4.11.1　Annual mean temperature in Zhejiang during 1961—2002(unit:℃)

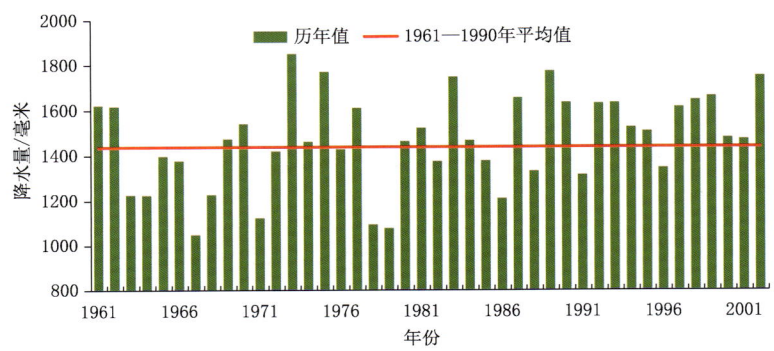

图 4.11.2　1961—2002年浙江省平均年降水量变化

Fig. 4.11.2　Annual precipitation in Zhejiang during 1961—2002(unit:mm)

4.11.2　主要气象灾害及影响

1. 台风

2002年,有2个台风影响浙江,较常年偏少。2个台风分别是第5号台风"威玛逊"和第16号台风"森拉克",均给浙江造成较严重影响,其中"森拉克"影响最重。

"森拉克"于9月7日在浙江苍南县大鱼镇登陆,其强度强、范围大,且又恰逢天文大潮期,风、雨、潮三碰头。受其影响,浙江南部、中部沿海和海面风力都在12级以上,瑞安南麂(56.4米/秒)等5县(市)极大风速超过40米/秒。7日全省普降大到暴雨,温州、台州及丽水市东部地区降大暴雨,局部特大暴雨,共出现暴雨24站次。受其影响,全省受灾人口820万,死亡28人,农作物受灾20万公顷,直接经济损失约46亿元。

2. 暴雨洪涝

2002年浙江省雨涝灾害较重。4月下旬至9月中旬,全省共发生雨涝灾害10次,频次之多历史罕见,其中范围较大的有3次,分别为6月27—30日、8月15—17日和9月13—14日。9月13日约4小时内洪家降水量达368.4毫米,破全省非台风暴雨日降水量最大纪录,暴雨强度之大为历史罕见。全年因暴雨洪涝灾害造成农作物受灾46.5万公顷,死亡64人,直接经济损失67.1亿元,全省灾害较重的地区依次为杭州、衢州、金华、台州、绍兴和丽水。

8月15—17日,受切变线和地面静止锋影响,全省普降暴雨、局部大暴雨。由于前期江河水位普遍高涨,15—17日又连降暴雨,致使浙江遭受大范围的雨涝灾害,多处电力、广播电视、通信等设施受到严重破坏,道路、桥梁、防洪堤等多处受损,共造成29人死亡,直接经济损失超4.6亿元。15日,衢州市柯城区九华乡等10个乡(镇)突遭特大暴雨袭击,暴雨中心75分钟内降水量达162.6毫米,30余村庄受灾,18人死亡,直接经济损失1.9亿余元;武义西联乡遭受百年不遇的特大涝灾,2个小时内降水量高达200毫米,多处山洪暴发,死亡6人。丽水市遂昌县从15日20时至16日08时12小时降水量达106.2毫米,导致4个镇、3个乡受灾,死亡3人,失踪2人,直接经济损失1.2亿元。

9月13—14日,浙江省东南沿海地区出现暴雨到大暴雨,其中乐清和瓯海大暴雨,椒江和温岭两县(市、区)为特大暴雨,椒江区洪家气象站13日19—23时仅4个小时降水量就高达307.2毫米,其中20—21时1小时降水量105.8毫米,30分钟最大降水量为60.0毫米,10分钟最大降水量30.0毫米,均创历史日、1小时、30分钟以及10分钟的最大纪录。由于大暴雨台州市尤其是椒江、温岭、黄岩等县(市、区)的平原区汪洋一片,积水最深处达1.5米,死亡1人,经济损失高达3.7亿元。

3. 局地强对流

2002年,浙江省冰雹灾害发生时间早、次数多、影响广、受灾严重。全年发生较严重的有7次,其中3月20—22日和4月2日,几乎遍及全省各地,造成严重影响。龙卷全年发生3次,分别是1月16日(椒江)、4月2日(瓯海)和9月7日(椒江),以1月16日损失最重。全年局地强对流灾害造成倒塌房屋0.7万间,受灾农田5.2万公顷,直接经济损失5.4亿元。

1月15—16日,受暖湿气流和冷空气影响,全省先后有雷阵雨,局部有冰雹和龙卷。16日永嘉县6个乡(镇)出现冰雹,最大如拳头。同日,椒江区出现冰雹及龙卷,冰雹最大直径12厘米,地面最大积雹厚度10厘米,船甲板上积雹厚度约20厘米,导致死亡1人,重伤25人,直接经济损失3100余万元。9月7日椒江区前所街道发生一起龙卷灾害,造成5人死亡,14人受伤。

4. 大雾

2002年,浙江省严重影响交通、航运的大雾弥漫天气过程有8次,共19天。其中3月11—12日最为严重。

3月12日07时前后,沪杭甬高速公路路面能见度仅为10~30米,车辆无法正常通行。嘉兴、杭州、绍兴高速公路关闭。已驶进高速公路的车辆发生连续追尾事故,共造成45辆车不同程度的损伤,其中一辆大货车碰撞起火后被毁,造成2人死亡。

4.12 安徽省主要气象灾害概述

4.12.1 主要气候特点及重大气候事件

2002年安徽省年平均气温16.5℃,较常年偏高1.1℃,与1994年并列为1961年以来历史次高,仅低于1998年(图4.12.1)。年内,四季气温均偏高,2001/2002年冬季气温偏高2.3℃,为1961年以来历史同期次高值;春季气温偏高1.0℃,与1998年并列为1961年以来历史同期第5高值;夏季和秋季气温分别比常年同期偏高0.4℃和0.5℃。

2002年安徽省平均年降水量1249.9毫米,较常年偏多8%(图4.12.2)。除秋季降水量偏少外,冬季、春季降水量偏多,夏季与常年同期持平。

2002年,安徽省主要气象灾害有暴雨洪涝、局地强对流、连阴雨等,气象灾害共造成农作物受灾115.9万公顷,绝收16.5万公顷;受灾人口981.4万,死亡44人;直接经济损失35.3亿元。2002年

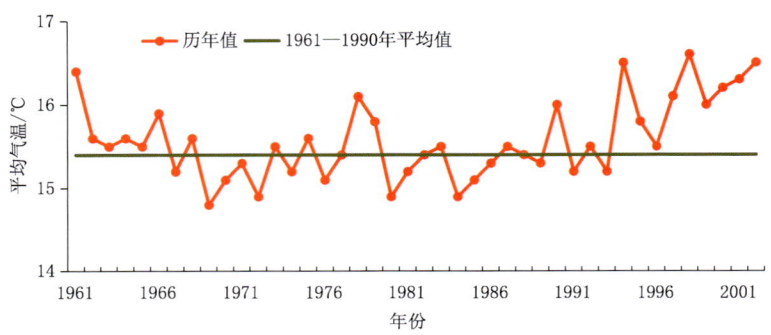

图 4.12.1　1961—2002 年安徽省年平均气温变化

Fig. 4.12.1　Annual mean temperature in Anhui during 1961—2002(unit:℃)

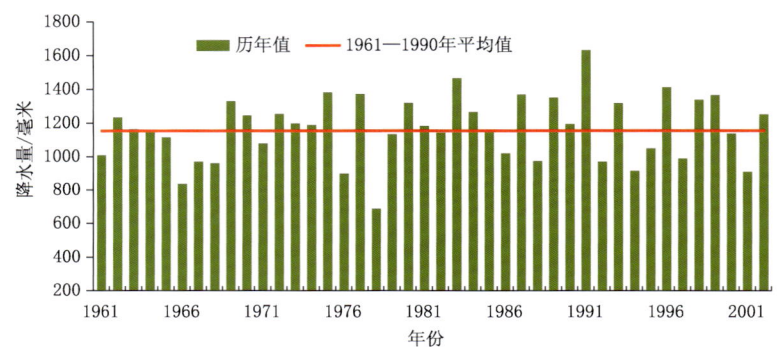

图 4.12.2　1961—2002 年安徽省平均年降水量变化

Fig. 4.12.2　Annual precipitation in Anhui during 1961—2002(unit:mm)

农业气象条件总体上有利有弊,夏收作物农业气象条件偏差,秋季作物的农业气象条件属正常偏好年景。

4.12.2　主要气象灾害及影响

1. 暴雨洪涝

梅雨、雨季期间降水集中,安徽省多次出现强降水过程。6月18日沿淮淮河以南地区进入梅雨期。6月19—21日,沿江江南连降暴雨,导致山洪暴发,黄山、池州、宣城、芜湖4市遭受洪涝灾害,部分地区交通、通信、供电中断。6月22—23日,沿淮淮北出现大范围暴雨,淮河王家坝水位23日06时至24日06时日涨幅高达6.7米,26日01时达到28.8米,超过保证水位0.14米。6月27日淮河以南再次出现大范围暴雨,部分地区重复受灾,灾情加重。7月下旬暴雨导致淮河水位急速上涨,造成沿淮低洼地区内涝,部分圩区破堤受淹。2002年因洪涝灾害安徽省农作物受灾75.2万公顷,绝收14.0万公顷;受灾人口945.0万人,10人死亡;倒塌房屋1.8万间,损坏房屋3.6万间;直接经济损失27.0亿元。

2. 局地强对流

2002年安徽省因雷雨大风、冰雹等局地强对流天气造成农作物受灾1.6万公顷,绝收0.1万公顷;受灾人口36.4万人,死亡34人;倒塌房屋0.2万间;直接经济损失5.9亿元。7月16—18日安徽省出现了大范围强对流天气,其中13个气象站本站大风7～9级,灵璧达27米/秒,造成1.6万公顷农作物受灾,绝收0.1万公顷;5人死亡;直接经济损失1.3亿元。7月20日,长丰县遭受龙卷、冰雹、大暴雨袭击,时间长达55分钟,造成1人死亡,重伤8人,轻伤16人,倒塌民房7859间,直接经济损失3642万元。10月5日,淮北局部地区遭受冰雹袭击,灵璧县冯庙镇冰雹最大直径约5厘米,大小如小鸡蛋,降雹持续20分钟。

3. 低温冻害

年初,安徽省出现多次低温雨雪天气,以1月16—17日过程影响较大。1月17日,淮河以南地区出现降雪,江淮南部和沿江地区大雪,部分地区暴雪,暴雪及低温冻害对公路交通造成不利影响。

4. 干旱

2002年,安徽省因旱农作物受灾39.1万公顷,绝收2.4万公顷;直接经济损失2.4亿元。10月上旬至中旬中期全省持续晴天,出现旱象,对秋播秋种及田间作物造成不利影响。11月淮北北部由于前期持续少雨,宿州、亳州等地出现旱情,对冬小麦等作物生长造成一定不利影响。

4.13 福建省主要气象灾害概述

4.13.1 主要气候特点及重大气候事件

2002年,福建省年平均气温20.1 ℃,较常年偏高1.0 ℃,位居1961年以来历史同期第2高位(图4.13.1);平均年降水量1730.1毫米,较常年偏多13%(图4.13.2),呈现春季偏少,夏、秋季偏多的特征;年日照时数接近常年。年内主要气候事件有中南部地区出现冬春连旱;春季强对流天气较活跃;6月中旬闽西北地区发生特大暴雨洪涝灾害;有5个台风影响福建省,其中第16号台风"森拉克"和第12号台风"北冕"对福建省影响较大。

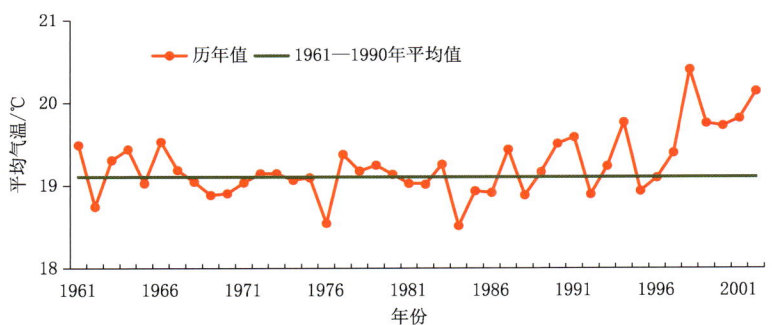

图4.13.1 1961—2002年福建省年平均气温变化

Fig. 4.13.1 Annual mean temperature in Fujian during 1961—2002(unit:℃)

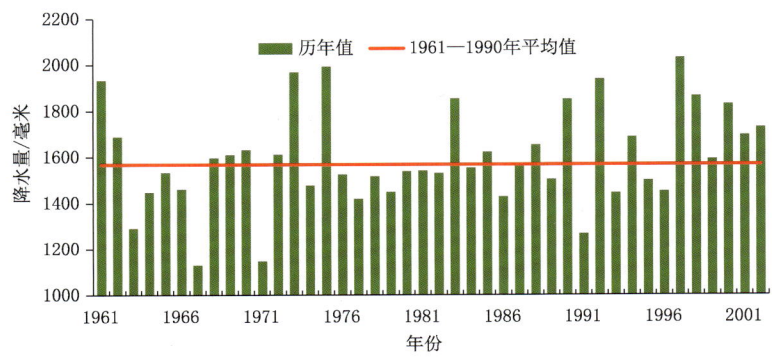

图4.13.2 1961—2002年福建省平均年降水量变化

Fig. 4.13.2 Annual precipitation in Fujian during 1961—2002(unit:mm)

2002年福建省气象灾害造成973.2万人受灾,109人死亡;农作物受灾89.4万公顷,绝收11.5万公顷;倒塌房屋22.7万间,损坏房屋60.8万间;直接经济损失125.3亿元。总体而言,2002年福建省气候属正常偏差年景。

4.13.2 主要气象灾害及影响

1. 台风

2002年影响福建省的台风有5个,其中影响较大的是在闽浙交界处登陆的第16号台风"森拉克"和在广东登陆的第12号台风"北冕"(强热带风暴级)。"森拉克"和"北冕"导致福建农作物受灾22.8万公顷,绝收2.2万公顷;459.7万人受灾,11人死亡;房屋倒塌8.1万间;直接经济损失50.5亿元。

2. 暴雨洪涝

2002年,福建省雨季共出现5次暴雨过程,暴雨洪涝共造成全省187.7万人受灾,死亡65人;农作物受灾23.8万公顷;房屋倒塌14.1万间,损坏房屋38.0万间;直接经济损失43.8亿元。其中,6月13—18日闽西北的暴雨过程最强,三明大部、南平大部、宁德西南部、福州西北部和龙岩西北部等过程累计降水量在200毫米以上,其中三明市大部和南平市南部有12个县(市)超过300毫米,建宁县533毫米为最大。致使闽西北地区山洪暴发,水库暴满,江河猛涨,闽江上游的金溪、沙溪、富屯溪出现特大洪水,建宁、将乐、顺昌3个县城区进水受淹,受淹水深达4米以上,供电、供水、交通、通信全面中断,受灾人数达165.9万,死亡27人,全市直接经济损失高达23.7亿元。

3. 干旱

2002年福建省出现了严重的冬春连旱。49个县(市)出现不同程度的气象干旱,主要分布在中南部地区,厦门、漳州两市旱情尤为严重。干旱导致全省共有92万人、13.34万头大牲畜发生饮水困难,农作物受灾35.4万公顷,直接经济损失22.4亿元。

4. 局地强流性

2002年福建省共出现6次强对流天气,主要集中在4月。全省因雷雨大风、冰雹和飑线等强对流天气导致75.6万人受灾,33人死亡,直接经济损失2.5亿元。其中2002年福建省共发生雷电517起,造成32人死亡,11人受伤,直接经济损失760.6万元。4月6日13时05—45分,漳州市平和、南靖、华安、长泰等地先后受到飑线袭击,最大风速平和、南靖达17~18米/秒,华安、长泰达22米/秒,南靖县经济损失3200万元。

4.14 江西省主要气象灾害概述

4.14.1 主要气候特点及重大气候事件

2002年江西省全省年平均气温18.5 ℃,较常年偏高0.9 ℃,为1961年以来历史第2高温年(图4.14.1);平均年降水量为2019.5毫米,较常年偏多25%,为1961年以来历史第五多(图4.14.2)。冬季气温明显偏高,为典型的暖冬,无低温冻害出现;春播天气好,汛期开始早、结束晚,夏季高温日数略偏少,未出现伏秋旱,秋季赣中、赣南降水异常偏多。

年内,江西省主要气象灾害有:春季强对流天气频繁,局部地区损失严重;4—5月赣北降水偏多,局部地区出现洪涝;6—7月全省出现3次连续暴雨过程,赣中、赣南降水偏多,致使部分地区出现了严重洪涝;夏秋季强对流、强降水天气较频繁,秋季降水明显偏多,赣中、赣南出现了罕见的秋汛,造成了较严重的地质灾害和生命财产损失。

全年因气象灾害及其引发的次生灾害共造成全省1506.6万人受灾,死亡123人;农作物受灾

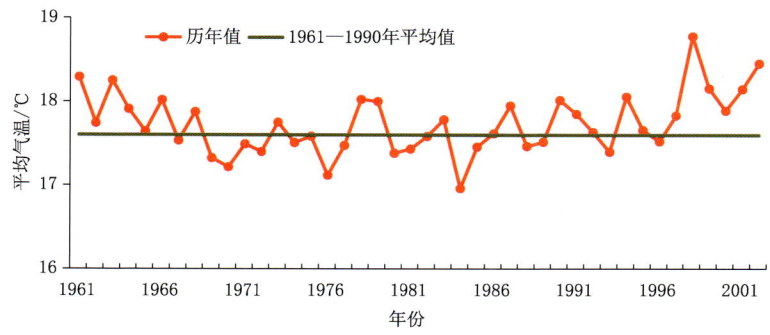

图 4.14.1　1961—2002 年江西省年平均气温变化
Fig. 4.14.1　Annual mean temperature in Jiangxi during 1961—2002(unit:℃)

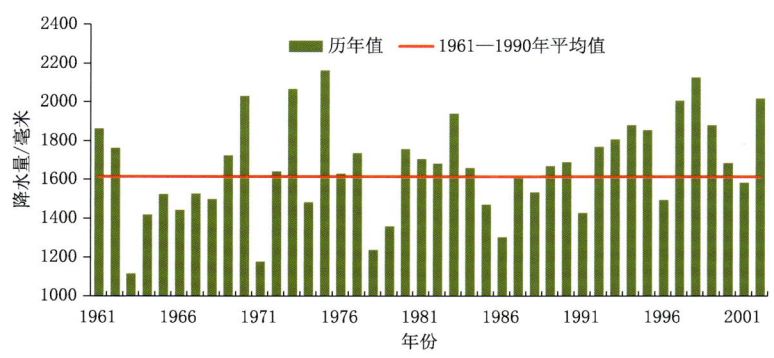

图 4.14.2　1961—2002 年江西省平均年降水量变化
Fig. 4.14.2　Annual precipitation in Jiangxi during 1961—2002(unit:mm)

104.0 万公顷,绝收 20.8 万公顷;直接经济损失 85.8 亿元。

4.14.2　主要气象灾害及影响

1. 暴雨洪涝

2002 年暴雨洪涝灾害(含山体崩塌、滑坡)共造成江西省 1046.7 万人受灾,因灾死亡 54 人;农作物受灾 63.7 万公顷,绝收 17.6 万公顷;直接经济损失 53.3 亿元。年内,暴雨过程频发,其中主汛期 4—6 月出现了 5 次较明显的暴雨过程,分别出现在 4 月 24—27 日、5 月 13—14 日、5 月 21—22 日、6 月 13—18 日、6 月 27—30 日。6 月 13—18 日江西省中南部遭受连续暴雨袭击,抚河、赣江干流全线超警戒水位,抚河中上游及赣江部分支流发生超历史洪水,一大批大中型水库开闸泄洪,洪涝灾害造成全省 488 万人受灾,因灾死亡 27 人,倒塌房屋 5.9 万间;农作物受灾 29.2 万公顷,成灾 21.9 万公顷,绝收 7.3 万公顷;直接经济损失 34.9 亿元。

此外,10 月 28—30 日江西中南部遭遇秋季罕见的严重秋汛。3 天全省共出现暴雨 29 站次,大暴雨 6 站次,南康县日雨量最大为 139 毫米。由于雨量集中、强度大、持续时间长,使赣州市 19 个县(市、区)全部受灾,各大水库、江河水位猛涨,章江洪峰通过赣州城区,超过警戒水位 4.3 米,为新中国成立以来有记录的第 2 大洪水;京九线赣南境内多处塌方,其中南康龙回段因塌方中断行车,赣州至上犹、崇义、大余等国道交通中断;桥梁、水利设施冲毁多处;严重的山体滑坡导致房屋倒塌、人员受伤;大片即将收获的晚稻被毁,大量水产品付之东流,对晚稻的收晒也有较大影响,部分水稻有发芽现象。

2. 局地强对流

2002 年局地强对流灾害共造成江西省 330.2 万人受灾,死亡 41 人;农作物受灾 33.2 万公顷,绝收2.2万公顷;倒塌房屋3.8万间,损坏房屋18.5万间;直接经济损失24.9亿元。4月2—7日,全省有45个县(市)遭受特大风雹灾害袭击,莲花站最大风速达42米/秒,造成全省419.6万人受灾,死亡5人,受伤7730人,无家可归8985人;农作物受灾23.3万公顷,成灾9.5万公顷,绝收1.2万公顷;倒塌房屋3.6万间;受灾地区的交通、水利、通信、电力等基础设施损毁严重;直接经济损失8.1亿元。7月17日09时50分,庐山五老峰突遭雷击,发生了庐山有记录以来首起雷电袭击游客的事故,3名游客当场死亡,10余名游客不同程度受伤。次日,1名游客因大脑被雷电击伤,出血过多,抢救无效死亡。

3. 台风

年内有2个台风进入江西,分别是第12号台风"北冕"和第16号台风"森拉克"。"北冕"于8月5日20时以热带风暴级进入江西南部安远县,而后一直继续北移至抚州地区境内减弱。虽然强度不太强,但由于与冷空气相遇,造成全省3—4天的暴雨过程,局部还出现大暴雨。"森拉克"是2002年第2个进入江西省的热带低压。它带来的降水和凉风不仅补充了农田水分,也缓解了前期的高温暑热,对农作物生长发育有利,同时也给人们带来了凉爽的天气。

4.15 山东省主要气象灾害概述

4.15.1 主要气候特点及重大气候事件

2002年,山东省年平均气温14.1℃,较常年偏高1.3℃(图4.15.1);年平均降水量415.8毫米,较常年偏少37.8%(图4.15.2)。年内,春、夏、冬3季气温均较常年同期偏高,秋季偏低,其中冬季气温偏高2.4℃,是1961年以来历史同期最高值;除春季降水量偏多外,其他各季降水明显偏少,其中夏季降水量较常年同期偏少49.1%,大部分地区夏季降水量为1961年以来历史同期最少值。由于降水持续偏少,山东出现百年不遇的严重夏秋连旱。

2002年,山东省主要气象灾害有干旱、低温冷冻害、局地强对流和暴雨洪涝等。全年因气象灾害及其衍生灾害共造成4047.6万人次受灾,22人死亡;农作物受灾494.2万公顷,绝产91.9万公顷;直接经济损失288.0亿元。

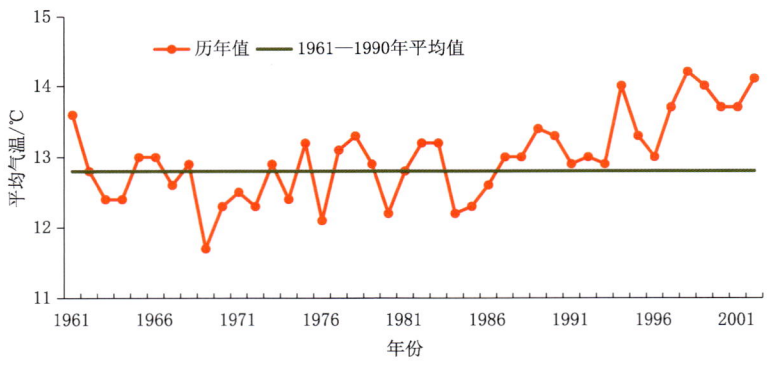

图4.15.1 1961—2002年山东省年平均气温变化

Fig. 4.15.1 Annual mean temperature in Shandong during 1961—2002(unit:℃)

4.15.2 主要气象灾害及影响

1. 干旱

2002年,山东降水量较常年明显偏少,大部分地区较常年偏少30%~50%,特别是汛期,降水量较常年同期偏少54%。由于持续降水偏少和连续的高温天气,使得农田水分大量蒸发、失墒严重,

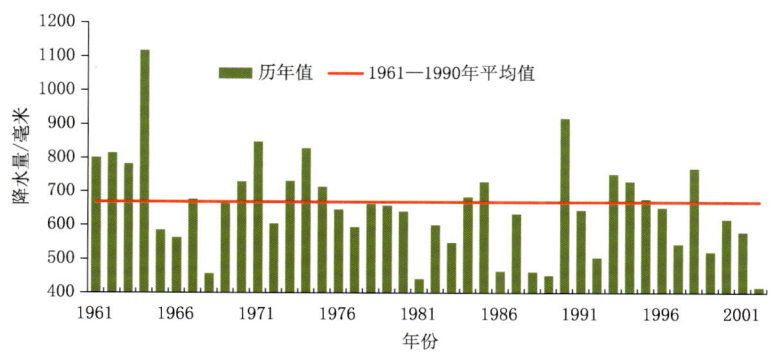

图 4.15.2　1961—2002 年山东省平均年降水量变化

Fig. 4.15.2　Annual precipitation in Shandong during 1961—2002(unit：mm)

发生了百年不遇的严重夏秋连旱。干旱造成 3156.9 万人受灾，366 万人、90 万头大牲畜出现饮水困难；农作物受灾达 378.7 万公顷，绝产 71.2 万公顷，主要分布在鲁中、鲁南、鲁西北，部分地区夏秋两季基本无收；直接经济损失达 204 亿元。

2. 低温冷冻害

2002 年，低温冷冻害造成山东省 531.2 万人受灾；农作物受灾 75.5 万公顷，绝产 20.0 万公顷；直接经济损失 64.0 亿元。其中，4 月 24—25 日，鲁中及山东半岛大部分地区气温骤降，乳山最低气温低于 －2.2 ℃，栖霞地面最低气温达到 －2.9 ℃。低温冷冻害对小麦、果树造成严重影响，造成 381.8 万人受灾，直接经济损失达 55.7 亿元。

3. 局地强对流

2002 年 4—10 月，山东省共出现 10 多次强对流天气，具有持续时间长、受灾范围广、局地受灾重的特点。全年因局地强对流造成 22 人死亡，农作物受灾 39.6 万公顷，直接经济损失 18.1 亿元。其中，10 月 14 日下午至夜间，烟台、潍坊、威海等市遭受冰雹、龙卷袭击，阵风达 10 级，降雹时间 10～30 分钟，冰雹最大直径 3 厘米，造成 184.7 万人受灾，3 人死亡，农作物受灾 35.5 万公顷，直接经济损失 6.8 亿元。

4. 暴雨洪涝

2002 年，山东省因暴雨灾害造成受灾人口 106 万人，农作物受灾 0.4 万公顷，直接经济损失 1.9 亿元。暴雨洪涝灾害主要发生在 5 月中旬，较常年偏轻。5 月 13—16 日，菏泽郓城、东明，潍坊安丘，临沂苍山等地出现大到暴雨或大暴雨，并伴有 6～7 级大风，导致部分地区植株倒伏，蔬菜大棚受损。

4.16　河南省主要气象灾害概述

4.16.1　主要气候特点及重大气候事件

2002 年，河南省年平均气温 15.3 ℃，比常年偏高 1.0 ℃（图 4.16.1）；冬、春、夏 3 季气温均偏高，秋季持平，其中冬季气温偏高 2.5 ℃，为 1961 以来历史同期第 2 高值，为强暖冬年。全省平均年降水量 662.1 毫米，比常年偏少 10%（图 4.16.2）；其中冬、春季偏多，夏、秋季偏少。年内，春季部分地区出现低温冷冻害，夏季干旱、风雹影响严重；但暴雨洪涝影响较轻。

2002 年，河南省因气象灾害造成农作物受灾 280.7 万公顷，绝收 31.6 万公顷；受灾人口 1459.2 万，死亡 34 人；直接经济损失 36.8 亿元。总体来看，2002 年河南省气象灾害为偏轻年份。

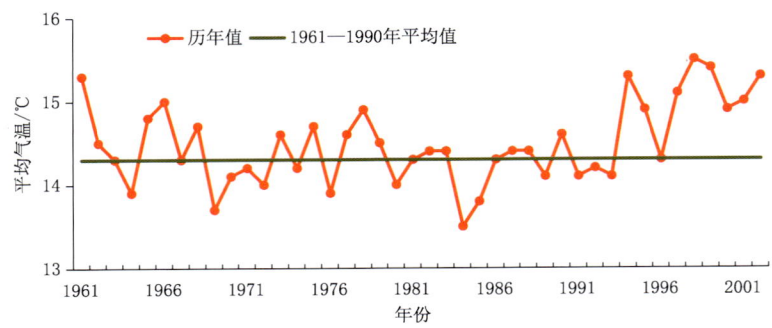

图 4.16.1　1961—2002 年河南省年平均气温变化

Fig. 4.16.1　Annual mean temperature in Henan during 1961—2002(unit:℃)

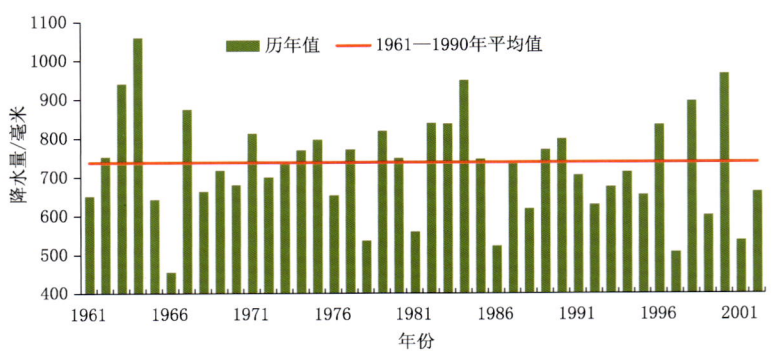

图 4.16.2　1961—2002 年河南省平均年降水量变化

Fig. 4.16.2　Annual precipitation in Henan during 1961—2002(unit:mm)

4.16.2　主要气象灾害及影响

1. 暴雨洪涝

2002 年,河南省因暴雨洪涝造成农作物受灾 23.4 万公顷,绝收 3.6 万公顷;倒塌房屋 0.4 万间,损坏房屋 0.5 万间;因灾死亡 2 人;直接经济损失 5.7 亿元,暴雨洪涝为偏轻年份。

暴雨灾害主要出现在 6 月下旬和 8 月下旬。6 月 21—22 日,河南省中南部地区普降暴雨到大暴雨,强降水中心位于豫南,其中信阳市大多数县过程雨量在 200 毫米以上,南阳市大多数县降雨量在 100 毫米以上,桐柏最多为 248 毫米,社旗县日降水量 190 毫米,为历史同期日雨量极值;驻马店市泌阳县板桥、贾楼、付庄 3 个乡(镇)6 月 21—23 日降水量超过 300 毫米。暴雨造成农作物受灾 8.9 万公顷,绝收 1.3 万公顷;倒塌房屋 940 间,损坏房屋 4500 间;2 人死亡;直接经济损失 2.0 亿元。8 月 24 日,郑州、周口、许昌、平顶山、漯河、驻马店等有 18 市(县)出现暴雨天气,其中郑州、荥阳 12 小时降水量分别达 92 毫米和 111 毫米,郑州市区内多条道路大面积积水,并引发 10 余处路面塌方,全市 32 条高压线路和 111 处低压线路发生故障,陇海铁路路基被冲垮。

2. 局地强对流

2002 年,河南省因局地强对流灾害造成农作物受灾 80.4 万公顷,绝收 16.4 万公顷;32 人死亡;直接经济损失 17.5 亿元。7 月 17—19 日,河南北中部地区有 40 多个县遭受罕见的雷雨大风、冰雹等强对流天气袭击(图 4.16.3),其中郑州、许昌、平顶山受灾严重,最大风速达 24 米/秒,最大冰雹直径 8 厘米,最大积雹厚度 5~6 厘米,造成 32 人死亡。

3. 干旱

2002 年河南省四季均出现不同程度的旱情,全省干旱受灾 153.3 万公顷,绝收 11.5 万公顷,其

图 4.16.3 2002 年 7 月 19 日禹州鸿畅镇因冰雹、大风受损（许昌市气象局提供）
Fig. 4.16.3 Damage caused by hail and strong winds in Hongchang Town, Yuzhou City on July 19, 2002
(By Xuchang Meteorological Service)

中夏季干旱严重。7月上旬至9月上旬，全省平均降水量较常年同期偏少45%，为1931年以来同期次少值，许昌以北及南阳、平顶山等出现干旱，特别是豫北旱情严重，安阳、鹤壁境内小型水库及塘堰坝几乎全部干涸，大小河流全部断流，地下水位平均下降2米，部分秋作物因枯死而提前收割，干旱还导致47万人、5.8万头大牲畜出现饮水困难。

4. 低温冷冻害

2002年，河南省因低温冷冻害造成农作物受灾23.6万公顷，绝收0.1万公顷；直接经济损失1.4亿元。3月3—5日，河南省大部分地区出现大风、雨雪天气，各地最低气温骤然下降到－4～0℃，南阳市宛城区及镇平、南召、新野、邓州等4个县的部分乡（镇）塑料大棚被积雪压塌，蔬菜、烟叶遭受不同程度冻害。4月17日，三门峡市卢氏县普降大雪，深山区积雪超过20厘米，同时气温陡降至1℃左右，全县19个乡（镇）全部受灾，部分农作物和经济作物遭受一定损失。

4.17 湖北省主要气象灾害概述

4.17.1 主要气候特点及重大气候事件

2002年，湖北省年平均气温17.2℃，比常年偏高1.0℃（图4.17.1），与1961年和2001年并列为1961年以来第二高温年。平均年降水量为1386.8毫米，比常年偏多15.3%（图4.17.2）。春季气温变幅大、降水偏多，特别是4月22日至5月9日出现了长达18天的持续低温阴雨天气过程，全省大部平均气温为1961年以来历史同期最低，十堰、恩施、宜昌、荆门、荆州降水量均居历史同期前3位。夏季出现2段晴热高温天气，其中7月14—16日武汉市连续3天最高气温超过38℃，16日早晨最低气温31.6℃，均创历史同期最新纪录。春、夏季局地强对流天气频发，梅雨期降水显著偏少。8月中旬至9月中旬长江发生了历史罕见的秋汛，秋季出现寒露风天气。

2002年，湖北省主要气象灾害有暴雨洪涝、局地强对流、高温、干旱等，因各种气象灾害造成受灾2269.3万人次，86人死亡，失踪1人；农作物受灾267.4万公顷，成灾170.2万公顷，绝收32.5万公顷；倒塌房屋12.1万间，损坏房屋33.0万间；直接经济损失50.9亿元。总体来看，2002年湖北属于中等气象灾害年份。

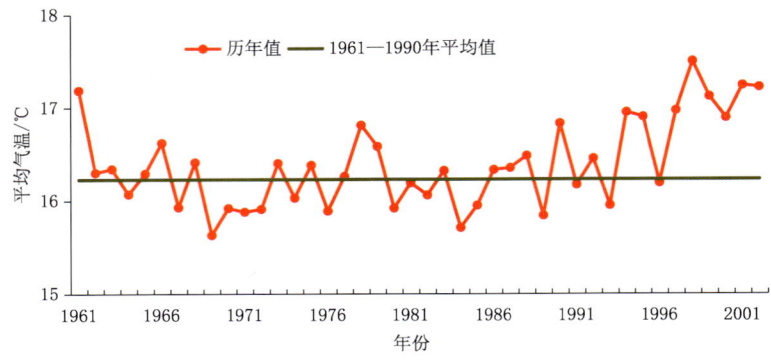

图 4.17.1 1961—2002年湖北省年平均气温变化
Fig. 4.17.1 Annual mean temperature in Hubei during 1961—2002(unit:℃)

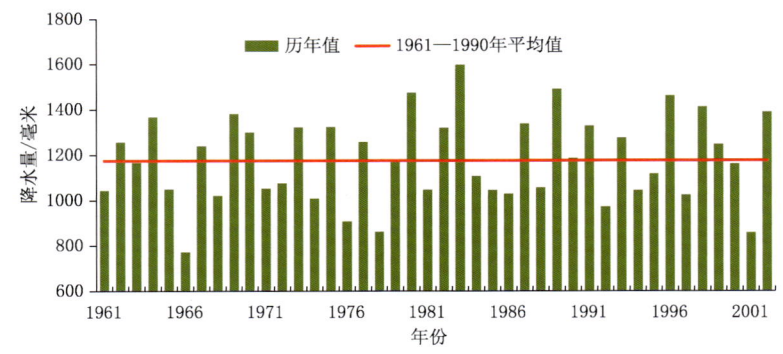

图 4.17.2 1961—2002年湖北省平均年降水量变化
Fig. 4.17.2 Annual precipitation in Hubei during 1961—2002(unit:mm)

4.17.2 主要气象灾害及影响

1. 暴雨洪涝

2002年,湖北省出现较明显降雨过程11次,全年有263站次暴雨、26站次大暴雨。4—5月,湖北省出现历史同期罕见的春季低温连阴雨天气,全省大部分地区阴雨总日数长达31天,尤其是4月22日至5月9日持续低温阴雨长达18天,使春季在田作物遭受严重渍涝灾害,主要夏收作物因灾减产严重。7月21—26日,湖北省先后有61个县(市、区)遭受暴雨袭击,其中有10个县(市、区)出现大暴雨,鄂州出现4天暴雨,红安、麻城、通城连续3天出现暴雨,局部还出现大风等强对流天气,特别是25—26日,暴雨中心东移,导致通山、崇阳、浠水、鄂州出现大暴雨天气,通山1小时雨量达119毫米,是该县1956年建站以来1小时最大降雨量。由于暴雨来势猛、雨强大、时间集中,并伴有大风等强对流天气,致使鄂东地区出现严重灾情。进入8月后,又有5次大范围较明显的降水过程发生,受上游来水下泄、洞庭湖水挤压、省内降水汇流的影响,长江发生历史罕见的秋汛,沙市以下水位全线超设防,石首以下全线超警戒,监利至螺山全线超保证水位。监利洪峰水位37.15米,流量31022立方米/秒,排历史第3位。此次秋汛导致湖北省有43个民垸平垸行洪,淹没外滩农作物1.38万公顷,堤内受灾农田21.8万公顷,直接经济损失6.7亿元。

2002年,湖北省因暴雨洪涝造成1432.2万人受灾,因灾死亡51人;农作物受灾153.2万公顷,成灾94.1万公顷,绝收21.3万公顷;直接经济损失38.2亿元。

2. 局地强对流

2002年,湖北省多局地强对流天气,其中有8次较明显的强对流天气过程,造成一些地区重复受灾。年内强对流造成812.8万人受灾,29人死亡(其中因雷电死亡11人);农作物受灾62.2万公顷,绝收7.8万公顷;直接经济损失9.1亿元,其中农业损失5.2亿元。4月15—16日,湖北省有29个县(市)出现了7~8级雷雨大风,随州市从15日19时58分开始,出现瞬时风速达22米/秒的大风,持续时间20分钟,为该市历史罕见;红安县15日21时57分阵风达31米/秒(11级),同时伴有雷雨,是该县有气象记录以来最大值;襄阳市15日16时30分至20时30分前后,所辖9个县(市、区)遭受龙卷、冰雹、暴雨灾害袭击,持续时间30分钟至1小时不等,最大风力10级以上,雨量50~70毫米,冰雹直径2~3厘米。4月23日03时,荆州沙市区有2个乡(镇)遭受特大暴雨、冰雹和龙卷袭击,大暴雨持续1.5小时,降雹持续0.5小时,风力9~10级,最大降雨量达200毫米左右,冰雹直径3~4厘米,此次灾害造成21个村1.3万人受灾,因灾死亡7人,重伤39人,直接经济损失1.2亿元(图4.17.3)。

图4.17.3 2002年4月23日凌晨荆州沙市区遭受强对流天气受灾房屋和农田(武汉中心气象台提供)
Fig. 4.17.3 Affected house and farmland suffered from severe convective weather in Shashi District of Jingzhou City (By Wuhan Central Meteorological Observatory)

3. 高温、干旱

2002年湖北省高温天气出现早。6月1—17日,大部分地区平均气温居历史同期最高值或第2高值,最高气温居历史同期前3高值,特别是7月11—16日,气温一路攀升,出现了6天晴热高温天气,大部分地区最高气温达到38~39℃,局部达40~41℃;武汉市连续3天气温超过38℃(城区40℃),16日早晨最低气温31.6℃,打破历史同期最高纪录。高温天气影响中稻抽穗扬花,空秕率达62.5%。

2002年湖北省郧县、长阳、襄阳、兴山、郧西、竹山、保康、秭归先后发生了阶段性干旱,全年干旱共造成6.3万人受灾;农作物受灾29.7万公顷,绝收1.6万公顷;直接经济损失3.2亿元,其中农业损失787万元。

4.18 湖南省主要气象灾害概述

4.18.1 主要气候特点及重大气候事件

2002年,湖南年平均气温17.6℃,较常年偏高0.6℃(图4.18.1);平均年降水量1895.1毫米,较常年偏多37.9%(图4.18.2),为1961年以来最多。年内,气温偏高,日照较少,降水丰沛,基本无干旱。入汛早,汛期长,出现春汛、夏汛连秋汛,局部地区还出现冬汛,16次暴雨过程导致洪涝、冷害、连阴雨灾害频发,农业歉收。

2002年,因气象灾害造成湖南省2727万人受灾,320人死亡;280.6万公顷农作物受灾;31.4万间房屋倒塌;直接经济损失150.5亿元。综合评估2002年湖南气候属较差气候年景。

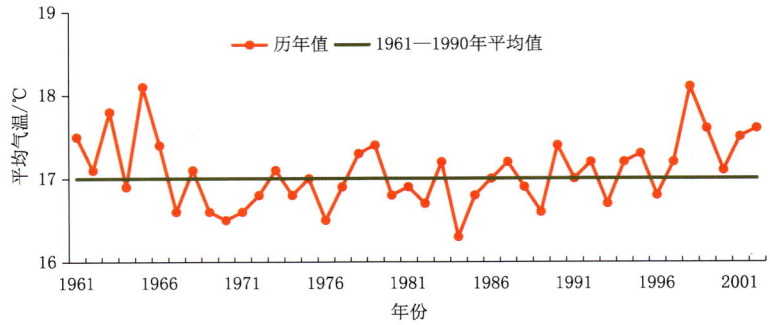

图 4.18.1　1961—2002年湖南省年平均气温变化

Fig. 4.18.1　Annual mean temperature in Hunan during 1961—2002(unit:℃)

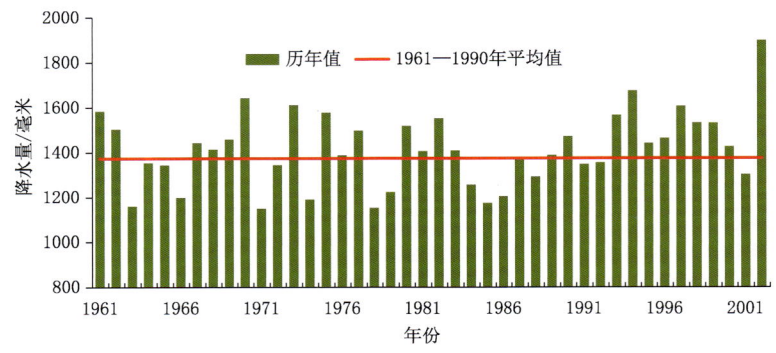

图 4.18.2　1961—2002年湖南省平均年降水量变化

Fig. 4.18.2　Annual precipitation in Hunan during 1961—2002(unit:mm)

4.18.2　主要气象灾害及影响

1. 暴雨洪涝

2002年,湖南先后出现16次暴雨天气过程,3—8月暴雨过程不断,10月下旬湘中以南秋汛,12月中旬湘北、湘南局部冬汛。年内受持续降水影响,多次出现大范围暴雨洪涝(图4.18.3、图4.18.4),湘江7次出现洪峰。其中6月24日至7月4日共出现大暴雨19站次,暴雨58站次,暴雨区主要集中在湘南,7月4日长沙站水位达37.62米,形成湘江第3次洪峰,造成湘江流域6个市35个县488个乡(镇)450.5万人受灾,14万人一度被洪水围困,倒塌房屋约2.0万间,农作物受灾24.9万公顷,损坏水库69座(其中中型水库5座)、堤防1863处、水电站205座,公路中断1041条次。8月8日,郴州市北湖区、临武县区域性暴雨引发滑坡、泥石流地质灾害,造成54人死亡。年内有12座县城进水,其中新邵、道县县城两度进水,永定城区最大水深达3米,道县县城主要街道一度水深达4米,国道和省道交通皆中断。全年因暴雨洪涝造成1416万人受灾,死亡156人,紧急转移108.3万人;倒塌房屋27.9万间,损坏房屋137.5万间;农作物受灾112.3万公顷,绝收53万公顷;直接经济损失87.5亿元,是继1998年、1999年之后的又一个严重洪涝年。

2. 雪灾和低温冷冻害

2002年,湖南相继出现"春寒""倒春寒""5月低温""秋季连阴雨""寒露风"等灾害,给农业生产造成较大影响。4月23日至5月9日,湘西、湘北和湘中连续17天维持低温阴雨天气,部分地区先后出现"倒春寒"和"5月低温",多地早稻烂秧、烂苗率达30%～40%,重灾区达70%,棉花、油菜普

图 4.18.3　2002 年 9 月 2 日岳阳洪涝民房受淹（湖南省气候中心提供）
Fig. 4.18.3　Inundated house in Yueyang city of Hunan province on September 2,2002
(By Hunan Climate Center)

图 4.18.4　2002 年 8 月 6 日湖南省郴州临武县出现暴雨洪涝（湖南省气候中心提供）
Fig. 4.18.4　Flood in Linwu County of Chenzhou City, Hunan on August 6,2002
(By Hunan Climate Center)

遍减产 20%～30%，常德安乡县早稻有 4600 公顷改种一季稻，长沙市早稻死苗、僵苗率达 40%。7—9 月也多次出现阴雨寡照天气，对水稻、棉花、蔬菜等作物生长产生严重不利影响。因春季连阴雨"倒春寒"和"5 月低温"影响，湖南有 76.6 万公顷农作物受灾，直接经济损失 12.3 亿元。

3. 局地强对流

2002 年强对流天气主要出现在 3—5 月，大风、雷暴、冰雹天气致多地出现灾情（图 4.18.5），共造成 81 人死亡（含雷电），483 人受伤，死亡牲畜 1685 头；倒塌房屋 1.2 万间，16 万间房屋损坏；25.5 万公顷农作物受灾；直接经济损失 4.4 亿元。4 月 1—8 日，全省出现 62 站次大风，其中 26 站次伴有冰雹、7 站次伴有暴雨，岳阳出现雷雨大风和冰雹，瞬时风速达 29.8 米/秒，冰雹最大直径 11 毫米，南县 4 月 4 日最大风速 20 米/秒，24 小时降雨 104.8 毫米。

2002 年，全省各地发生雷电灾害 136 起，因雷击死亡 7 人，伤 73 人，击坏电视机 44 台、电话机 200 多部、计算机 31 台、变压器 19 台。4 月 4 日，岳阳市多处发生雷击，5 人死亡，岳阳丰利造纸厂 8 个芦苇垛被击起火并燃烧 32 小时，5000 吨芦苇化为灰烬；同日，临澧电力部门 15 台变压器、49 台交流接触器被雷击坏，配电室 4 个台区起火。

图 4.18.5　2002年4月3日常德鼎城区十美堂镇遭受龙卷、冰雹袭击,民房受损(湖南省气候中心)
Fig. 4.18.5　Damaged houses hit by tornado and hail in Shimeitang Town of Dingcheng District, Changde City on April 3,2002 (By Hunan Climate Center)

4. 台风

2002年,湖南因台风造成901万人受灾,死亡76人,失踪34人;倒塌房屋2.1万间,损坏房屋6.6万间;农作物受灾40万公顷,绝收2.3万公顷;直接经济损失46.3亿元。其中8月6—9日,受第12号强热带风暴"北冕"和北方弱冷空气共同影响,湘东南出现7站次大暴雨、28站次暴雨,造成37个县(市)437万人受灾,18.4万人一度被洪水围困,73人死亡,34人失踪;倒塌房屋1.5万间;农作物受灾29.4万公顷;直接经济损失30.7亿元。

4.19　广东省主要气象灾害概述

4.19.1　主要气候特点及重大气候事件

2002年,广东省年平均气温22.5 ℃,较常年偏高1.0 ℃,为1961年以来历史同期第2高值(图4.19.1)。平均年降水量1855.9毫米,较常年偏多6%(图4.19.2)。上半年广东省气温一致偏高、降水偏少,其中3月气温偏高最多,达2.7 ℃;下半年降水偏多,10月、11月多次出现暴雨过程,降水量时间分布严重不均。粤东地区发生历史上最严重的秋冬春连旱,并出现罕见的夏季异常高温。全省3月24日开汛,较常年提前22天;年内有4个台风登陆广东,初台登陆时间较常年偏晚1个多

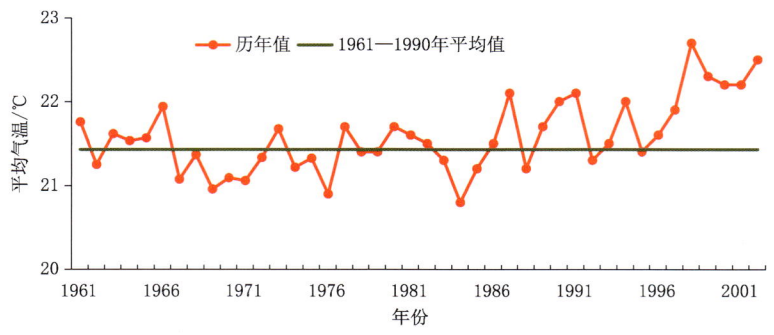

图 4.19.1　1961—2002年广东省年平均气温变化
Fig. 4.19.1　Annual mean temperature in Guangdong during 1961—2002(unit:℃)

月。

2002年，各种气象灾害造成广东省农作物受灾197.8万公顷，绝收14.6万公顷；受灾人口1069.4万，123人死亡，直接经济损失58.5亿元。气候影响综合评价为一般年景。

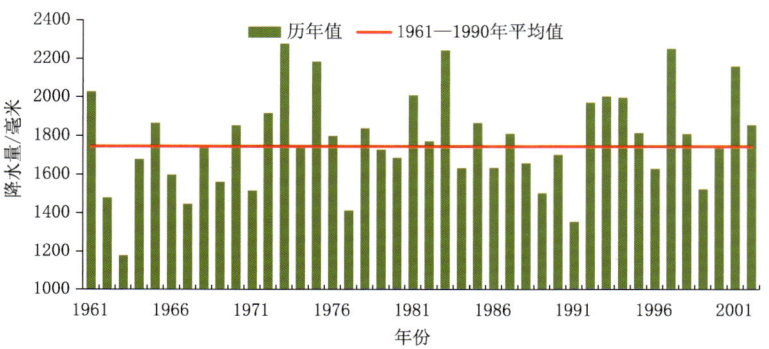

图4.19.2　1961—2002年广东省平均年降水量变化

Fig. 4.19.2　Annual precipitation in Guangdong during 1961—2002(unit:mm)

4.19.2　主要气象灾害及影响

1. 台风

2002年，共有4个台风登陆广东省。8月5日，"北冕"在汕尾登陆，是2002年登陆广东省的第1个台风，造成30人死亡，直接经济损失9.0亿元。8月19日，强热带风暴"黄蜂"在湛江吴川登陆（图4.19.3）；9月12日，强热带风暴"黑格比"在阳江登陆；9月25日，热带风暴"米克拉"在海南省三亚市沿海地区登陆，之后又在广西钦州和广东廉江、遂溪交界地带再次登陆。年内台风造成全省受灾人口153.5万人，死亡30人；农作物受灾28.4万公顷，绝收2.4万公顷；直接经济损失约12.9亿元。

图4.19.3　8月19日湛江市遭受热带风暴"黄蜂"袭击（广东省气候中心提供）

Fig. 4.19.3　Zhanjiang City attacked by tropical storm Vongfong on August 19,2002

(By Guangdong Climate Center)

2. 暴雨洪涝

2002年上半年，广东省降水严重偏少，下半年受热带气旋影响，降水频繁。

7月初粤西和粤北的局部地区普降暴雨，受暴雨洪水影响，局部灾情严重，因山体滑坡造成15人死亡。7月16—20日，广东省出现大雨以上的降水过程，部分地区降了大暴雨，因灾死亡10人。2002年，暴雨洪涝造成受灾人口253万人，死亡25人；农作物受灾46.8万公顷，绝收4.1万公顷；直接经济损失35.3亿元。

3. 干旱

2001年冬至2002年春,广东省降雨量少、气温偏高、蒸发量大,出现历史罕见的区域性冬春连旱,全省有19个市出现干旱,揭阳、澄海、潮州、饶平、南澳、汕尾无"透雨"日数230~244天,旱情于5月上中旬发展到最为严重的程度,部分地区的干旱持续到7月中旬。此次干旱持续时间之长、程度之严重、范围之广均为广东省历史上所罕见。干旱造成部分地区无水灌溉、田地龟裂、禾苗枯死、水库干涸、水塘沟渠滴水无存、部分河流断流、许多村镇人畜饮水困难、部分城镇供水紧张(图4.19.4)。2002年干旱造成受灾人口650.9万,357.6万人、33万头大牲畜饮水困难,水库干涸1775座,农作物受灾120.4万公顷,直接经济损失6.2亿元。

4. 低温冷冻害

2002年广东省低温冷冻害出现在12月下旬,强冷空气使粤北出现降雪天气,南雄最低气温达-1.5℃。年内低温冷冻害共造成广东省农作物受灾1.3万公顷,受灾人口7.0万,直接经济损失2.3亿元。

5. 局地强对流

年内,广东省强对流天气主要为雷雨大风、短时强降水、龙卷、冰雹、雷击等。12月19—20日,广东西南部出现大范围龙卷和冰雹灾害,造成18人死亡,8人失踪。年内由强对流天气造成广东省受灾人口4.9万人,死亡68人;农作物受灾0.9万公顷;直接经济损失约1.7亿元。

全年发生雷电致人死亡事件54宗,死亡50人,伤55人,雷电灾害直接经济损失达1.5亿元,较2001年增加16%。

图 4.19.4 粤东地区干涸龟裂的农田和枯死的禾苗(广东省气候中心提供)

Fig. 4.19.4 Dry farmland and dead seedlings in eastern Guangdong (By Guangdong Climate Center)

4.20 广西壮族自治区主要气象灾害概述

4.20.1 主要气候特点及重大气候事件

2002年,广西年平均气温21.1℃,较常年偏高0.7℃,为1961年以来历史第2高值(图4.20.1);平均年降水量1839.3毫米,较常年偏多2成,为1961年以来第3多值(图4.20.2)。春季部分地区旱情较重;汛期降水偏多,有4个台风影响广西,部分地区出现暴雨洪涝、冰雹、大风、雷电灾害;秋季大部分地区出现寒露风天气;12月下旬后期桂北出现低温雨雪冰冻。

全年广西因气象灾害共造成农作物受灾117.0万公顷,绝收19.1万公顷;受灾人口2652.2万人次,死亡185人;直接经济损失101.7亿元。

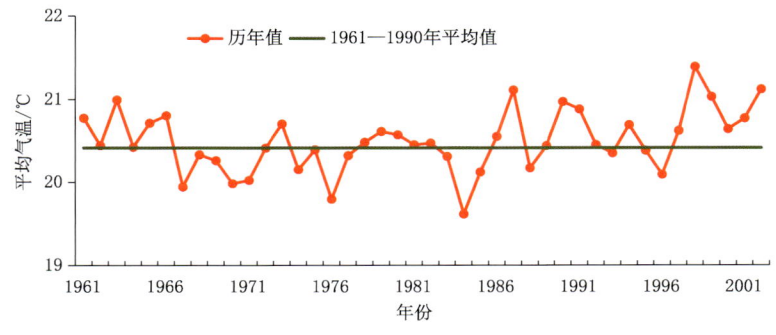

图 4.20.1　1961—2002 年广西年平均气温变化

Fig. 4.20.1　Annual mean temperature in Guangxi during 1961—2002(unit:℃)

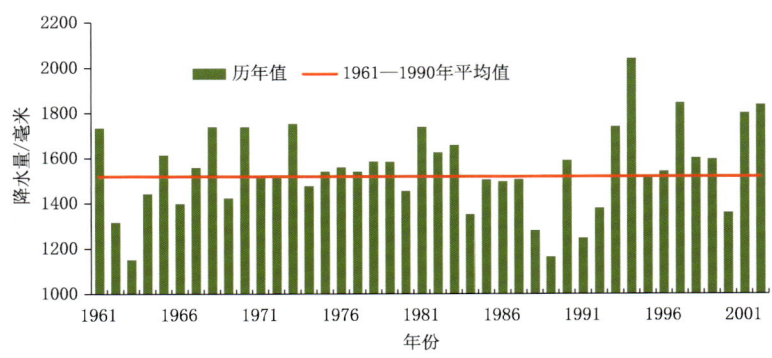

图 4.20.2　1961—2002 年广西平均年降水量变化

Fig. 4.20.2　Annual precipitation in Guangxi during 1961—2002(unit:mm)

4.20.2　主要气象灾害及影响

1. 干旱

2002 年 3 月下旬至 4 月，广西气温较常年同期持续偏高，大部分地区降水量比常年同期偏少 3～6 成，部分地区出现明显春旱，其中西部和南部灾情较重。2002 年，干旱共造成广西 622.4 万人受灾，农作物受灾 10.2 万公顷，绝收 1.7 万公顷，直接经济损失 6104 万元。

2. 暴雨洪涝

2002 年广西全区暴雨总站次数为 660，比常年偏多 188 站次。6 月 10—17 日、6 月 29 日至 7 月 2 日的强降雨天气过程范围最广、强度最大。其中，6 月 10—13 日桂北大部出现中到大雨、局部暴雨，桂南大部出现大雨、局部暴雨或大暴雨；14—17 日桂北出现了强度较大的暴雨到大暴雨，局部特大暴雨天气。6 月 10—17 日的强降水导致部分地区出现洪涝、山体滑坡等灾害，共有 55 个县(市)受灾，死亡 7 人。6 月 29 日至 7 月 2 日，广西部分地区出现暴雨到大暴雨、局部特大暴雨的强降雨天气过程，桂江、蒙江、西江等部分河段超警戒水位，暴雨洪涝导致广西 23 个县(市)受灾，死亡 21 人。2002 年暴雨洪涝共造成广西 1047.9 万人受灾，死亡 102 人；农作物受灾 96.3 万公顷，成灾 57.5 万公顷，绝收 15.6 万公顷；直接经济损失 77.9 亿元。

3. 台风

2002 年，影响广西的台风(指热带气旋中心进入 19°N 以北，112°E 以西地区)有 4 个，比常年偏少 1 个。7 月 29—31 日，受北部湾低压影响，桂南大部出现中到大雨、局部暴雨；8 月 18—19 日，第 14 号强热带风暴"黄蜂"影响广西，大部分地区降暴雨或大暴雨，桂东南及沿海出现大风；9 月 12—14 日，受第 18 号强热带风暴"黑格比"影响，桂南大部出现大到暴雨、局部大暴雨；9 月 27—28 日，受第20号热带风暴"米克拉"影响，沿海地区出现大风和强降雨。热带气旋共造成广西692.8万人受灾，死亡24人，失踪3人；农作物受灾8.0万公顷，成灾5.3万公顷，绝收1.5万公顷；直接经济损失14.2亿元。

4. 局地强对流

2002年3—5月，广西局部地区出现冰雹、雷雨大风等强对流天气，其中4月5—6日，有18个县（市）出现大风，11个县（市）出现冰雹。全年因大风、冰雹、雷电等局地强对流天气共造成162.7万人受灾，死亡58人；农作物受灾2.2万公顷，成灾1.5万公顷，绝收0.2万公顷；直接经济损失1.2亿元。年内，广西共发生雷击事件222起，造成29人死亡、11人受伤。

5. 低温雨雪冰冻

2002年1—2月和12月，低温雨雪冰冻、霜冻、寒潮给广西造成不同程度的影响。其中12月25—30日，广西出现全区性寒潮天气过程，桂北有42个县（市）降雪或雨夹雪，29个县（市）出现冰冻，15个县（市）出现雨凇。全年低温雨雪冰冻共造成广西126.4万人受灾，死亡1人；农作物受灾0.3万公顷，绝收0.1万公顷；直接经济损失7.8亿元。

4.21 海南省主要气象灾害概述

4.21.1 主要气候特点及重大气候事件

2002年，海南省年平均气温24.9℃，较常年偏高1.0℃，为1961年以来第2高值（图4.21.1）。全年四季平均气温均偏高，其中春季平均气温为1961年以来历史同期第4高值。全省平均年降水量1814.8毫米，较常年偏多3%（图4.21.2）。全年春、夏、秋3季降水量接近常年同期；冬季降水偏多明显，为1961年以来历史同期最多。年内，有3个热带气旋影响海南省，1个登陆，其中0220号热带风暴"米克拉"给海南省造成较大损失；出现严重冬春连旱；出现多起暴雨洪涝和雷击灾害事件。

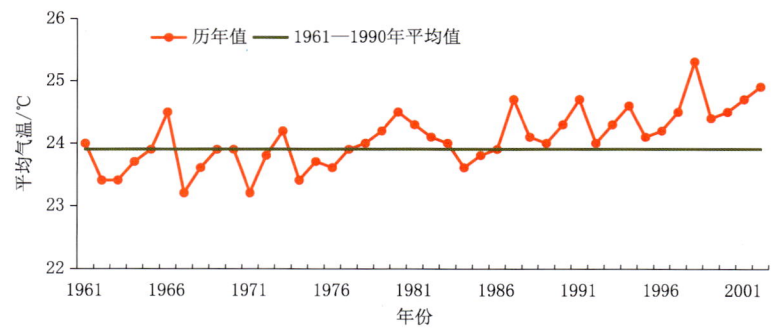

图4.21.1 1961—2002年海南省年平均气温变化

Fig. 4.21.1 Annual mean temperature in Hainan during 1961—2002(unit:℃)

全年因气象灾害造成海南省312万人次受灾，死亡34人；农作物受灾28.9万公顷，绝收4.8万公顷；直接经济损失16.3亿元。总体评价，海南省2003年气象灾害属于偏重年景。

4.21.2 主要气象灾害及影响

1. 台风

2002年，海南省先后受3个台风影响，其中0220号热带风暴"米克拉"给海南省造成较大损失。9月24—28日，受"米克拉"影响，海南省12个市（县）过程雨量超过100毫米，其中琼中、乐东、五指

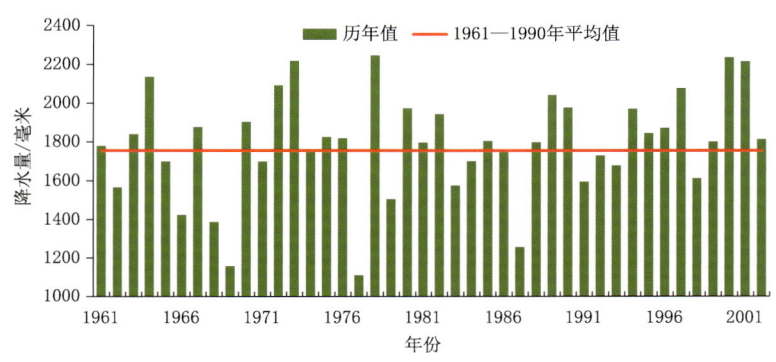

图 4.21.2　1961—2002 年海南省平均年降水量变化

Fig. 4.21.2　Annual precipitation in Hainan during 1961—2002(unit:mm)

山、保亭 207.5～299.2 毫米,陵水 330.5 毫米,三亚 479.3 毫米。陵水、三亚、五指山、东方、昌江阵风 9～10 级。全年因台风导致海南省 16 个市(县)183.2 万人次受灾;农作物受灾 11.6 万公顷,绝收 1.7 万公顷,倒塌房屋 2.7 万间;死亡大牲畜 1.49 万头(只);直接经济损失 10.2 亿元。台风灾害属于中等影响年份。

2. 干旱

2002 年,海南省出现严重冬春连旱,东部旱情尤重。12 月下旬至 3 月中旬,海南省降雨量比常年同期偏少 5 成以上,加上气温偏高,导致海南省出现不同程度的干旱。干旱导致海南省 19 个县(市)119.3 万人次受灾,57 万头大牲畜饮水困难;农作物受灾 7.6 万公顷,绝收 1.4 万公顷;直接经济损失 5.9 亿元。影响程度为偏重灾害年景。

3. 暴雨洪涝

2002 年,海南省因暴雨洪涝灾害导致 12 个市(县)9.5 万人次受灾,农作物受灾 9.4 万公顷,倒塌(损坏)房屋 0.4 万间,直接经济损失 0.2 亿元。暴雨洪涝灾害属偏轻影响年份。9 月中旬后期,受低压和冷空气共同影响,17—20 日海南省普降暴雨到大暴雨,14 个市(县)过程雨量在 100 毫米以上,其中琼中 251.0 毫米,澄迈 254.7 毫米,陵水 428.7 毫米。此次暴雨强度大、范围广,造成陵水河超警戒水位 0.9 米,陵水县有 11 个乡(镇)9.5 万人受灾,10 个村庄被淹,5500 人被洪水围困,部分地区山洪暴发,冲毁农田、池塘、路基和水利设施,共造成直接经济损失 0.2 亿元。

4. 雷电

2002 年,海南省发生雷电灾害事件 52 起,造成 34 人死亡、27 人受伤;死亡大牲畜 8 头;部分建筑物和办公(家用)电子电器设备受损;直接经济损失 155 万元。9 月 14 日,乐东县佛罗镇腰果场、新安白园和岸上园等地同时遭雷击,造成 5 人死亡、6 人重伤和 2 人轻伤,大批家用电器和照明电路被毁。

4.22　重庆市主要气象灾害概述

4.22.1　主要气候特点及重大气候事件

2002 年,重庆市年平均气温 17.8 ℃,较常年偏高 0.4 ℃(图 4.22.1)。冬季、秋季气温略偏高,夏季略偏低,春季接近正常。年降水量 1240.3 毫米,较常年偏多 8%(图 4.22.2),但秋季降水偏少,部分地区较显著。冬季西部部分地区出现干旱;春季东部大部分地区出现低温;初夏有连阴雨天气,6 月暴雨次数多;盛夏降水较多,有洪涝发生,其中西部和东南部较严重;秋季气温略偏高,降水偏少,个别地区出现了伏秋连旱。

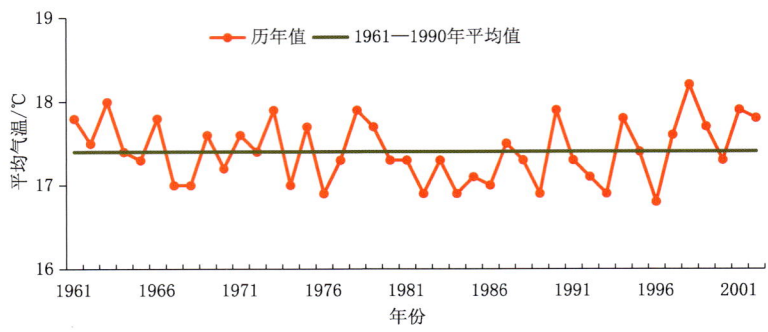

图 4.22.1　1961—2002 年重庆市年平均气温变化

Fig. 4.22.1　Annual mean temperature in Chongqing during 1961—2002(unit:℃)

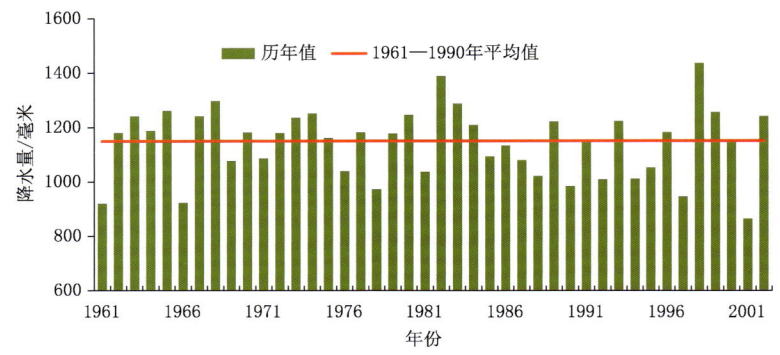

图 4.22.2　1961—2002 年重庆市平均年降水量变化

Fig. 4.21.2　Annual precipitation in Chongqing during 1961—2002(unit:mm)

2002 年重庆市主要气象灾害有干旱、风雹、低温冷害、洪涝等,盛夏局部地区的暴雨洪涝灾害较为严重。全年气象灾害共造成重庆市 1230.0 万人次受灾,120 人死亡;农作物受灾 146.6 万公顷,绝收 13.2 万公顷;直接经济损失 35.8 亿元。气象灾害总体属中等程度。

4.22.2　主要气象灾害及影响

1. 暴雨洪涝

2002 年 6 月 1 日、6 月 8 日、6 月 13 日、6 月 22 日、6 月 26 日、8 月 25 日等重庆市多次出现暴雨天气。全年暴雨洪涝共造成 1073 万人次受灾,死亡 82 人,紧急转移安置 4.5 万人;农作物受灾 82.4 万公顷,绝收 6.3 万公顷;房屋损坏 23.3 万间,房屋倒塌 8.3 万间;直接经济损失 14.2 亿元。其中 6 月 13 日,重庆西部普降暴雨到大暴雨,造成多起山体滑坡、房屋倒塌、公路中断等事件,累计 799.3 万人次受灾,死亡 36 人,紧急转移安置约 2.7 万人;农作物受灾 17.7 万公顷,绝收 3 万公顷;房屋损坏 12.7 万间,倒塌 5.4 万间;直接经济损失 13 亿元,其中农业经济损失 4.5 亿元。

2. 干旱

2002 年重庆地区出现了冬旱、春旱、伏旱及秋旱。7 月降水量较常年同期普遍偏少 3~7 成,加之高温暑热天气导致土壤蒸发加剧,伏旱灾害严重;秋季降水量偏少 3~7 成,降水日数偏少 9~16 天,局部地区出现持续秋旱。全年干旱共造成 137.2 万人受灾;农作物受灾 46.6 万公顷,绝收 6.3 万公顷;直接经济损失 13.2 亿元,其中农业经济损失 11.3 亿元。

3. 局地强对流

2002 年重庆市出现 14 次雷雨大风、冰雹天气,全年局地强对流灾害共造成 19.8 万人受灾,死亡38人;房屋倒塌3.1万间;农作物受灾7.6万公顷;死亡大牲畜1159头;直接经济损失5.3亿元。其中,雷电造成1人死亡,直接经济损失249.6万元。4月4日,江津、合川、涪陵、开县、奉节、彭水、黔江等遭受风雹袭击,黔江阵风达8级,冰雹最大直径40毫米,风雹持续20~30分钟,造成直接经济损失2.2亿元。

4. 低温冷害

4月16日至5月28日以及8月,重庆市发生了罕见的低温冷害,中东部大部分地区灾情严重。全年低温冷害共造成重庆农作物受灾10.0万公顷,绝收6000公顷;直接经济损失3.1亿元,其中农业经济损失2.8亿元。4月16日至5月28日,大部分地区平均气温较常年同期偏低1.9~3.0 ℃,为有气象记录以来历史同期最低值;其中綦江县出现长达53天的罕见低温天气,造成4.6万公顷农作物受灾,直接经济损失约5000万元。

4.23 四川省主要气象灾害概述

4.23.1 主要气候特点及重大气候事件

2002年,四川省年平均气温15.3 ℃,较常年偏高0.6 ℃,为连续第6个偏高年份(图4.23.1);降水量872.3毫米,较常年偏少114.7毫米(11.6%)(图4.23.2)。全年暴雨日数大部分地区偏少,区域性暴雨过程偏少偏弱,尤其是主汛期暴雨过程明显偏少;春旱、夏旱、冰雹、大风等灾害均较常年偏轻。

2002年,四川省因气象及其衍生灾害导致的受灾1378.9万人次,死亡140人;农作物受灾256.4万公顷,绝收17.4万公顷;直接经济损失48.6亿元。

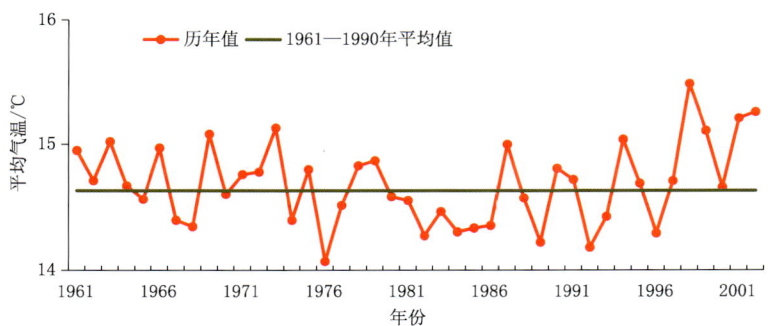

图4.23.1　1961—2002年四川省年平均气温变化

Fig. 4.23.1　Annual mean temperature in Sichuan during 1961—2002(unit:℃)

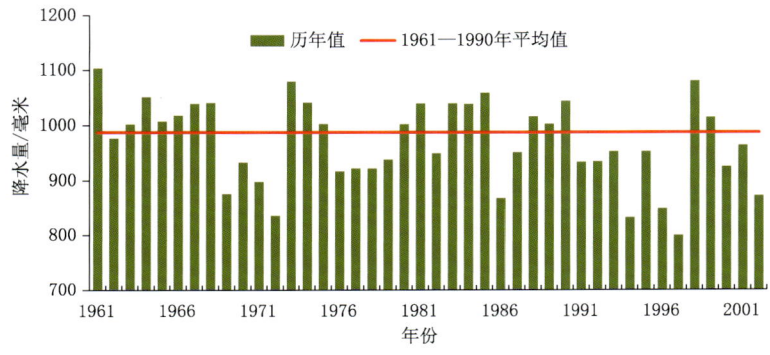

图4.23.2　1961—2002年四川省平均年降水量变化

Fig. 4.23.2　Annual precipitation in Sichuan during 1961—2002(unit:mm)

4.23.2 主要气象灾害及影响

1. 暴雨洪涝

2002年,四川省共发生4次区域性暴雨和2次强的局地暴雨天气过程,125县(市)出现了暴雨。四川盆地大部分地区暴雨日数偏少,作为常年四川暴雨中心之一的北川县,全年无暴雨。全省因暴雨洪涝受灾566.5万人,死亡103人;农作物受灾91.5万公顷,绝收8.7万公顷;倒塌房屋7.2万间,损坏房屋11.8万间;直接经济损失30.9亿元。

6月7—8日,四川盆地的中部和东北部普遍降大到暴雨,蓬溪县、遂宁市、南充市最大日雨量分别达到278毫米、214毫米、183毫米,均突破当地历史极值。本次过程降水强度大、持续时间长、强降雨中心集中,致使遂宁市因灾死亡11人,直接经济损失5.9亿元。

2. 干旱

2002年,四川盆地出现严重伏旱,但春旱较轻。全省因干旱农作物受灾128.2万公顷,绝收6.9万公顷;直接经济损失12.2亿元。

伏旱分两段,第一段开始于6月下旬后期到7月上旬前期,大部分在7月下旬末到8月上旬中结束,期间四川盆地平均降水量偏少37%,为历史同期最少,气温持续显著偏高;第二段从8月上旬开始到9月上旬结束,期间四川盆地平均降水量偏少29%,9月上旬四川盆地内旬平均气温偏高2.8~5.2℃。降水偏少、气温偏高导致盆地先后有79个县(市)发生了伏旱,占盆地总县(市)数的77%。

3. 局地强对流

2002年,四川省因大风、冰雹导致农作物受灾14.8万公顷,成灾11.2万公顷,绝收7000公顷。

4月4日,四川盆地出现了一次区域性雷雨大风天气过程,部分地区降冰雹,35县(市)出现7级以上大风,部分地区瞬间风速达20米/秒,25县(市)出现冰雹。此次过程共造成四川130.8万人受灾,死亡2人。

4.24 贵州省主要气象灾害概述

4.24.1 主要气候特点及重大气候事件

2002年,贵州省年平均气温16.0℃,较常年偏高0.6℃(图4.24.1);年降水量时空分布不均,全省平均年降水量1284.2毫米,较常年偏多(图4.24.2)。2002年气象灾害发生频繁,主要有暴雨洪涝、干旱、低温阴雨、局地强对流等,其中低温阴雨灾情比较严重。

2002年,气象灾害共造成贵州115.9万公顷农作物受灾,绝收17.0万公顷;2369万人受灾,193人死亡;直接经济损失40.7亿元。总体评价,全年农业气象条件属于偏差年景。

4.24.2 主要气象灾害及影响

1. 干旱

2002年,贵州省四季均出现不同程度的干旱,其中夏旱尤为严重。入夏后出现晴热高温天气,降水明显偏少,气温偏高,特别是进入7月中旬后,气温居高不下,部分地区出现干旱。全年干旱造成贵州439.7万人受灾,54.3万人、64.1万头大牲畜出现饮水困难;农作物受灾17.0万公顷,绝收2.8万公顷;直接经济损失7.8亿元。

2. 暴雨洪涝

2002年,贵州省暴雨天气出现较早,2月19日望谟、三都2县出现暴雨。2—11月,贵州省共出现暴雨239县次,其中6月6—7日,北部出现一次强降雨过程,共出现大暴雨3县次、暴雨2县次、

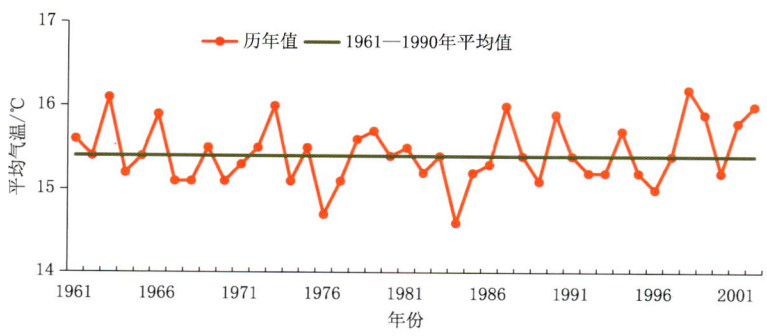

图 4.24.1　1961—2002 年贵州省年平均气温变化
Fig. 4.24.1　Annual mean temperature in Guizhou during 1961—2002(unit:℃)

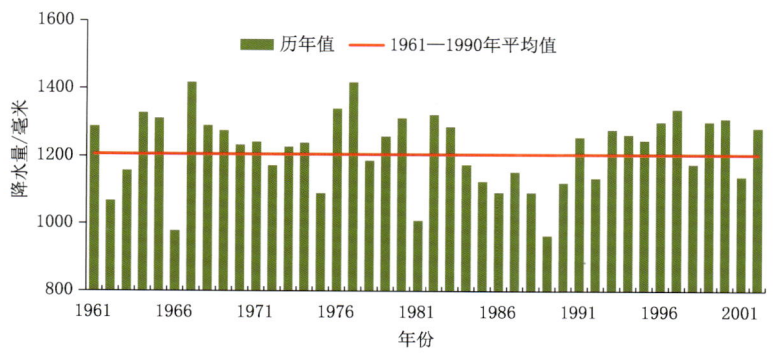

图 4.24.2　1961—2002 年贵州省平均年降水量变化
Fig. 4.24.2　Annual precipitation in Guizhou during 1961—2002(unit:mm)

大雨 7 县次，部分地区出现局地洪涝、山洪、山体滑坡、泥石流等灾害（图 4.24.3）。全年因暴雨洪涝及其引发的滑坡、泥石流等灾害造成贵州 724.0 万人受灾，转移安置 2.2 万人，死亡 113 人；农作物受灾 39.6 万公顷，绝收 6.2 万公顷；倒塌房屋 2.6 万间，损坏房屋 8.5 万间；死亡大畜牧 3174 头；直接经济损失 21.6 亿元。

图 4.24.3　2002 年 6 月 7 日贵州省湄潭县暴雨洪涝灾害（贵州省气象局提供）
Fig. 4.24.3　Flood in Meitan County, Guizhou on June 7, 2002 (By Guizhou Meteorological Bureau)

3. 局地强对流

2002年,贵州省风雹灾害较重,共造成512.4万人受灾,死亡71人;农作物受灾32.3万公顷;倒塌房屋1.1万间,损坏房屋32.6万间;1704头大牲畜死亡;直接经济损失9.4亿元。其中7月17—18日,有14个县遭受风雹袭击,大方、德江、盘县灾情较重,约有47.4万人受灾,死亡12人;农作物受灾2.6万公顷;倒塌房屋573间;直接经济损失约0.4亿元。

4. 低温冷冻害

2002年夏末初秋的低温阴雨天气是影响贵州水稻生产的主要气象灾害之一。8月9—20日,贵州全省气温异常偏低,多站日平均、最高、最低气温突破历史极值,降雨持续且累计雨量大,全省平均降水量(162.6毫米)较常年同期偏多2.2倍,发生有气象记录以来罕见的特重低温阴雨灾害,造成水稻产量损失严重,除赤水、黎平、从江、榕江、册亨、罗甸、铜仁、沿河等低热河谷稻区外,贵州省其余地区均有不同程度的减产,安顺、贵阳、黔西南、黔南减产幅度在30%以上,局地减产幅度80%以上。

4.25 云南省主要气象灾害概述

4.25.1 主要气候特点及重大气候事件

2002年,云南大部分地区气温偏高、日照充足、降水略偏多。年平均气温16.9℃,较常年偏高0.6℃,为1961年以来的第3高值(图4.25.1);除5月、8月气温偏低外,其余月份气温均较常年同期偏高。平均年降水量1138毫米,较常年偏多3%(图4.25.2);冬、春、秋季降水量较常年同期偏少,夏季偏多。年平均日照时数较常年偏多62小时,除5月、7月下旬、8月中旬较常年同期偏少外,其余时段均偏多。

年内,云南省冰雹大风(雷电)等强对流天气频繁、夏季局地强降水突出、"倒春寒"和"8月低温"偏重,暴雨洪涝(滑坡、泥石流)、低温冷害、大风冰雹(雷电)灾害突出。

2002年,气象灾害共造成云南省2166.3万人受灾,402人死亡;农作物受灾144.6万公顷,绝收18.1万公顷;直接经济损失55.1亿元。总体上,2002年云南气象灾害发生频率高,成灾重,就气候条件而言属中等偏差年景。

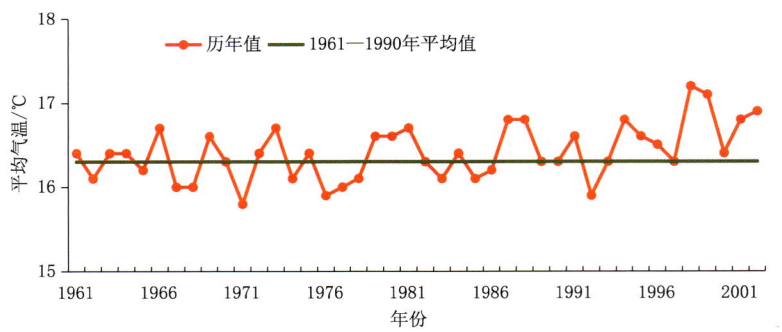

图4.25.1 1961—2002年云南省年平均气温变化

Fig. 4.25.1 Annual mean temperature in Yunnan during 1961—2002(unit:℃)

4.25.2 主要气象灾害及影响

1. 暴雨洪涝和滑坡、泥石流

5—8月,云南省暴雨、大暴雨站次数较常年同期分别偏多2成和2倍,引发了严重的洪涝、滑坡

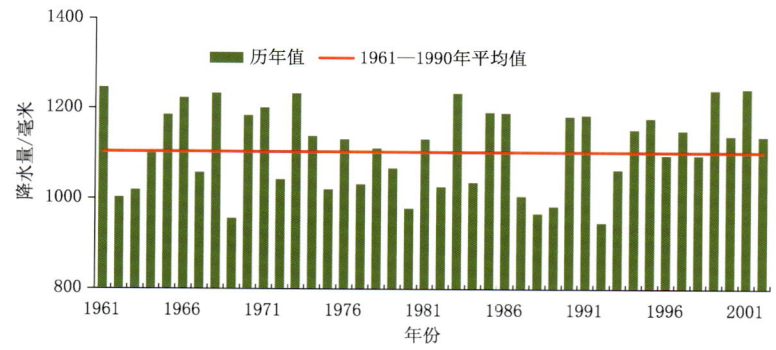

图 4.25.2　1961—2002 年云南省平均年降水量变化

Fig. 4.25.2　Annual precipitation in Yunnan during 1961—2002(unit:mm)

和泥石流灾害,昭通、玉溪、文山等州(市)受灾严重。其中,8 月 9 日盐津县降雨量达 101.9 毫米,洪涝灾害造成 11 人死亡;持续降雨造成盐津县庙坝乡 8 月 12 日发生山体滑坡,29 人死亡;8 月 10—13 日,新平县降雨 83.7 毫米,14 日发生泥石流、滑坡灾害,死亡 63 人,直接经济损失 1.6 亿元;8 月 16—18 日文山州出现强降水天气过程,其中广南县 16 日降雨 112.4 毫米,全州 15 人死亡;10 月 4 日武定县降 48.9 毫米大雨,引发滑坡灾害致 15 人死亡。

2002 年,暴雨洪涝及其引发的地质灾害造成云南省 790 万人受灾,340 人死亡;房屋损坏 8.5 万间,房屋倒塌 5.8 万间;农作物受灾 44.8 万公顷,绝收 9.2 万公顷;直接经济损失 35.0 亿元。

2. 局地强对流

2002 年,云南省冰雹、大风、雷电等局地强对流灾害发生时间早、受灾范围广、持续时间长,灾情较常年偏重。全省共出现冰雹灾害近 100 县次,大风灾害 55 县次。其中 4 月 3 日德宏州各县(市)发生大风灾害,最大风速 17～24 米/秒,造成 68 个乡(镇)受灾;8 月 3 日,邱北县雷电灾害造成 4 人死亡。

2002 年,局地强对流灾害造成云南省 435.8 万人受灾,61 人死亡(雷电);房屋损坏 4.4 万间,房屋倒塌 0.4 万间;农作物受灾 45.6 万公顷,绝收 5.9 万公顷;直接经济损失 7.8 亿元。

3. 低温冷冻害和雪灾

1 月下旬滇东北、滇东地区出现降温、降雪天气;3 月上旬滇中以东以北地区出现"倒春寒"天气,造成小春作物受灾 4.6 万公顷;8 月上旬末至下旬初,滇中及以东以北地区发生了近 8 年来持续时间最长、影响范围最广的低温冷害,对处于孕穗、抽穗期的水稻产生危害,大春作物产量受影响。

2002 年,低温冷冻害和雪灾造成云南省 426.9 万人受灾,1 人死亡;农作物受灾 14.1 万公顷,绝收 1.7 万公顷;直接经济损失 6.5 亿元。

4. 干旱

2001 年 12 月至 2002 年 4 月,云南省降水量较常年同期偏少 21%,造成冬春干旱,小春作物的生长发育受到不利影响。由于 2001 年秋季降水偏多,2002 年雨季开始偏早,干旱灾害的影响偏轻。

2002 年,干旱造成云南 513.5 万人受灾,169 万人饮水困难;农作物受灾 40.1 万公顷,绝收 1.3 万公顷;直接经济损失 5.8 亿元。

4.26　西藏自治区主要气象灾害概述

4.26.1　主要气候特点及重大气候事件

2002 年,西藏年平均气温 4.0 ℃,较常年偏高 0.6 ℃(图 4.26.1)。冬季气温比常年同期偏高

1.4℃，春、夏、秋季气温正常。改则站1月和2月日最低气温分别为－44.0℃、－42.4℃，创历史同期极端最低气温。西藏平均年降水量484.5毫米，比常年偏多（图4.26.2）。冬季降水空间分布不均，波密、索县偏多2倍以上，沿江一线基本无降水；春季大部分地区降水接近常年同期或偏少；夏季中东部降水接近常年同期，西部偏多5成至2倍；秋季波密、丁青降水偏多1倍，其他地区接近常年同期或偏少。

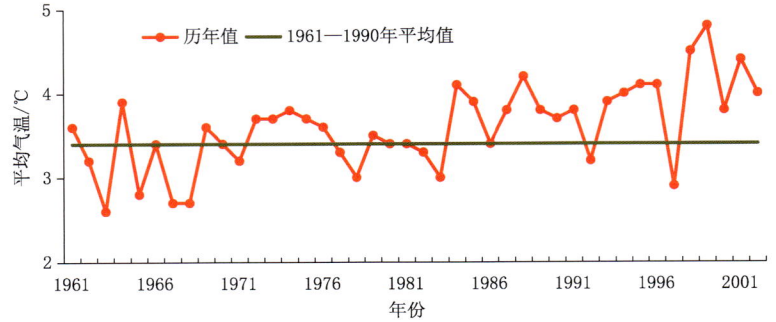

图4.26.1　1961—2002年西藏年平均气温变化

Fig. 4.26.1　Annual mean temperature in Tibet during 1961—2002(unit:℃)

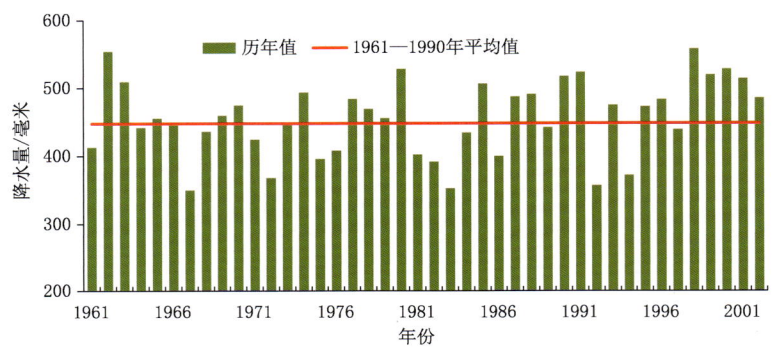

图4.26.2　1961—2002年西藏平均年降水量变化

Fig. 4.26.2　Annual precipitation in Tibet during 1961—2002(unit:mm)

2002年，西藏地区遭受了雪灾、干旱、暴雨洪涝（泥石流、山体滑坡）、冰雹及雷电等气象灾害，共造成24.6万人受灾，28人死亡；农作物受灾7万公顷，绝收4000公顷；倒塌房屋1.1万间，损坏房屋3.0万间；死亡牲畜15.7万头（只、匹）；直接经济损失5.0亿元。

4.26.2　主要气象灾害及影响

1. 暴雨洪涝

2002年，暴雨洪涝及其引发的滑坡、泥石流灾害造成西藏22.9万人受灾，死亡21人；农作物受灾4.2万公顷，绝收4000公顷；倒塌房屋1.1万间，损坏房屋3.0万间；死亡牲畜3485头（只、匹）；直接经济损失4.5亿元。

7月15—21日，日喀则地区谢通门县境内连续降雨，导致通门乡通门村后山的贡巴强沟山洪暴发，造成322户1972人受灾；农田受灾36.3公顷，绝收7.6公顷；倒塌房屋152间，损坏房屋324间；冲走牲畜6只、木料2647根、粮食3400千克、各类家电（家具）、农机具等；冲毁水渠5处2850米，水坝6处2180米，排洪沟3处2100米，公路3处2900米，电杆6根、输电线2000米；直接经济损失190万元。

2. 雪灾

2002年,雪灾造成西藏地区 1.3 万人受灾;农作物受灾 2800 公顷,绝收 100 公顷;牲畜死亡 15.3 万头(只、匹);直接经济损失 3500 万元。

8月17日,山南地区洛扎、曲松、桑日、加查出现雨夹雪天气,造成农作物被雪覆盖而严重倒伏。雨雪天气造成 4 县 2650 户 13250 人受灾,农作物受灾 1967.7 公顷,损失粮食 322.5 万千克、油菜 20.5 万千克、青饲料 38.5 万千克;倒塌房屋 6 间;直接经济损失 600 万元。

3. 局地强对流

2002年,冰雹、雷电、大风灾害共造成西藏 3700 人受灾,7 人死亡;农作物受灾 1400 公顷,绝收 300 公顷;倒塌房屋 25 间,损坏房屋 35 间;牲畜死亡 48 头(只、匹);直接经济损失 800 万元。

7月28日18时15分,山南地区扎朗县扎其乡塔巴林、桑珠等 5 个村遭受冰雹袭击,冰雹直径 2 厘米。造成 348 户 2398 人受灾,农作物受灾 250.6 公顷,绝收 248 公顷,粮食减产 88.3 万千克,油菜减产 5.42 万千克;直接经济损失 189.6 万元。同日,日喀则地区昂仁县部分乡村遭受冰雹袭击,造成 254 户 1319 人受灾,农作物受灾 131.8 公顷,绝收 26.7 公顷,淹没农田 2.9 公顷;死亡牲畜 43 只;淹没水渠 13 条 12100 米,冲毁水渠 4 条 3250 米,冲毁水坝 13 座 3800 米。

4.27 陕西省主要气象灾害概述

4.27.1 主要气候特点及重大气候事件

2002年,陕西省年平均气温 12.9 ℃,较常年偏高 1.1 ℃,是 1961 年以来仅次于 1998 年第 2 高值(图 4.27.1)。四季气温比常年同期均偏高。全省平均年降水量 546 毫米,较常年偏少 18.2%(图 4.27.2)。

2002年,陕西遭受了干旱、低温、风雹、暴雨、高温、雷电、大雾等多种气象灾害,其中暴雨引发的滑坡、泥石流、山洪、城市内涝等次生灾害最为严重。主要气象灾害共造成陕西省 2397 万人受灾,死亡 270 人;农作物受灾 187.7 万公顷,绝收 26.6 万公顷;直接经济损失 81.3 亿元。

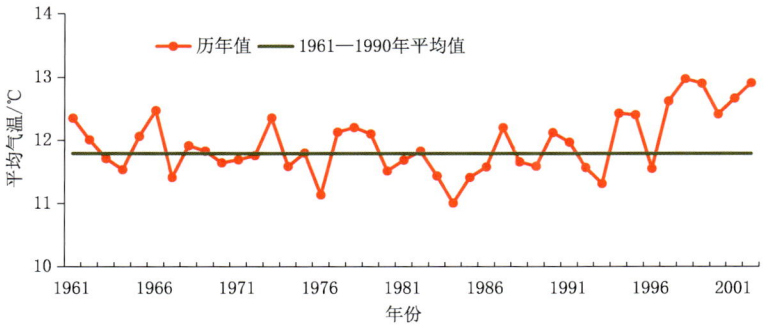

图 4.27.1　1961—2002 年陕西省年平均气温变化

Fig. 4.27.1　Annual mean temperature in Shaanxi during 1961—2002(unit:℃)

4.27.2 主要气象灾害及影响

1. 干旱

2002年,干旱共造成陕西省 1546.3 万人受灾,农作物受灾 123.3 万公顷,绝收 14.9 万公顷;直接经济损失 33.8 亿元。

1月至4月中旬,陕西省气温持续偏高,降水偏少,农田土壤失墒快,发生冬春干旱,旱情较重。

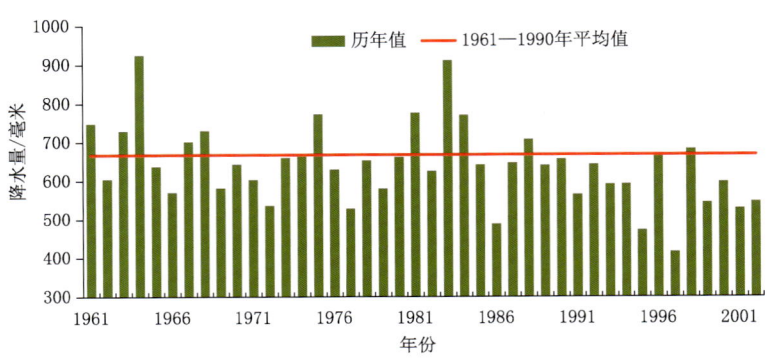

图 4.27.2 1961—2002 年陕西省平均年降水量变化

Fig. 4.27.2 Annual precipitation in Shaanxi during 1961—2002(unit:mm)

陕北、关中大部气温较常年同期偏高 3～5 ℃,陕南大部分地区偏高 2～3 ℃。陕北、关中大部降水量 20～50 毫米,陕南大部降水量为 50～100 毫米;与常年同期相比,全省有 71 个县(市)降水偏少,其中关中大部偏少 3～5 成,陕北部分地区和陕南东部偏少 2～4 成。4 月 18 日,定边、延安、宜川、凤翔、蒲城、大荔、西安、临潼等地 10～50 厘米深土壤相对湿度小于 52%,韩城不足 30%,绥德、铜川、永寿、渭南等地 10～20 厘米深土壤相对湿度不足 50%,农作物受旱较重。

7—8 月,陕西省大部分地区气温偏高,降水偏少,发生伏旱。降水量与常年同期相比,陕北大部偏少 3～6 成,关中大部、陕南大部偏少 4～8 成。8 月底全省大部分地区 10～50 厘米深土壤相对湿度为 30%～50%,绥德、延安、洛川、永寿、蒲城等地 70～100 厘米深土壤相对湿度为 20%～49%,旱象严重。

2. 暴雨洪涝

2002 年,陕西省全年暴雨洪涝灾害造成 79 个乡(镇)408 万人受灾,死亡 212 人;倒塌房屋 13.6 万间;农作物受灾 29.1 万公顷,绝收 5.9 万公顷;直接经济损失 43.3 亿元。

6 月 8—9 日,陕西省共出现 33 站暴雨,其中有 3 站日降水量超过 100 毫米;陕南佛坪站降水量多达 210 毫米,为建站以来的最大值。暴雨造成山洪暴发、河水猛涨,全省有 18 条江河涨水,汉江支流子午河和旬河的洪峰流量都超过了历史最大值。由于降水范围集中、强度大,引发了部分山体滑坡、泥石流等灾害,基础设施损毁严重,有 100 多千米的公路路基被彻底冲毁,陇海铁路西安灞河铁路桥垮塌,造成陇海铁路运输中断 14 小时;水毁输电线路及通信干线,汉中、安康和商洛 3 市 12 个县的通信中断,佛坪县全县通信网络一度全部中断,全省有 34 个县(区)352 个乡(镇)510 万人受灾,151 人死亡;农作物受灾 23.5 万公顷,成灾 12.7 万公顷,绝收 3.3 万公顷;倒塌房屋 10.6 万间;直接经济损失 25.8 亿元。

3. 局地强对流

2002 年,陕西省冰雹灾害频繁,涉及范围广、强度大、灾情重。全年因风雹及雷电灾害共造成农作物受灾 11 万公顷,绝收 1.9 万公顷;受灾人口 138 万,死亡 58 人;直接经济损失 3.2 亿元。

6 月 28 日,黄陵县 8 个乡(镇)遭受冰雹、大风袭击,冰雹直径 20 毫米,持续 30 分钟,农作物受灾 3000 公顷,经济损失 2616 万元。

6 月 29 日,彬县、永寿、旬邑、乾县、礼泉、陇县、千阳、麟游、凤翔、横山、神木、靖边、佳县、米脂、清涧、子洲等 16 县出现冰雹,冰雹直径 5～40 毫米,累计受灾 1.0 万公顷,其中凤翔经济损失 800 万元,榆林市 7 县 2300 万元。

4.28 甘肃省主要气象灾害概述

4.28.1 主要气候特点及重大气候事件

2002年，甘肃省年平均气温8.8℃，较常年偏高1.3℃，为1961年以来次高值（图4.28.1）。平均年降水量364.2毫米，较常年偏少1成（图4.28.2）。春季第一场透雨偏早，春末夏初降水偏多，春、秋季出现连阴雨；日照时数大部分地区正常或偏多。早春轻旱，伏秋连旱严重；沙尘暴发生时间偏晚、结束偏早、次数偏少；局地冰雹天气频繁；暴雨开始早、结束晚，暴雨洪涝成灾；部分地方出现干热风。2002年因气象灾害共造成甘肃省510.3万人受灾，死亡82人；农作物受灾121.6万公顷，绝收14.1万公顷；直接经济损失5.3亿元。

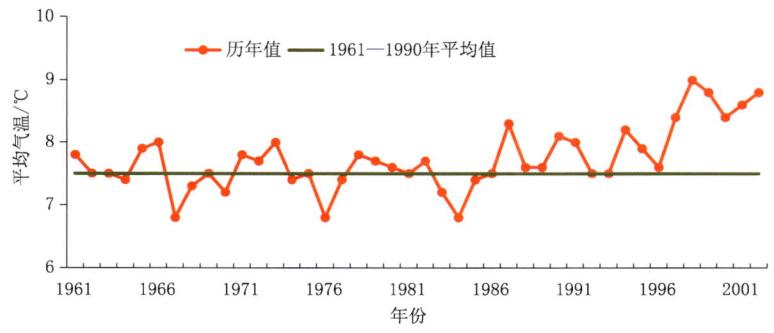

图4.28.1　1961—2002年甘肃省年平均气温变化

Fig. 4.28.1　Annual mean temperature in Gansu during 1961—2002(unit:℃)

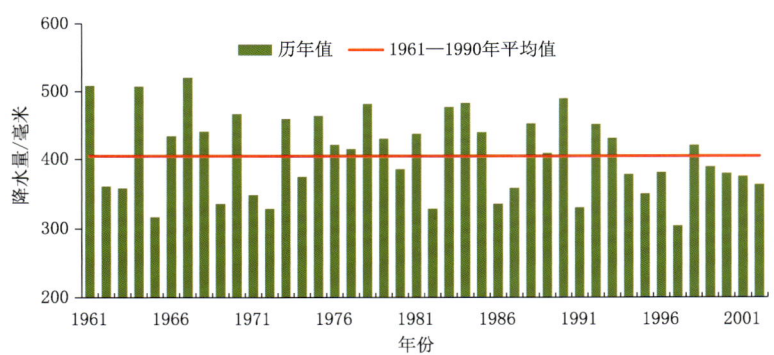

图4.28.2　1961—2002年甘肃省平均年降水量变化

Fig. 4.28.2　Annual precipitation in Gansu during 1961—2002(unit:mm)

4.28.2 主要气象灾害及影响

1. 干旱

2002年，因干旱造成甘肃省220.3万人受灾，93.1万人出现饮水困难；农作物受灾67.1万公顷，绝收4.9万公顷；直接经济损失0.5亿元。

2. 暴雨洪涝

2002年因暴雨洪涝灾害造成甘肃省151.6万人受灾，死亡45人；农作物受灾12.9万公顷，绝收2.5万公顷；损坏房屋2132间，倒塌房屋801间；直接经济损失3.6亿元。

5月7日夜间，漳县遭受特大暴雨洪涝灾害，有1.8万人受灾，直接经济损失626.2万元，尤以殪虎桥镇瓦坊村瓦房、石关两社受灾最为严重,瓦坊村暴雨洪涝引发泥石流,造成14人死亡、5人受伤;国道212线197～198千米、200～201千米和203千米100米处被泥石流完全阻塞,交通、电力中断。

3. 局地强对流

2002年,因局地强对流灾害造成甘肃省134.7万人受灾,死亡37人;农作物受灾34.9万公顷,绝收6.7万公顷;直接经济损失1.1亿元。

7月23日,清水县、张家川县、环县等的19个乡98个村遭受冰雹袭击,冰雹最大直径34毫米,积雹厚度10～20厘米,最大降水量40分钟达60多毫米。致使5.9万人受灾,农作物受灾1万公顷,绝收2973公顷,直接经济损失2341.1万元。

8月14日,平凉市崆峒区、甘谷县、陇西县的13个乡(镇)遭受大风、冰雹袭击,降雹时间25～40分钟不等,冰雹最大直径约40毫米,普遍如蚕豆大。致使1.4万人受灾,2人死亡;农作物受灾2040公顷,绝收150公顷;直接经济损失3167.3万元。

4.29 青海省主要气象灾害概述

4.29.1 主要气候特点及重大气候事件

2002年,青海省年平均气温3.2℃,较常年偏高1.3℃,为1961年以来历史第3高位(图4.29.1)。平均年降水量为325.3毫米,较常年偏少7%(图4.29.2)。年内,冬季气温偏高,降水时空分布不均;春季气温阶段性波动较大,5月的连阴雨天气使得该月气温突破1994年以来同期最低值,春季全省降水偏多,东部农业区尤为明显,为同期有气象记录以来的第3个多雨年;夏季高温少雨;秋季气温偏高,降水偏少。

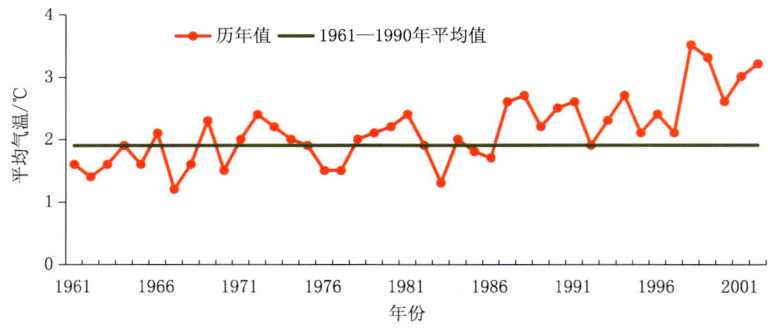

图4.29.1 1961—2002年青海省年平均气温变化

Fig. 4.29.1 Annual mean temperature in Qinghai during 1961—2002(unit:℃)

2002年,青海省主要气象灾害有洪涝、冰雹、雷电、雪灾、干旱、连阴雨、霜冻等,共造成175.7万人受灾,死亡10人;农作物受灾33.7万公顷,绝收2.8万公顷;直接经济损失6.9亿元。总体而言,2002年农业为平年年景,牧业为平偏丰年景。

4.29.2 主要气象灾害及影响

1. 暴雨洪涝

2002年,青海省发生暴雨洪涝灾害38起,灾害发生时段集中在6月上旬至8月中旬,暴雨洪涝灾害致使全省35个乡(镇)69个行政村受灾,共造成23万人受灾,死亡6人,农作物受灾1.8万公顷,直接经济损失2.8亿元。7月14—16日,青海省大柴旦、德令哈、天峻等出现了强对流天气引发

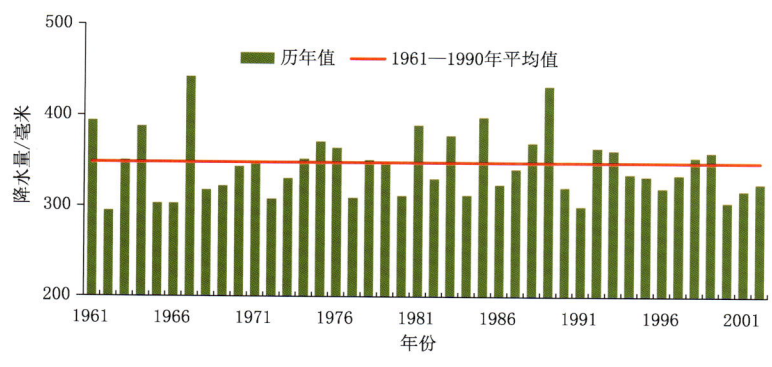

图 4.29.2　1961—2002 年青海省平均年降水量变化
Fig. 4.29.2　Annual precipitation in Qinghai during 1961—2002(unit:mm)

的局地洪涝灾害,造成部分道路、涵洞、桥梁冲毁,交通中断,直接经济损失 910 万元。

2. 局地强对流

2002 年,青海省冰雹、雷电等局地强对流天气出现比较早,但主要集中于 6 月上旬至 8 月下旬,共造成 4 人死亡,直接经济损失 1.6 亿元。发生冰雹灾害 29 起,造成 47 个乡(镇)151 个行政村 6.7 万人受灾,1 人死亡,农作物受灾 1.4 万公顷。雷电灾害发生 15 起,造成 3 人死亡,直接经济损失 34.7 万元。8 月 10 日,青海省贵南县茫拉等 4 个乡(镇)16 个行政村遭受雹灾,造成农作物受灾 2549.4 公顷,直接经济损失 773.6 万元。

3. 低温冷冻害及雪灾

2002 年 4 月下旬,青海省海西州茫崖、冷湖、大柴旦行委及格尔木市遭受暴风雪袭击,电力、通信、交通基本中断,外出放牧的近百名放牧员被大雪围困达 5 小时之久,后经多方救援脱险。灾害造成 2.4 万人受灾,103 万头(只)牲畜出现采食、饮水困难,当年生幼畜大批死亡,对当地的牧业生产和人民生活造成严重影响;格尔木地区当年种植的 4800 公顷农作物(麦苗)被冻死,直接经济损失 3100 万元。

4. 干旱

2002 年 6—8 月,青海省东部农业区和青南牧区的部分地区由于降水偏少,发生了不同程度的夏旱,干旱加剧了病虫害、干热风对作物的危害,使得小麦的生育期提前,出现了高温逼熟现象,茎叶青枯,籽粒干秕,灌浆期缩短,千粒重下降。干旱对牧草的生长也造成不利影响。全年因旱 143.6 万人受灾,农作物受灾 30 万公顷,直接经济损失 2.2 亿元。

4.30　宁夏回族自治区主要气象灾害概述

4.30.1　宁夏主要气候特点及重大气候事件

2002 年,宁夏全区平均气温 9.2 ℃,较常年偏高 1.5 ℃,为 1961 年以来历史第 3 高值(图 4.30.1)。各地气温在 6.3～10.9 ℃之间,与常年同期相比,大部分地区偏高 1.0～2.0 ℃,平罗、青铜峡偏高 2.0 ℃以上;全区平均降水量 322.0 毫米,与常年同期相比偏多 1 成(图 4.30.2),其中固原市降水量在 332.4～634.6 毫米之间,其他地区在 166.4～394.6 毫米之间,与常年同期相比,平罗、陶乐、贺兰、永宁、灵武、吴忠、中卫、盐池、银川、青铜峡偏多 3～6 成,其他地区接近常年。各月降水量中,5 月、6 月全区大部分区域降水偏多,银川显著偏多,11 月全区大部降水偏少,其他各月降水量分布不均。四季气温均偏高;降水量秋冬季分布不均,春季除固原大部正常外,其他地区偏多,夏季接近常年,且时空分布不均。2002年,暴雨洪涝、冰雹、霜冻等气象灾害共造成宁夏347万人受灾,6人死亡;农作物受灾35.2万公顷;直接经济损失8.6亿元。

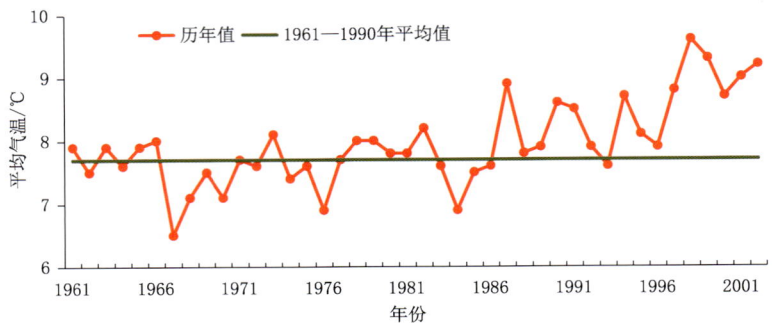

图4.30.1　1961—2002年宁夏年平均气温变化

Fig. 4.30.1　Annual Temperature in Ningxia during 1961—2002(unit:℃)

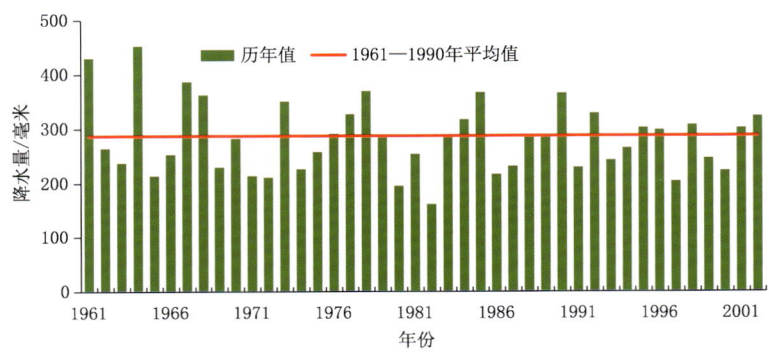

图4.30.2　1961—2002年宁夏平均年降水量变化

Fig. 4.30.2　Annual Precipitation in Ningxia during 1961—2002(unit:mm)

4.30.2　宁夏主要气象灾害及影响

1. 干旱

2002年夏季中卫市海原县发生干旱,6月下旬至10月中旬固原市西吉县发生夏秋连旱。干旱共造成宁夏170.3万人受灾,9.9万公顷农作物受灾,直接经济损失3.9亿元。

2. 暴雨洪涝

2002年,宁夏各地遭受暴雨洪涝及连阴雨灾害,共造成130万人受灾,2人死亡;农作物受灾7.7万公顷;直接经济损失2.9亿元。

6月7—8日,石嘴山市大武口区、惠农区、平罗县,银川市贺兰县、灵武市、永宁县,吴忠市利通区、盐池县,中卫市沙坡头区、海原县出现大到暴雨,其中石嘴山市平罗县过程降水量72.1毫米,属历史异常值,银川市贺兰县金山乡过程降水量140.0毫米,永宁县过程降水量62.4毫米,吴忠市盐池县大水坑、高沙窝出现局地暴雨,过程降水量在60毫米。此次过程造成上述地区15.6万人受灾,农作物受灾5.5万公顷,直接经济损失1.8亿元。

3. 大风、冰雹及雷电

2002年,宁夏各地因受大风、冰雹及雷电天气影响,共造成30.1万人受灾,死亡4人(其中雷击死亡2人);农作物受灾14.1万公顷;直接经济损失7000余万元。7月21日,固原市海原县草洼乡及泾源县境内出现冰雹,其中海原县草洼乡冰雹持续时间5分钟,直径20～30毫米,泾源县境内冰雹持续近 2 个小时,冰雹最大直径 50～60 毫米。冰雹造成海原县草洼乡 247 人受灾,农作物受灾 171.3 公顷,成灾 91.3 公顷,冲毁渠道 1100 米,直接经济损失 100 万元;造成泾源县境内 45620 人受灾,农作物受灾 4646 公顷,成灾 4089 公顷,直接经济损失 785 万元。

4. 低温冻害

2002 年 4 月 24 日和 4 月 16—18 日,石嘴山市惠农区及银川市灵武市、永宁县分别出现霜冻天气。永宁县最低气温 16 日－3.1 ℃,过程气温≤0 ℃持续 4～8 小时,17 日最低气温－3.5 ℃,过程气温≤0 ℃持续 1～8 小时。霜冻造成农作物及经济林果受灾 1.3 万公顷,直接经济损失 1363.7 万元。

4.31 新疆维吾尔自治区主要气象灾害概述

4.31.1 主要气候特点及重大气候事件

2002 年,新疆气温偏高,降水量大部分地区偏多;开春期、终霜期全疆大部分地区偏早,初霜期北疆大部分地区接近常年或略晚;全年光热充足,降水较为充沛,适宜的气候条件较好地满足了大部分农作物生长发育的需要。

2002 年,新疆年平均气温 9.1 ℃,较常年偏高 1.3 ℃,为 1961 年以来历史第 2 高值(图 4.31.1)。全疆大部气温偏高;冬季,南、北疆均偏高,季内气温骤降骤升;春季,南、北疆均略偏高;夏季,北疆略偏高、南疆偏高;秋季,北疆偏高、南疆略偏高。平均年降水量 192.2 毫米,较常年偏多 33%(图 4.31.2)。北疆、南疆降水量均偏多 2 成;冬季,北疆偏多近 1 成、南疆偏多近 2 成;春季,北疆偏多 5 成、南疆偏多 3 成;夏季,全疆降水分布不均,北疆基本持平,南疆大部分地区偏多。降水主要集中在 6—7 月;秋季,南、北疆均接近常年,南疆秋季前期降水主要集中在西部,10 月和 11 月南疆除个别地区有少量降水外,其他地区基本无降水。

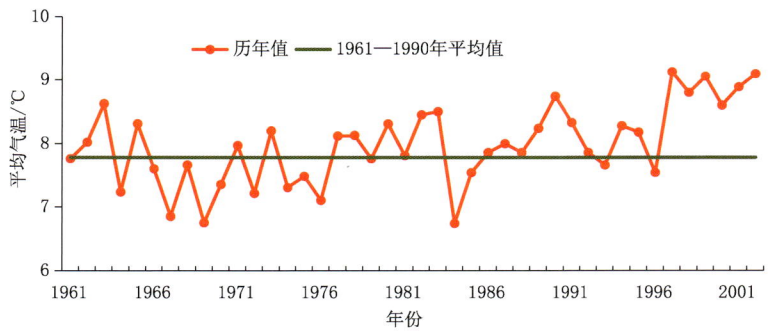

图 4.31.1　1961—2002 年新疆年平均气温变化

Fig. 4.31.1　Annual mean temperature in Xinjiang during 1961—2002(unit:℃)

2002 年,全疆灾害性天气少于 2001 年,但局地洪水、春季沙尘暴、低温连阴雨天气影响偏重,南疆冬季出现罕见积雪。综合来看,2002 年农牧业气象年景为正常略偏丰年景。年内各类气象灾害共造成 271.1 万人受灾,死亡 46 人;农作物受灾 69.3 万公顷,绝收 9.3 万公顷;直接经济损失 23.4 亿元。

4.31.2 主要气象灾害及影响

1. 雪灾

2002 年,雪灾共造成新疆 32 万人受灾,农作物受灾 11 万公顷,直接经济损失 6000 万元。1 月 14—20 日,和田地区普降小到大雪,最低气温降至－20 ℃以下,为历史上少有。大雪天气造成新疆

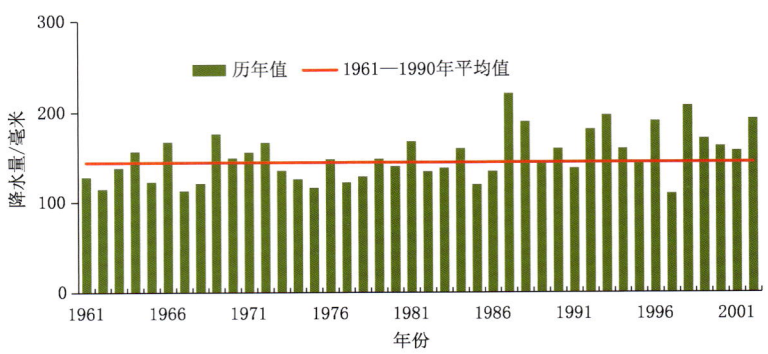

图 4.31.2 1961—2002 年新疆平均年降水量变化

Fig. 4.31.2 Annual precipitation in Xinjiang during 1961—2002(unit:mm)

2 万余人受灾,数百间房屋倒塌、损坏,数千头(只)牲畜死亡,同时损坏部分菜场,给当地人民生活造成不利影响和一定的经济损失。

2. 暴雨洪涝

2002 年,因暴雨洪涝及其引发的地质灾害共造成新疆 116.7 万人受灾,死亡 43 人;农作物受灾 16.2 万公顷;直接经济损失 20.7 亿元。4 月下旬,伊犁河谷各县(市)出现了连阴雨天气过程,导致 12 万余户近 60 万人受灾,10 万余头(只)牲畜死亡,大量房屋、牲畜棚圈倒塌,设施农业大棚被损坏,同时春播农作物无法适时播种。此外,持续的降雨造成多处山体滑坡,冲毁牧道、渠道、牧桥及水利设施,同时有 3000 余间校舍倒塌或成为危房,3 万余名学生受到影响,直接经济损失 7.8 亿元。

3. 大风、冰雹

2002 年,因大风、冰雹等强对流天气共造成新疆 49.5 万人受灾,3 人死亡;农作物受灾 17 万公顷;直接经济损失 1.4 亿元。3 月中旬和 4 月下旬,新疆出现了 2 次影响较大的大风天气过程。3 月 18—20 日,受乌拉尔山南下的强冷空气影响,阿勒泰、塔城、吐鲁番、库尔勒和阿克苏等地遭受大风袭击,小麦、地膜、塑料大棚、林果、房屋等受损严重,造成较大的经济损失。4 月 23 日,乌鲁木齐市出现东南大风,市区平均风力 5~6 级,新市区达 11 级;造成市区电力线路和户外广告牌受损,并造成 1 人重伤。2002 年,新疆冰雹天气从 4 月下旬开始出现,主要出现在阿克苏地区、塔城地区、石河子市、昌吉州的部分县(市)。

第 5 章 全球重大气象灾害概述

5.1 基本情况

2002年,全球仍持续偏暖,年平均气温除南美洲南部明显偏低,俄罗斯北部、非洲南部、澳大利亚大部、北美大部接近正常外,全球其余地区普遍显著偏高。根据世界气象组织公布的观测结果,2002年全球地表平均温度比1961—1990年的30年平均值高出0.5℃,仅次于温度最高的1998年,为1860年以来的次暖年。其中,1月和3月气温偏高尤为显著,分别创历史同期之最。

1—2月,赤道中、东太平洋大部分海区海表温度呈持续上升趋势,南方涛动指数3月以后维持较稳定的暖位相特征,到5月,一次新的ENSO暖事件开始形成。这次暖事件对全球许多地区的气候产生了明显的影响,秘鲁、巴西南部、乌拉圭及阿根廷东北部、美国东南部多雨,印度尼西亚、巴布亚新几内亚、澳大利亚以及非洲南部的持续干旱等都与它的影响有关。

5.2 全球重大气象灾害分述

5.2.1 欧亚大陆冬季气温变化剧烈,前冬连遭暴风雪袭击

2001/2002年冬季前期,欧洲、东亚北部和东部气温显著偏低,2001年12月中旬到2002年1月初,欧洲连续受到寒潮和暴风雪袭击,中部和东南部出现近30年来最严重的大雪严寒天气。波兰大部被大雪覆盖,到2001年12月底,与寒潮有关的死亡人数达135人。俄罗斯南部雪深近1米,短短几天就造成上百人死亡,首都莫斯科被冻死的人数到1月已达290人,其远东地区也遭到50年一遇的特大暴风雪袭击。法国东部和西南部大雪导致几十起撞车事故,死伤数十人。阿尔卑斯山多处发生雪崩,造成数人丧生。希腊遭遇了近40年来最恶劣的风雪天气,雅典的路面积雪达20厘米。捷克的暴风雪为近15年来所罕见,风速达39米/秒,捷克全国1/3以上的地区交通瘫痪、电力供应中断。罗马尼亚北部和西部地区积雪深达1米,全国一半以上的地区交通受阻、电力供应中断,西北部地区多处发生雪崩。西班牙东北部大雪造成3万户居民断电。

冬季中后期,欧亚大陆气温显著升高,中高纬度大部分地区较常年同期异常偏暖。

5.2.2 南亚热浪洪水接踵而来,中南半岛等地雨季水灾频繁

5月,罕见的热浪袭击了印度和巴基斯坦。印度经历了近4年来最严重的酷热天气,最高气温达49.5℃,全国约有1200人因酷热死亡,东南部受灾最为严重。巴基斯坦最高气温达50℃,中部和南部有近百人在热浪中丧生。

印度季风降水较常年明显偏少,为1987年以来最干旱的一年。但印度东部、尼泊尔和孟加拉国季风活跃,引发了严重的水灾。印度仅比哈尔邦就有1500万人受灾,4.8万公顷土地被淹。连续近1个月的降雨使孟加拉国境内的恒河与布拉马普特拉河及其支流水位猛升,8月初洪水已造成至

少1万个村庄和8000公顷稻田被淹,约50万座房屋和数千千米道路、河堤被毁。尼泊尔的许多地区,特别是中部、东部和南部降雨量普遍多于往年,加上近年来当地生态平衡遭到严重破坏,连续大雨引发的洪水和泥石流使该国75个地区中有46个受灾,300多人死亡,9314座房屋被毁,上千公顷农田被淹。据统计,年内印度、尼泊尔和孟加拉3国季风雨引发的洪水导致约1000人丧生。

8月上旬朝鲜半岛暴雨引发洪水。下旬受台风"鹿沙"袭击,韩国日降水量达871毫米,创该国1991年以来最高纪录,洪水造成240人死亡或失踪,财产损失达26亿美元。夏季,中国江南、华南等地也遭受了洪涝灾害。8—10月,中南半岛也屡遭暴雨袭击。湄公河三角洲洪水持续近2个月,夺去了近200人的生命,淹没了514万多座房屋,数十万人受到洪水的威胁。10月上旬,越南、泰国再次遭受洪水灾害。越南有10万户居民被淹,116人丧生。泰国首都曼谷大部分街道被淹。

另外,2002年初,菲律宾、印度尼西亚、马来西亚等国也发生了不同程度的洪水。

5.2.3 欧洲暴雨频频不断,8月引发世纪大洪水

2002年,对于欧洲来说是一个异常多雨的年份,不断有洪水灾害发生。6月,俄罗斯车臣和北高加索地区遭受了近50年来最为严重的洪灾;7月中旬,意大利中北部受到近40年来罕见暴雨的袭击;7月下旬,罗马尼亚大部分地区遭遇了近25年来最大的降雨;9月上旬,法国南部暴雨成灾,一小镇被洪水淹没;9月下旬,阿尔巴尼亚北部洪水泛滥,大量农田被淹;11月中下旬,英国、德国、法国、奥地利、瑞士和意大利等国先后遭受暴风雨袭击而引发洪水。最使欧洲人不能忘记的是8月上中旬一场数十年来罕见的特大洪水。汹涌的洪水横扫了从德国到俄罗斯黑海沿岸的广大地区,多瑙河、易北河等河水暴涨,多处河段的水位创历史新高,航运被迫中断。奥地利的暴雨洪水为1918年以来最严重,损失达数十亿欧元;德国的洪水至少波及8个州,造成近50年来的罕见水灾,其境内多瑙河的水位高达10.82米,创百年来最高,仅在受灾最严重的萨克森州一个地区,损失就高达150亿欧元;捷克遭遇了百年来最严重的水灾,仅首都布拉格的经济损失就达20亿美元;罗马尼亚40个县中有33个县受灾;多瑙河的最大洪峰抵达斯洛伐克首都时的水位高达9.90米,打破了近500年来的历史最高纪录,在进入匈牙利后,导致布达佩斯以上河段水位均超过历史最高纪录。据统计,受灾最重的俄罗斯、捷克、德国、奥地利等国有104人丧生,近百人失踪,数百万人受灾,经济损失至少在数百亿美元以上。

5.2.4 美国南部雨雪频繁,中西部和东部干旱严重

美国南部雨雪天气频繁。1月初,南部部分州遭到罕见暴风雪袭击,密西西比州南部和亚拉巴马州首府蒙哥马利一带的积雪深度达1.2米,为1993年以来最大的一次降雪。3月中旬,美国南部和东部的一些地区连续遭到暴雨袭击,暴雨引发的洪水在田纳西、肯塔基、西弗吉尼亚等州造成人员伤亡和财产损失。7月上旬,得克萨斯州中南部发生历史上最严重的洪水,中部许多小村镇被洪水围困,100多条道路被堵塞。

而美国其余大部分地区降水却较常年偏少,年内有40%以上的地区发生干旱,旱区主要包括中西部山区及其东、西两侧和东部大西洋沿岸的部分地区,其中西南部的亚利桑那、新墨西哥、犹他和科罗拉多4州的交界地区和东部北卡罗来纳州的中部地区旱情最为严重,而且有些地区的干旱已经持续了3~4年。科罗拉多州经历了107年来最干燥的春季,亚利桑那州和加利福尼亚州南部的春季干燥程度仅次于1934年的大旱。到2002年后期,东部旱情得到缓解,西部干旱更趋严重。

5.2.5 南美、中美多国暴雨成灾,秘鲁、巴西南部一度持续高温天气

2002年,南美西部和南部降水显著多于常年,不少地区引发了严重洪水。2月,秘鲁有10个省遭受严重洪水灾害,巴西米纳斯吉拉斯州引发了洪水和泥石流。6月上旬,智利一些地区接连遭到暴风雨袭击,引发了百年来最严重的洪水,6万余人无家可归。哥伦比亚6月有107个城镇遭洪水

袭击,水灾为近10年来最重;10月底,玻利瓦尔省的蒙特克里斯托市多处山体滑坡,5个村庄的500多所房屋被埋没。7月下旬初,委内瑞拉南部发生特大洪灾,4万人流离失所,其中一个镇几乎全部被洪水淹没。9月至年底,乌拉圭、阿根廷东北部、巴西南部、秘鲁南部先后连续多雨,一些地区洪水泛滥。

中美洲大部也受到连续暴雨袭击。5月中下旬,尼加拉瓜全国151个市镇中有42个市镇受灾,洪都拉斯、巴拿马和危地马拉等国的洪水也造成了人员伤亡。6—9月,危地马拉全国发生大面积的洪涝灾害,造成16起山体滑坡和23起水灾。

2—3月,秘鲁沿海、巴西南部出现持续高温天气,里约热内卢日最高气温达41.2℃,创25年来最高纪录。

5.2.6 非洲大部少雨干旱,局部出现洪涝灾害

2002年,非洲大部分地区降水少,西非、北非及南部非洲一些国家发生干旱。莫桑比克中南部干旱始自2001年夏季,到2002年前期已至少有10万公顷农田颗粒无收,50多万居民面临饥荒的威胁。突尼斯的干旱已持续4年,农业产量严重下降,政府不得不花巨资进口粮食。尼日利亚北部雨季比往年至少偏晚2个月,致使大面积农田干旱,东北部城市迈杜古里还遭到多年未遇的热浪袭击,仅1周中就有60多人丧生。南非也遭遇了旱灾,夏粮播种受到严重影响,第2大玉米产区西北省播种面积还不到耕地的20%。

另外,非洲部分地区因多雨而形成洪涝。2月初,刚果东部大雨引发大规模的泥石流,至少造成40多人死亡和数十人受伤。4月底至5月初,肯尼亚暴雨引发洪水泛滥和山体滑坡,至少有46人丧生,15万人逃离家园。

5.2.7 印度尼西亚、巴布亚新几内亚、澳大利亚等国干旱严重

受厄尔尼诺现象影响,印度尼西亚、巴布亚新几内亚、澳大利亚等国普遍发生严重干旱。印度尼西亚主要大米产区爪哇的水稻播种推迟了2个月,干旱使大约26万公顷稻田受到影响。澳大利亚东部和南部自3月初开始降水持续偏少,维多利亚一半以上的地区、昆士兰州和新南威尔士州大部分地区降雨量仅为历史同期总雨量的10%,许多地区数月无雨,发生了历史上最为严重的干旱。农田、草场干枯,河水断流,水库蓄水量降到警戒线以下,农作物普遍受灾,一些城市实行强制性节水。澳大利亚还时而出现高温天气,10月,持续高温和干旱导致多处丛林和草原大火。

5.2.8 飓风袭击古巴、墨西哥,特大龙卷横扫美国东部

2002年,大西洋生成命名热带风暴12个,较多年平均数略多,其中9月生成热带风暴8个,成为该海域有记录以来热带风暴最频繁的1个月。年内发展为飓风强度的风暴有4个,比多年平均值偏少,第1个飓风生成于9月中旬,是1944年以来飓风生成最晚的一年。9月下旬,"伊西多尔"(Isidore)飓风在古巴西部的比那尔德里奥省登陆,有1万多间房屋被毁,90%的香蕉园遭到破坏。该飓风还横扫了墨西哥的尤卡坦半岛,风速达56米/秒,造成8人死亡,150人失踪,30万灾民无家可归,经济损失达2.6亿美元。

东北太平洋飓风较为活跃,有12个热带风暴生成,其中6个达到飓风强度。10月下旬飓风"凯纳"(Kenna)在墨西哥马萨特兰至巴亚尔塔港一带沿海登陆,狂风暴雨给墨西哥西部沿岸造成巨大损失,大树被连根拔起,电力供应中断,居民房屋和海滨旅馆被淹。

另外,11月中旬初,美国东部遭受特大龙卷袭击,至少造成34人死亡,数百人受伤,数十人失踪,许多地区房屋倒塌、交通中断、大树被连根拔起、电力和通信设施等遭到不同程度的破坏,财产损失十分严重。田纳西州一个山区小镇几乎被夷为平地,至少45人失踪。亚拉巴马州、俄亥俄州、宾夕法尼亚州和密西西比州均有人员伤亡。

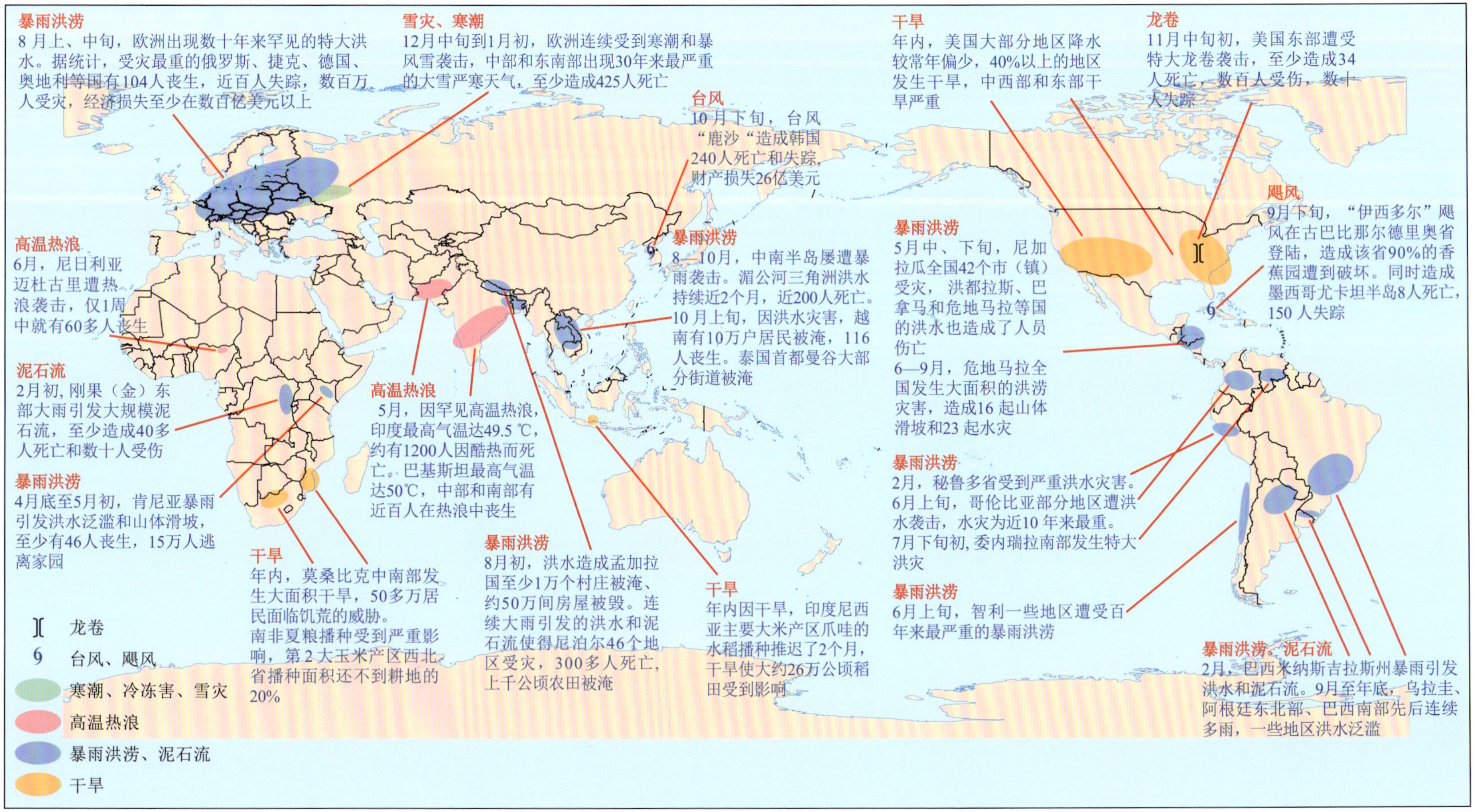

图5.1 2002年全球主要气象灾害综合示意图

Fig. 5.1 Global major meteorological disasters in 2002

第6章 防灾减灾重大气象服务事例

2002年我国气象灾害发生较频繁,春季,华北、华南大部分地区出现不同程度的干旱,其中华南发生新中国成立以来罕见的严重干旱;强沙尘暴天气过程袭击北方大部分地区;全年共有9个台风影响我国。同时,还有"神舟"3号宇宙飞船和气象卫星FY-1D成功发射等重大事件。面对上述灾害性天气气候事件和重大活动事件,各级气象部门积极应对,预报准确、主动服务,提供了很好的气象服务保障工作,取得了显著的社会经济效益。

6.1 华北、华南冬春连旱气象服务

2002年1—3月,华北大部、黄淮北部及东北地区西部等地降水量较常年同期偏少5成以上,同期气温持续异常偏高,土壤水分蒸发强烈,致使春旱露头早、发展速度较快。同时,广东大部、福建南部的一些地区近200天未降透雨,出现了近几十年来罕见的冬春连旱,粤东、闽南等部分县(市)出现了新中国成立以来最严重的干旱。

6.1.1 密切关注旱情发展,组织干旱专题会商

2002年年初干旱开始露头,中国气象局密切关注旱情发展趋势,及早部署干旱预测、评估和服务等工作。各级气象部门密切协作,上下互动,加强对旱区的短期、延伸期气候预测和中、短期天气预报,尤其是干旱地区转折性降水过程的预报;采取视频、紧急电话、网上沟通等多种方式进行干旱专题会商,针对干旱发展趋势预测、干旱影响、灾情分析等进行深入会商;强化短期气候预测工作,滚动制作多期短期气候预测材料。

6.1.2 加强旱情监测,及时发布决策信息

华北、华南等旱区各气象台站打破常规,持续开展干旱加密观测,并对旱区的火情、植被等进行卫星遥感监测,为抗旱气象服务提供了第一手资料。中国气象局组织多个专家组、工作组赴旱区实地调查旱情、墒情,指导当地开展旱情收集、降水后旱情缓解程度评估等工作,各省(区、市)气象局也及时派出工作组到各地进行旱情调研,开展干旱背景分析和影响评估工作。

同时,中国气象局积极主动制作决策气象服务材料向中共中央、国务院和相关部门报送。从2002年年初开始,针对此次冬春连旱分别制作和报送相关《重大气象信息专报》6期,向中共中央办公厅报送干旱专题材料4期,向国务院办公厅报送干旱专题材料1期,为政府决策抗旱减灾赢得了先机。

6.2 强沙尘暴天气过程气象服务

2002年3月18—22日,新疆、青海、甘肃、内蒙古、宁夏、陕西、山西、河北、北京、天津、辽宁、吉林、黑龙江、山东、河南、湖北、湖南西部、四川东部等地先后出现了大范围沙尘天气,其中部分地区

出现了强沙尘暴。此次强沙尘暴天气过程影响范围广、强度强、出现时段集中。

6.2.1 提前发布沙尘预报预警信息

中央气象台密切关注此次强沙尘暴天气过程,及时发布预警信息。16日发布《沙尘天气公报》对这次过程进行了预报;18日上午以醒目标题"强冷空气将袭击我国北方地区,西北、华北等地将出现风沙和明显的降温天气"发布《重要天气公报》,19日上午发布强沙尘暴警报,并通过新华社、中央电视台、中央人民广播电台等多家新闻媒体发布了警报。19日晚上和20日一日3次通过有关媒体继续发布警报。20日上午又以"重要天气公报"的形式,通过中南海电视节目向中共中央和国务院等公益决策部门及时汇报了沙尘暴实况及未来发展动向。

6.2.2 及时制作决策气象服务信息

在沙尘天气服务过程中,各级气象部门密切合作,上下沟通,加强监测和预报,合力做好决策气象服务。3月21日中国气象局针对此次强沙尘暴天气过程制作了专题报告材料并报送。同日,以"强沙尘暴影响我国北方大部地区"为标题制作《重大气象信息专报》向中共中央、国务院报送决策材料。3月22日制作完成了中共中央办公厅约稿《近年我国沙尘天气概况及成因分析》。

6.2.3 加强宣传引导

中国气象局坚持正确的舆论导向,积极与新华社、中央电视台、中央人民广播电台等多家新闻单位沟通,并加强同新华网、中国政府网、中国新闻网等多家网络媒体联系,及时播发最新天气实况和预报,进行沙尘天气的广泛宣传和多方位服务,提高社会影响力和服务效益。

6.3 台风"森拉克"气象服务

2002年共有26个台风在西北太平洋和南海生成,7个登陆我国。在这26个台风中,第16号台风"森拉克"给我国造成的损失最严重。"森拉克"于8月29日下午在西北太平洋上生成,30日上午加强成强热带风暴,31日上午发展为台风,9月1日晚上向偏西方向移动,移速逐渐加快,5日早晨进入东海南部海域后,移速突然减缓至10千米/时,缓慢地向浙闽一带沿海靠近。当移至离浙江南部沿海约300千米时,移速又突然加快,7日18时30分前后在浙江省苍南一带沿海登陆,登陆后继续西行进入福建北部,8日上午进入江西省后又移进湖南省境内减弱消失。该台风有3个特点:移近近海时,台风的移向和移速多变;浙南、闽北沿海风暴潮强、降雨强度大;台风登陆后强度迅速减弱,减弱后的热带低压深入内陆。

受其影响,9月5—8日,台湾省及以东洋面、东海、台湾海峡、长江口区、浙江东部沿海、福建中北部沿海先后出现了7~10级大风,部分地区有11~12级;7日08时至9日08时,浙江大部、福建东北部、江西中北部、湖南东北部出现了大到暴雨、局地大暴雨,降雨量普遍有30~70毫米,其中浙江东部沿海地区、福建东北部部分地区的降雨量有80~150毫米,局地雨量大于150毫米。由于这个台风影响范围大、强度强,又正值天文大潮期间,因此它对浙江、福建造成了较大的影响,一些地区发生了房屋倒塌、农田、养殖受损及人员伤亡等灾害。

6.3.1 滚动发布台风预报预警信息

中央气象台密切跟踪台风变化趋势和风雨影响,及时发布台风和暴雨预报预警。9月5日早晨开始通过中央电视台、中央人民广播电台发布台风消息4次、警报4次、紧急警报5次,总计13次。发布《重要天气公报》5次、《天气公报》26次。中国气象局通过网络、电视、电台、报刊等途径,实时播发最新台风预报预警信息和防范知识,各有关省(区)气象部门加强与广播、影视、信息等部门的沟通与协作,通过多种方式和途径向社会公众及时报告台风动态,并提出有效的防御措施和建议。

6.3.2　及时做好防台减灾决策气象服务

中国气象局及时将"森拉克"的有关信息上报中共中央、国务院,并向有关部门通报,早在9月2日为中共中央办公厅提供的重大气象保障任务中就指出:"第16号台风'森拉克'将在福建到浙江一带沿海登陆。"6日又在《重大气象信息专报》中明确指出:"第16号台风'森拉克'将于明天下午到夜间在福建晋江到浙江温州一带沿海登陆。"预报结果与实况基本一致。相关省、区气象部门也在第一时间向当地政府和有关部门报送决策气象服务材料,并积极参与各项防台工作的决策部署。在大家的共同努力下,浙江、福建两省在台风登陆前分别紧急转移安置47万人和17万人,实现了60多万人胜利"大逃亡"。

6.3.3　及时加强预报会商和业务值班值守

由于"森拉克"台风强度强、移近近海时移向和移速多变,登陆地段和时间难以把握,预报难度极大。为此,中国气象局、国家气象中心和中央气象台主要领导亲临预报会商,并反复强调加强与可能影响的省、区气象台站会商和联系,充分利用国家级、省级预报专家的力量,有效提高台风预报能力。各级气象部门及时加强业务值班值守,充分利用气象卫星、雷达、自动气象站、海洋浮标站等气象现代化设备,密切监视台风的移动发展动向,做出了较准确的路径、强度和登陆地点、时间及强风暴雨的预报。

6.4　其他重大气象服务事例

6.4.1　"十六大"气象服务

2002年11月8—15日,中国共产党第十六次全国代表大会在北京召开(简称"十六大"),中国气象局高度重视"十六大"期间的气象服务工作,积极主动提供全方位的精细化气象服务。

"十六大"气象保障服务分为2个重点时段,一是开幕和闭幕时的天气预报,二是会议召开期间的天气预报。针对不同时段,中国气象局进行了任务的仔细研究和部署,于11月3日便制作了"十六大"开幕时的天气预报和闭幕时的天气趋势预报,及时传给了国务院办公厅,所做预报与实况基本一致。另外,从11月6日开始,每天制作"十六大"专题气象服务材料,产品中主要涵盖了两部分内容,即全国中期趋势预报和北京地区未来5天天气预报。该专题气象服务材料以《重要天气公报》形式发出,会议召开期间,中央气象台总共制作了9期专题服务材料。

6.4.2　"两会"气象服务

全国人大和政协九届五次会议于2002年3月4日和6日先后在北京召开,为更好地向"两会"提供气象服务,中国气象局精心组织、团结协作,自2月28日起滚动制作和报送《"两会"期间天气预报》材料,首期中主要报道"北京地区未来10天的天气预报",针对会议提供整体的天气趋势预测;此后每期均发布未来3天北京地区的天气预报。6期《"两会"期间天气预报》预报准确、服务及时,预报与实况基本一致,取得很好的服务效果。

6.4.3　"神舟"3号宇宙飞船发射和回收气象保障服务

3月24—25日和3月27日至4月1日,中国气象局承担了"神舟"3号宇宙飞船发射和回收的气象保障工作,该任务对天气条件要求非常严格。中国气象局根据任务要求进行了周密部署,业务人员在我国自己的数值天气预报产品基础上,根据对众多信息的跟踪和对比分析,每天两次滚动制作未来3天的地面要素预报和多层高空风预报,并分析说明主要影响系统和理由。同时,中国气象局还加强与总参气象局的协作沟通,期间进行了多次专题会商,提供一些重要的信息和预报服务意见,为选定发射和回收时间提供了关键的决策依据,为飞船的顺利发射和回收提供了安全保障。

6.4.4 气象卫星发射气象保障服务

我国自行研制的第一代极轨气象卫星 FY-1D 于 2002 年 5 月 15 日 09 时 50 分顺利发射成功。气象保障人员自 2002 年 4 月 27 卫星转场开始,直至 5 月 15 日 10 时卫星发射成功,连续奋战 20 余天,始终坚守岗位,密切监视天气变化;同时,还根据保障服务和基地气象部门的要求,每天给基地气象台传送国家气象中心的各种材料,并采用手机、网络等现代化通信设备及时和前方交换预报实况信息。从实况来看,预报基本准确,特别是发射时的天气预报,取得了重大的服务效益。

6.4.5 "鑫诺"卫星气象保障服务

根据国务院信息办的要求,中国气象局承担"鑫诺"卫星气象保障任务。在坚决贯彻上级部门统一部署的基础上,11 月 3—15 日,每天制作北京、呼和浩特、台北的未来 24 小时天气预报,产品以《预报服务材料》形式报送,传给北京鑫诺卫星测控地面站、中国航天科技集团公司、北京航天赛维化系统有限公司,有效完成了保障需求,为国家科学发展做出了新贡献。

附 录

附录A 气象灾害统计年表

表 A.1 2002 年气象灾害总受灾情况
Table A.1 Summary of total meteorological disasters over China in 2002

地区	农作物受灾情况		人口受灾情况		直接经济损失/亿元
	受灾面积/万公顷	绝收面积/万公顷	受灾人口/万人次	死亡人口/人	
北京	19.5	1.8	29.3	3	3.6
天津	23.5	3.1	0.0	2	2.0
河北	299.5	57.1	5389.5	48	92.5
山西	160.3	20.2	1452.6	55	57.0
内蒙古	238.8	40.9	74.7	32	52.2
辽宁	159.2	16.5	238.0	12	16.1
吉林	142.6	21.2	270.3	12	37.9
黑龙江	414.9	40.6	690.8	15	32.0
上海	6.3	0.4	10.8	7	4.2
江苏	77.1	6.9	577.5	19	35.2
浙江	76.3	6.6	1491.8	102	125.5
安徽	115.9	16.5	981.4	44	35.3
福建	89.4	11.5	973.2	109	125.3
江西	104.0	20.8	1506.6	123	85.8
山东	494.2	91.9	4047.6	22	288.0
河南	280.7	31.6	1459.2	34	36.8
湖北	267.4	32.5	2269.3	86	50.9
湖南	280.6	70.3	2727.0	320	150.5
广东	197.8	14.6	1069.4	123	58.5
广西	117.0	19.1	2652.2	185	101.7
海南	28.9	4.8	312.0	34	16.3
重庆	146.6	13.2	1230.0	120	35.8
四川	256.4	17.4	1378.9	140	48.6
贵州	115.9	17.0	2369.0	193	40.7
云南	144.6	18.1	2166.3	402	55.1
西藏	7.0	0.4	24.6	28	5.0
陕西	187.7	26.6	2397.0	270	81.3
甘肃	121.6	14.1	510.3	82	5.3
青海	33.7	2.8	175.7	10	6.9
宁夏	35.2	8.3	347.0	6	8.6
新疆(包含兵团)	69.3	9.3	271.1	46	23.4
合计	4711.9	656.1	39093.1	2684	1717.8

表 A.2 2002年暴雨洪涝（滑坡、泥石流）灾害情况

Table A.2 Summary of rainstorm induced flood (landside and mud-rock flow) disasters over China in 2002

地区	农作物受灾情况		人员受灾情况		倒塌房屋/万间	损坏房屋/万间	直接经济损失/亿元
	受灾面积/万公顷	绝收面积/万公顷	受灾人口/万人	死亡人口/人			
北京	0.2	0.0	0.0	0	0.0	0.0	0.4
天津	0.0	0.0	0.0	0	0.0	0.0	0.0
河北	3.6	0.8	36.9	29	0.1	0.0	1.2
山西	20.7	4.8	117.3	29	0.5	2.1	7.1
内蒙古	11.5	4.1	68.3	28	0.3	1.1	9.4
辽宁	25.2	7.2	238.0	4	0.8	6.1	12.0
吉林	18.9	4.4	54.1	1	1.7	10.0	11.1
黑龙江	40.5	11.5	107.8	4	2.6	0.7	10.2
上海	1.3	0.4	10.8	1	0.0	0.0	2.7
江苏	3.0	1.9	147.6	14	0.1	0.9	10.3
浙江	46.5	3.3	428.2	64	3.5	5.0	67.1
安徽	75.2	14.0	945.0	10	1.8	3.6	27.0
福建	23.8	5.9	187.7	65	14.1	38.0	43.8
江西	63.7	17.6	1046.7	54	9.8	37.6	53.3
山东	0.4	0.0	106.0	0	0.0	0.0	1.9
河南	23.4	3.6	334.0	2	0.4	0.5	5.7
湖北	153.2	21.3	1432.2	51	6.1	19.2	38.2
湖南	112.3	53.0	1416.0	156	27.9	137.5	87.5
广东	46.8	4.1	253.0	25	1.3	2.1	35.3
广西	96.3	15.6	1047.9	102	12.2	27.7	77.9
海南	9.4	1.7	9.5	0	0.4	0.6	0.2
重庆	82.4	6.3	1073.0	82	8.3	23.3	14.2
四川	91.5	8.7	566.5	103	7.2	11.8	30.9
贵州	39.6	6.2	724.0	113	2.6	8.5	21.6
云南	44.8	9.2	790.0	340	5.8	8.5	35.0
西藏	4.2	0.4	22.9	21	1.1	3.0	4.5
陕西	29.1	5.9	408.0	212	13.6	20.8	43.3
甘肃	12.9	2.5	151.6	45	0.2	0.0	3.6
青海	1.8	0.3	23.0	6	1.2	3.3	2.8
宁夏	7.7	1.0	130.0	2	0.5	2.8	2.9
新疆（包含兵团）	16.2	6.8	116.7	43	7.7	23.4	20.7
合计	1106.1	222.5	11992.7	1606	131.8	398.1	681.8

表 A.3　2002 年干旱灾害情况

Table A.3　Summary of drought disasters over China in 2002

地区	农作物受灾情况		人员受灾情况		直接经济损失/亿元
	受灾面积/万公顷	绝收面积/万公顷	受灾人口/万人	饮水困难人口/万人	
北京	16.6	1.0	29.3	0.0	0.4
天津	21.9	2.9	0.0	0.0	1.6
河北	217	45.5	4601.2	194.0	55.0
山西	120	10.0	925.5	0.0	32.7
内蒙古	189.9	24.8	6.4	0.0	27.7
辽宁	112	6.1	0.0	113.6	4.1
吉林	86.2	6.6	203.7	0.0	22.4
黑龙江	120.9	7.1	299.6	0.0	8.2
上海	0	0	0.0	0.0	0.0
江苏	35.7	2.9	67.4	0.0	2.1
浙江	0	0	0.0	0.0	0.0
安徽	39.1	2.4	0.0	0.0	2.4
福建	35.4	3.0	0.0	92.0	22.4
江西	5.4	0.7	107.0	0.0	6.1
山东	378.7	71.2	3156.9	366.0	204.0
河南	153.3	11.5	757.7	0.0	12.3
湖北	29.7	1.6	6.3	0.0	3.2
湖南	26.2	5.2	83.7	0.0	0.0
广东	120.4	8.1	650.9	357.6	6.2
广西	10.2	1.7	622.4	67.0	0.6
海南	7.6	1.4	119.3	15.6	5.9
重庆	46.6	6.3	137.2	0.0	13.2
四川	128.2	6.9	576.3	0.0	12.2
贵州	17.0	2.8	439.7	54.3	7.8
云南	40.1	1.3	513.5	169.0	5.8
西藏	2.4	0	0.0	0.0	0.0
陕西	123.3	14.9	1546.3	0.0	33.8
甘肃	67.1	4.9	220.3	93.1	0.5
青海	30.0	1.9	143.6	0.0	2.2
宁夏	9.9	2.1	170.3	0.0	3.9
新疆(包含兵团)	25.1	2.0	72.9	0.0	0.7
合计	2215.9	256.8	15457.6	1522.2	497.5

表 A.4 2002年大风、冰雹及雷电灾害情况

Table A.4 Summary of gale, hail and lighting disasters over China in 2002

地区	农作物受灾情况		人员受灾情况		倒塌房屋/万间	损坏房屋/万间	直接经济损失/亿元
	受灾面积/万公顷	绝收面积/万公顷	受灾人口/万人	死亡人口/人			
北京	2.7	0.8	0.0	3	0	0.1	2.8
天津	1.6	0.2	0.0	2	0	0	0.4
河北	66.1	10.5	698.6	19	0	0	35.5
山西	15.1	4.5	340.7	26	0.4	0.5	15.1
内蒙古	35.9	12	0.0	4	0	0.7	13.8
辽宁	20.7	3.1	0.0	8	0	0	0.0
吉林	17.9	9.7	4.7	11	0	0	4.0
黑龙江	150.2	10.7	113.2	11	0.3	0.5	7.5
上海	3.4	0	0.0	0	0	0	0.0
江苏	13.0	2.1	31.5	5	0.5	2.2	16.4
浙江	5.2	0.8	208.3	10	0.7	7.2	5.4
安徽	1.6	0.1	36.4	34	0.2	0.8	5.9
福建	2.0	0	75.6	33	0.4	11.7	2.5
江西	33.2	2.2	330.2	41	3.8	18.5	24.9
山东	39.6	0.7	253.5	22	0	0	18.1
河南	80.4	16.4	302.5	32	1.5	8.5	17.5
湖北	62.2	7.8	812.8	29	5.7	13.7	9.1
湖南	25.5	2.3	81.5	81	1.2	16	4.4
广东	0.9	0	4.9	68	0	0.2	1.7
广西	2.2	0.2	162.7	58	0	6	1.2
海南	0	0	0.0	34	0	0	0.0
重庆	7.6	0	19.8	38	3.1	0	5.3
四川	14.8	0.7	215.0	37	0.4	2.4	5.0
贵州	32.3	6.5	512.4	71	1.1	32.6	9.4
云南	45.6	5.9	435.8	61	0.4	4.4	7.8
西藏	0.1	0	0.4	7	0	0	0.1
陕西	11.0	1.9	138.0	58	0	0	3.2
甘肃	34.9	6.7	134.7	37	0.2	0	1.1
青海	1.4	0.1	6.7	4	0	0	1.6
宁夏	14.1	4.0	30.1	4	0	0	0.7
新疆(包含兵团)	17.0	0	49.5	3	0	0.2	1.4
合计	758.2	109.9	4999.5	851	19.9	126.2	221.7

表 A.5　2002 年热带气旋灾害情况

Table A.5　Summary of tropical cyclone disasters over China in 2002

地区	农作物受灾情况		人员受灾情况		倒塌房屋/万间	损坏房屋/万间	直接经济损失/亿元
	受灾面积/万公顷	绝收面积/万公顷	受灾人口/万人	死亡人口/人			
北京	0	0	0.0	0	0	0	0
天津	0	0	0.0	0	0	0	0
河北	0	0	0.0	0	0	0	0
山西	0	0	0.0	0	0	0	0
内蒙古	0	0	0.0	0	0	0	0
辽宁	0	0	0.0	0	0	0	0
吉林	0	0	0.0	0	0	0	0
黑龙江	0	0	0.0	0	0	0	0
上海	1.6	0	0.0	6	0.1	0	1.4
江苏	23.9	0	331.0	0	0.2	0.8	6.3
浙江	24.4	2.4	851.6	28	2.3	3.2	53.0
安徽	0	0	0.0	0	0	0	0
福建	22.8	2.2	459.7	11	8.1	10.5	50.5
江西	1.7	0.3	22.7	28	0.5	1.1	1.5
山东	0	0	0.0	0	0	0	0
河南	0	0	0.0	0	0	0	0
湖北	0	0	0.0	0	0	0	0
湖南	40	2.3	901.0	76	2.1	6.6	46.3
广东	28.4	2.4	153.5	30	1.3	2	12.9
广西	8.0	1.5	692.8	24	2.0	5.4	14.2
海南	11.6	1.7	183.2	0	2.7	3.8	10.2
重庆	0	0	0.0	0	0	0	0
四川	0	0	0.0	0	0	0	0
贵州	2.3	0	46.7	9	0	0.1	0.4
云南	0	0	0.0	0	0	0	0
西藏	0	0	0.0	0	0	0	0
陕西	0	0	0.0	0	0	0	0
甘肃	0	0	0.0	0	0	0	0
青海	0	0	0.0	0	0	0	0
宁夏	0	0	0.0	0	0	0	0
新疆(包含兵团)	0	0	0.0	0	0	0	0
合计	164.7	12.8	3642.2	212	19.3	33.5	196.7

表 A.6 2002年低温冷冻灾害和雪灾情况

Table A.6 Summary of snow, low-temperature and frost disasters over China in 2002

地区	农作物受灾情况		人员受灾情况		倒塌房屋/万间	损坏房屋/万间	直接经济损失/亿元
	受灾面积/万公顷	绝收面积/万公顷	受灾人口/万人	死亡人口/人			
北京	0	0	0.0	0	0	0	0.0
天津	0	0	0.0	0	0	0	0.0
河北	12.8	0.3	52.8	0	0	0	0.8
山西	4.5	0.9	69.1	0	0	0	2.1
内蒙古	1.5	0	0.0	0	0	0.5	1.2
辽宁	1.3	0.1	0.0	0	0	0	0.0
吉林	19.6	0.5	7.8	0	0	0	0.4
黑龙江	103.3	11.3	170.2	0	0	0.3	6.1
上海	0	0	0.0	0	0	0	0.0
江苏	1.5	0	0.0	0	0	0	0.0
浙江	0.2	0.0	3.7	0	0	0	0.1
安徽	0	0	0.0	0	0	0	0.0
福建	5.4	0.4	250.2	0	0.1	0.6	6.1
江西	0	0	0.0	0	0	0	0.0
山东	75.5	20.0	531.2	0	0	0	64.0
河南	23.6	0.1	65.0	0	0	0	1.4
湖北	22.3	1.8	17.9	6	0.3	0.1	0.4
湖南	76.6	7.5	244.8	7	0.2	0.4	12.3
广东	1.3	0	7.0	0	0	0	2.3
广西	0.3	0.1	126.4	1	0.1	0.5	7.8
海南	0.3	0	0.0	0	0	0	0.0
重庆	10.0	0.6	0.0	0	0	0	3.1
四川	21.9	1.1	21.1	0	0	0	0.5
贵州	24.7	1.5	646.2	0	0	0	1.5
云南	14.1	1.7	426.9	1	0	0.1	6.5
西藏	0.3	0	1.3	0	0	0	0.4
陕西	24.3	3.9	304.7	0	0	0	1.0
甘肃	6.7	0	3.7	0	0	0	0.1
青海	0.5	0.5	2.4	0	0	0	0.3
宁夏	3.5	1.2	16.6	0	0	0	1.1
新疆(包含兵团)	11	0.5	32.0	0	2.8	0	0.6
合计	467	54.0	3001.1	15	3.5	2.5	120.1

附录 B 主要气象灾害分布图

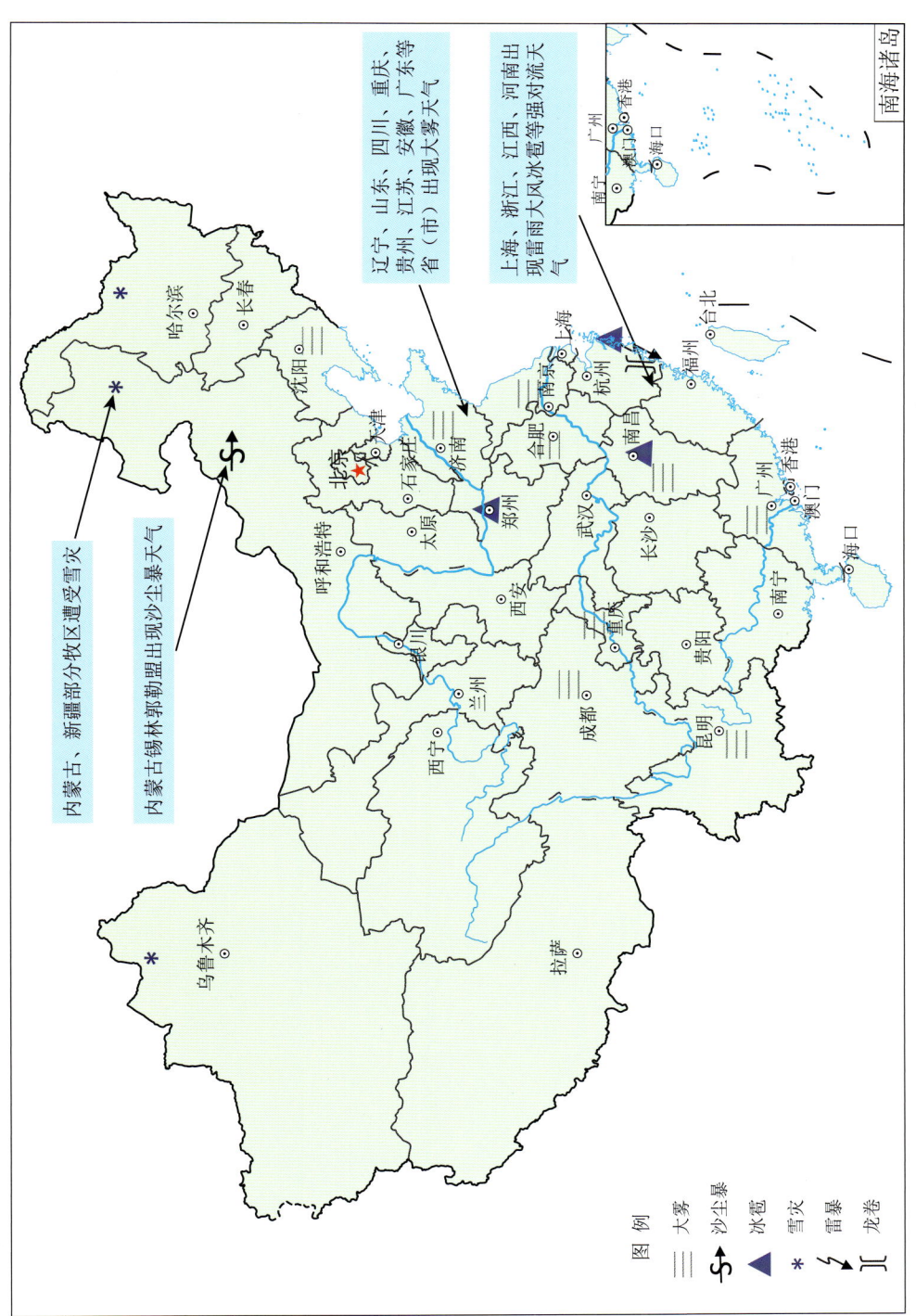

图 B.1 2002年1月全国主要气象灾害分布

Fig. B.1 The distribution of major meteorological disasters over China in January 2002

2003 中国气象灾害年鉴
Yearbook of Meteorological Disasters in China

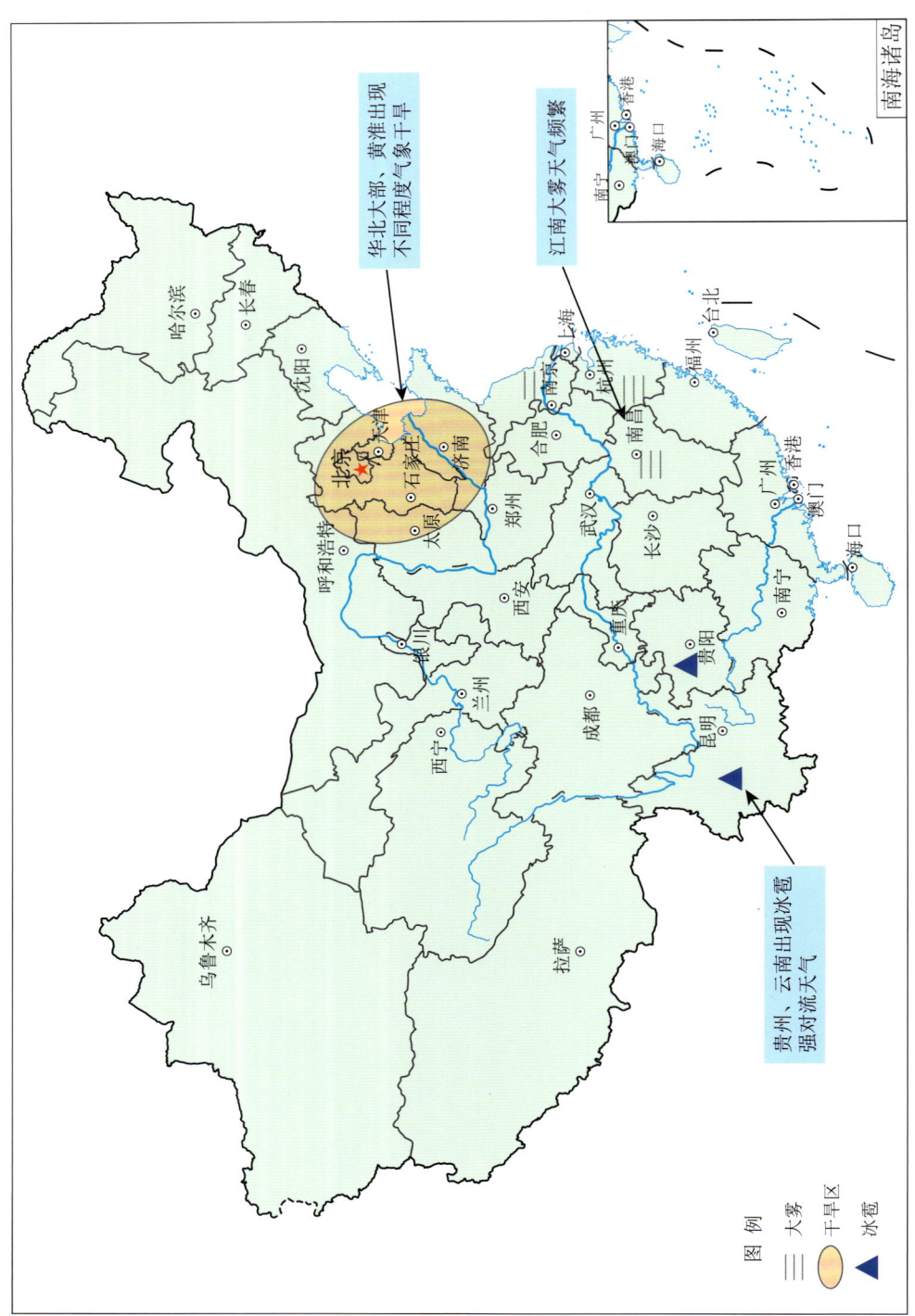

图 B.2　2002年2月全国主要气象灾害分布

Fig. B.2　The distribution of major meteorological disasters over China in February 2002

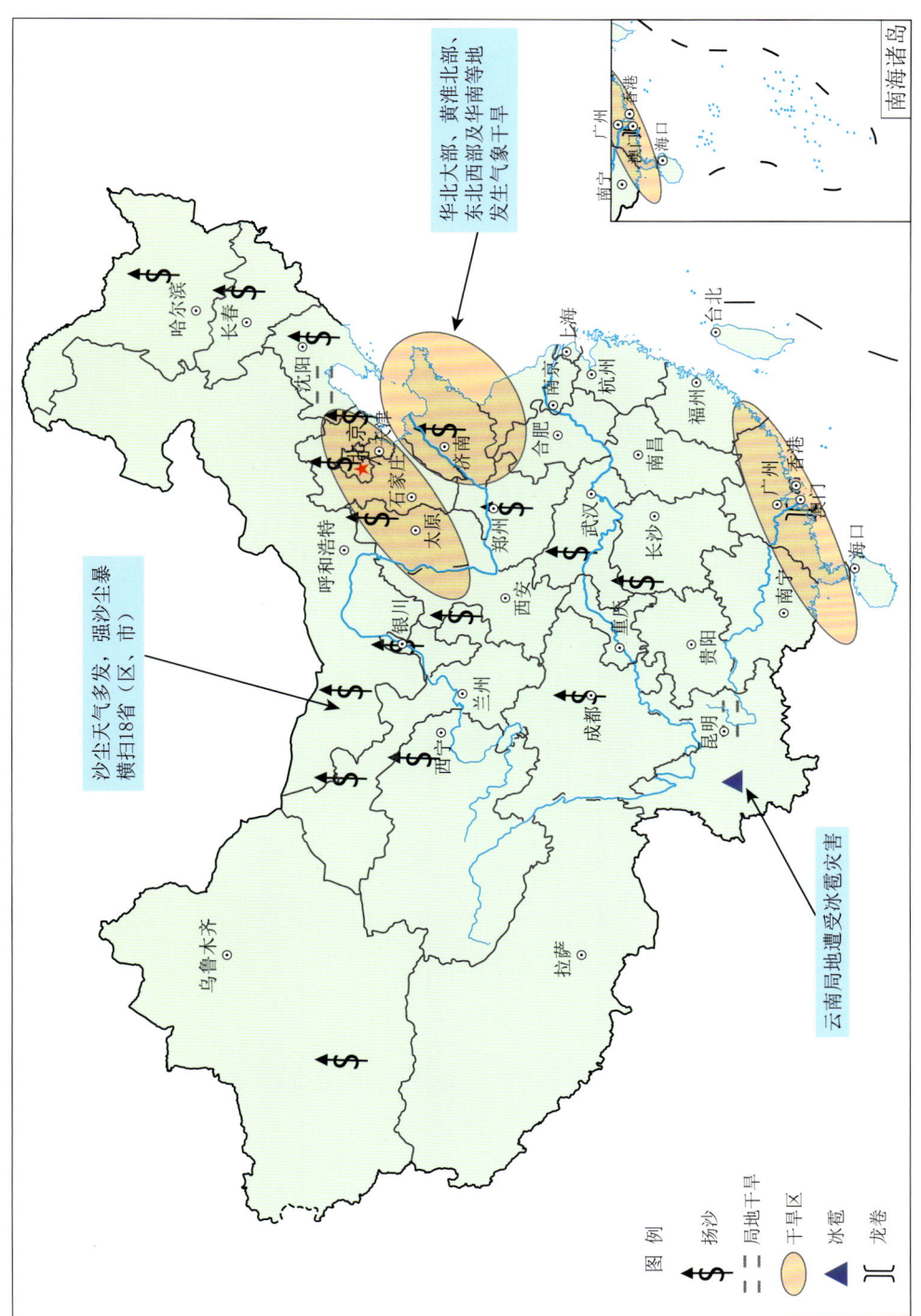

图 B.3　2002 年 3 月全国主要气象灾害分布

Fig. B.3　The distribution of major meteorological disasters over China in March 2002

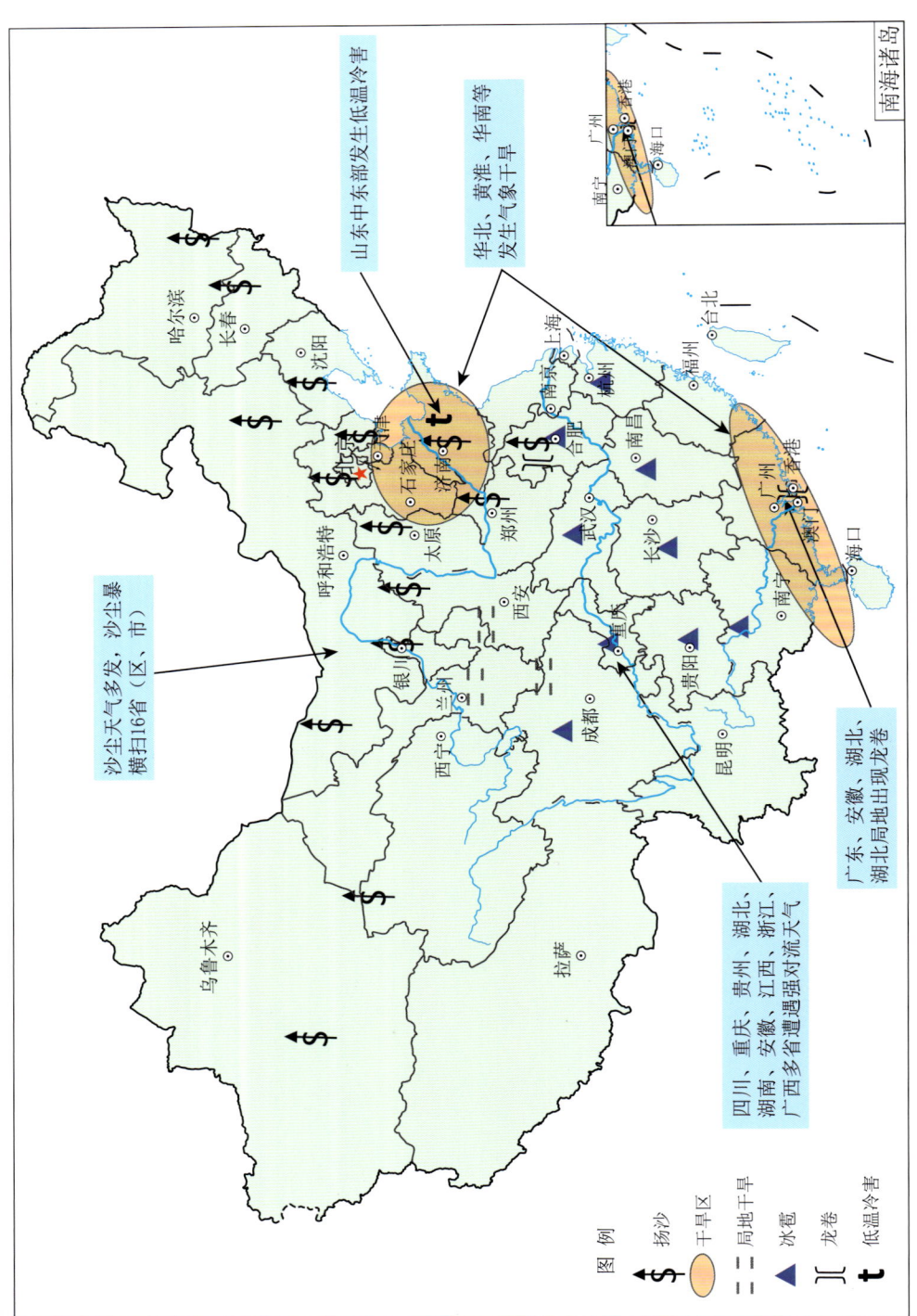

图 B.4 2002年4月全国主要气象灾害分布

Fig. B.4 The distribution of major meteorological disasters over China in April 2002

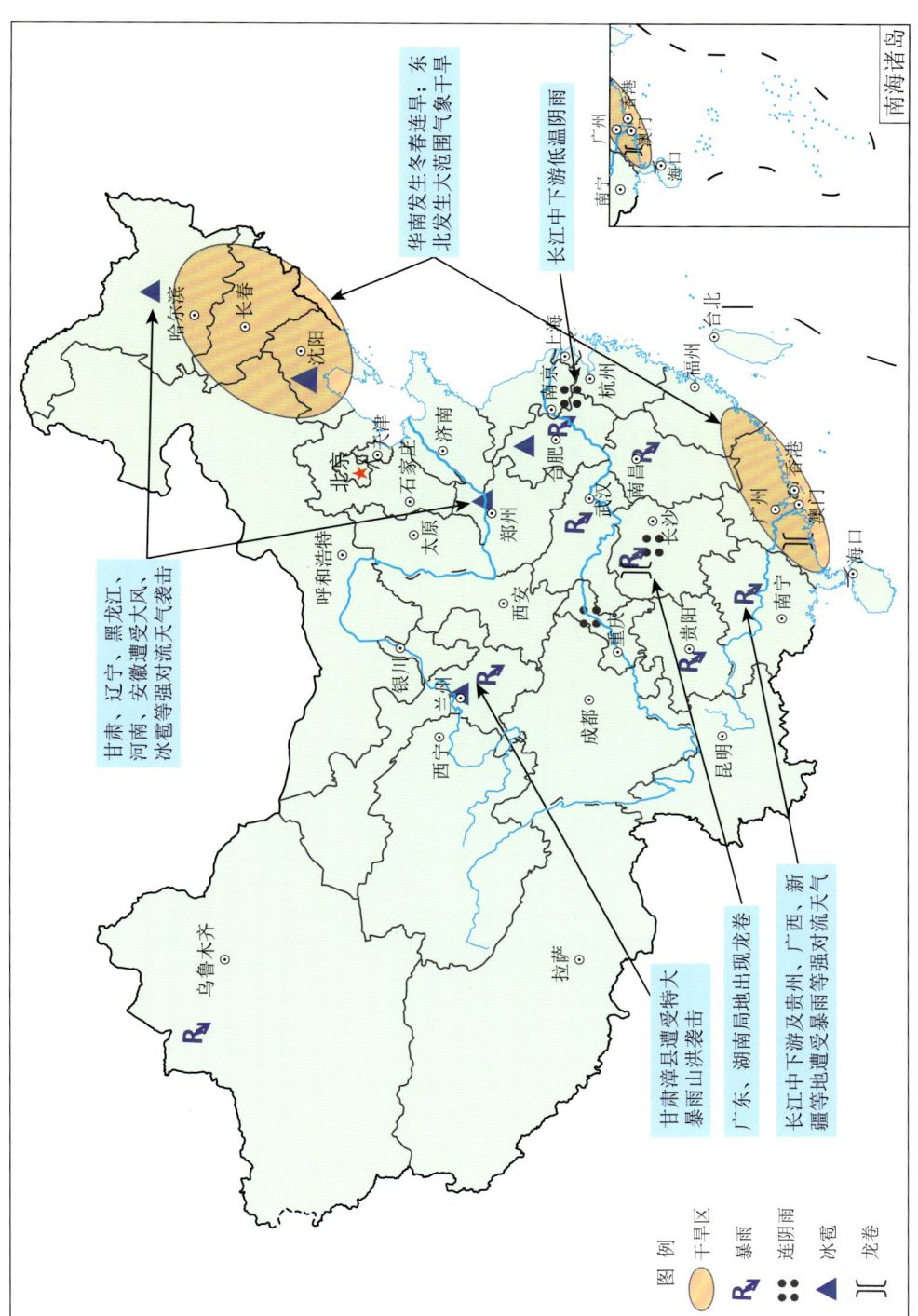

图 B.5　2002 年 5 月全国主要气象灾害分布

Fig. B.5　The distribution of major meteorological disasters over China in May 2002

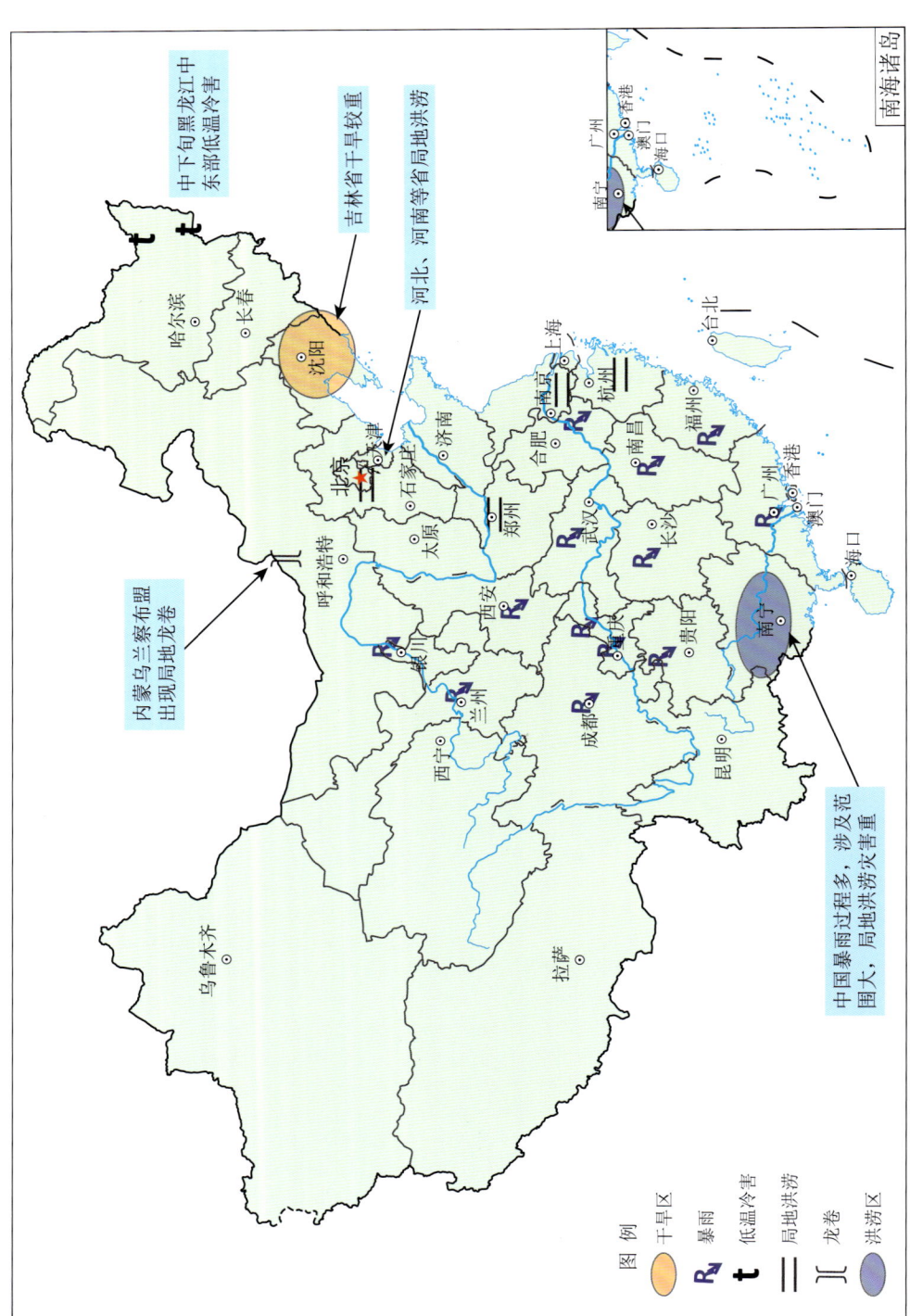

图 B.6 2002年6月全国主要气象灾害分布

Fig. B.6 The distribution of major meteorological disasters over China in June 2002

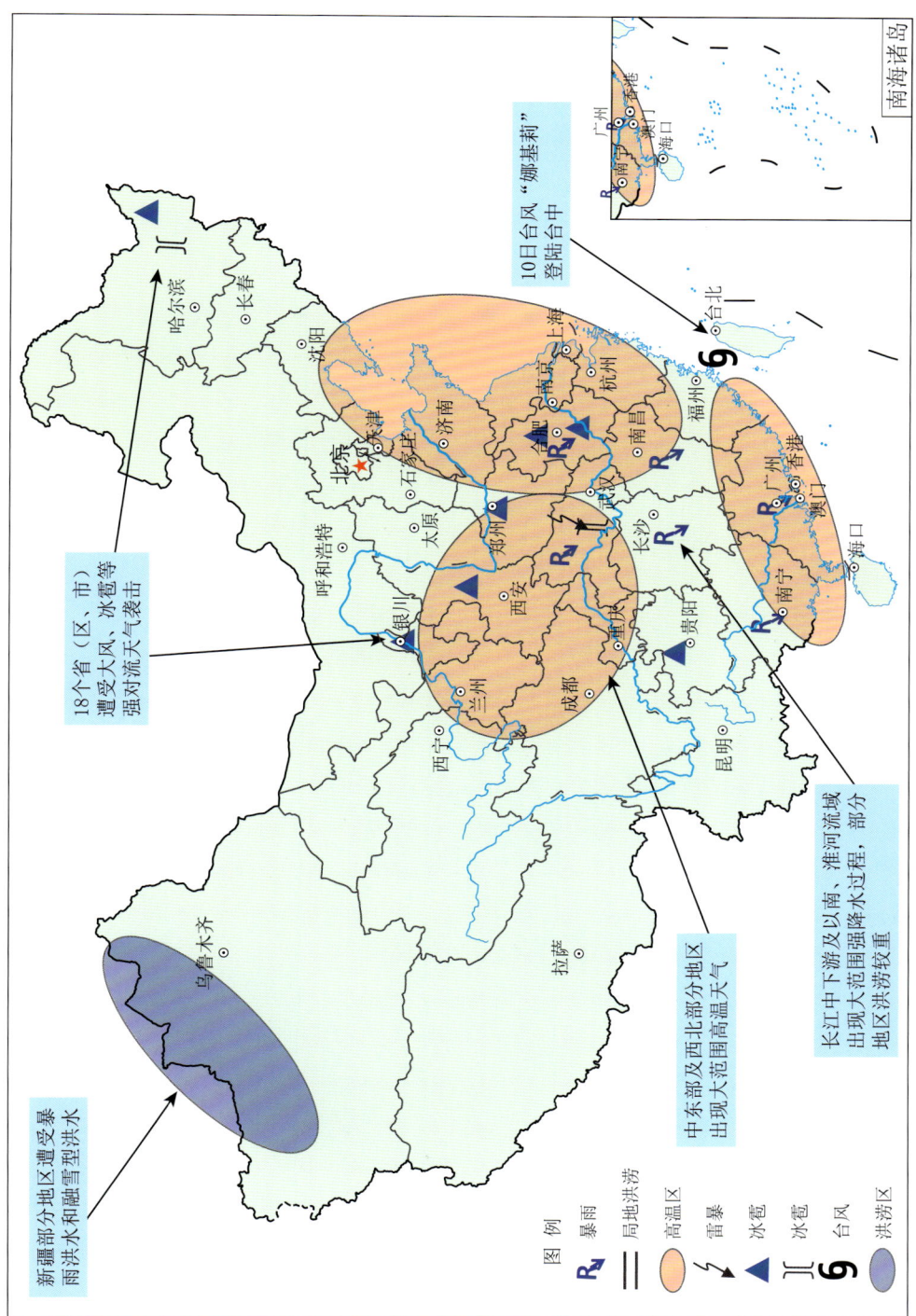

图 B.7 2002年7月全国主要气象灾害分布

Fig. B.7 The distribution of major meteorological disasters over China in July 2002

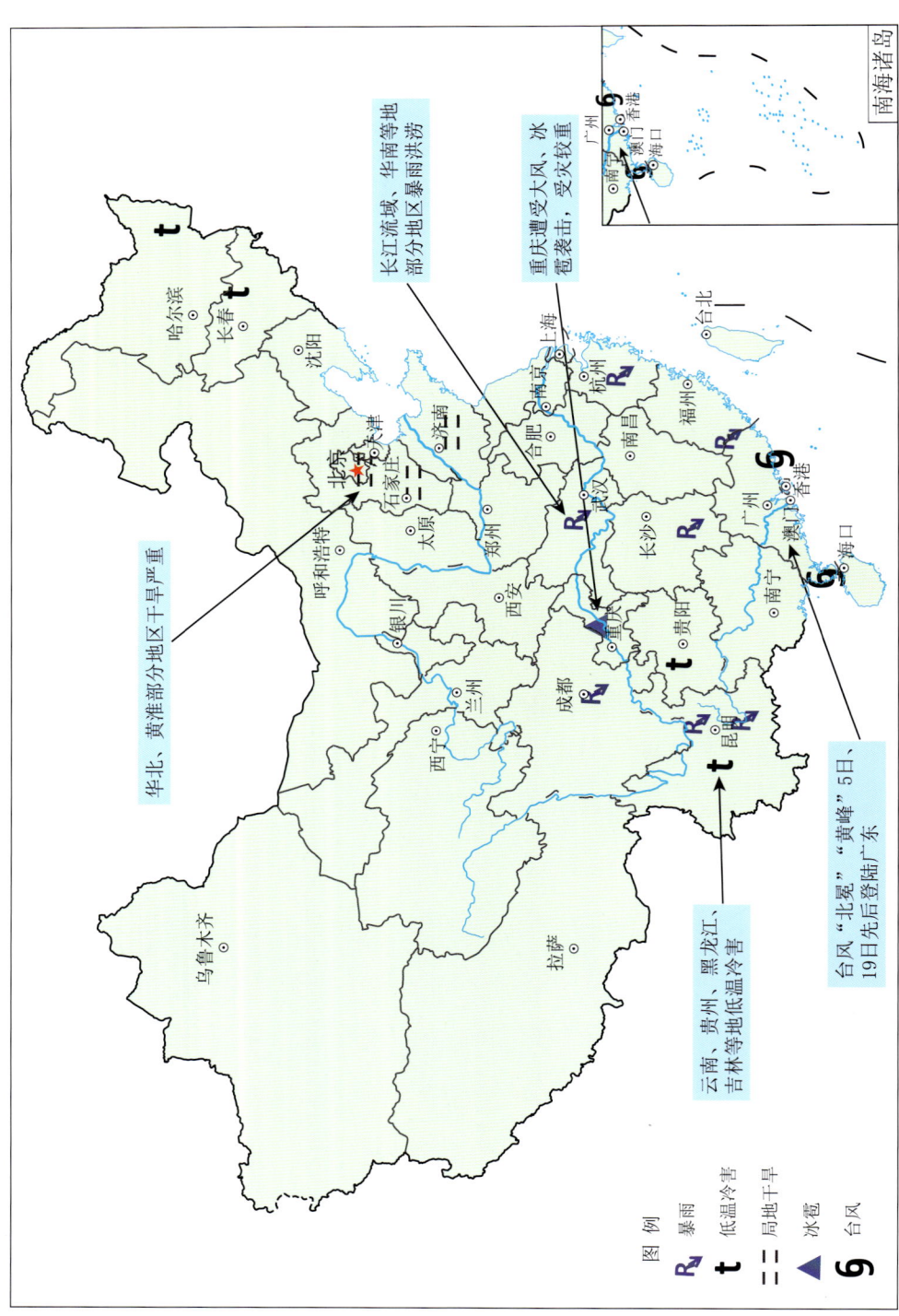

图 B.8 2002年8月全国主要气象灾害分布

Fig. B.8 The distribution of major meteorological disasters over China in August 2002

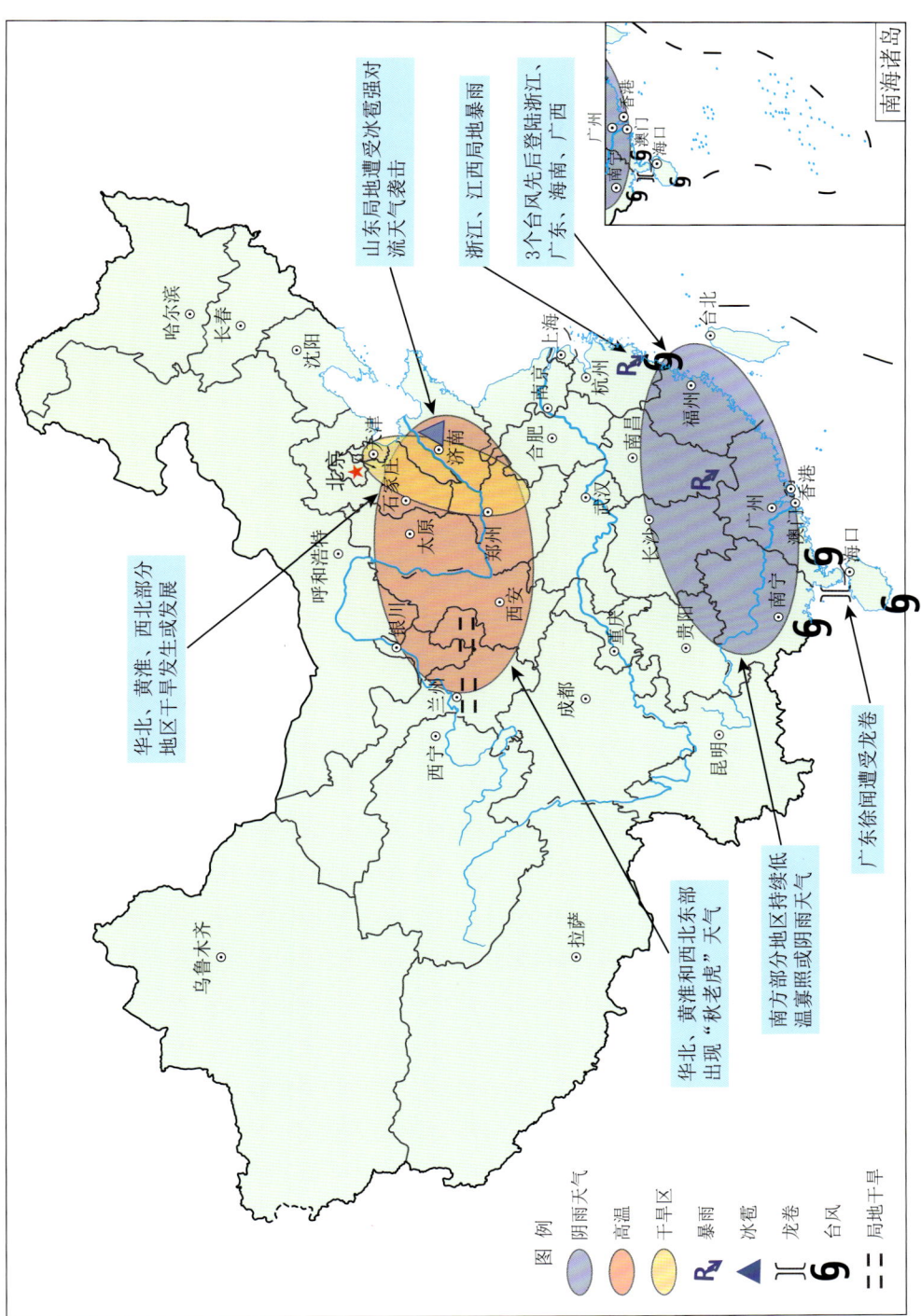

图 B.9 2002年9月全国主要气象灾害分布

Fig. B.9 The distribution of major meteorological disasters over China in September 2002

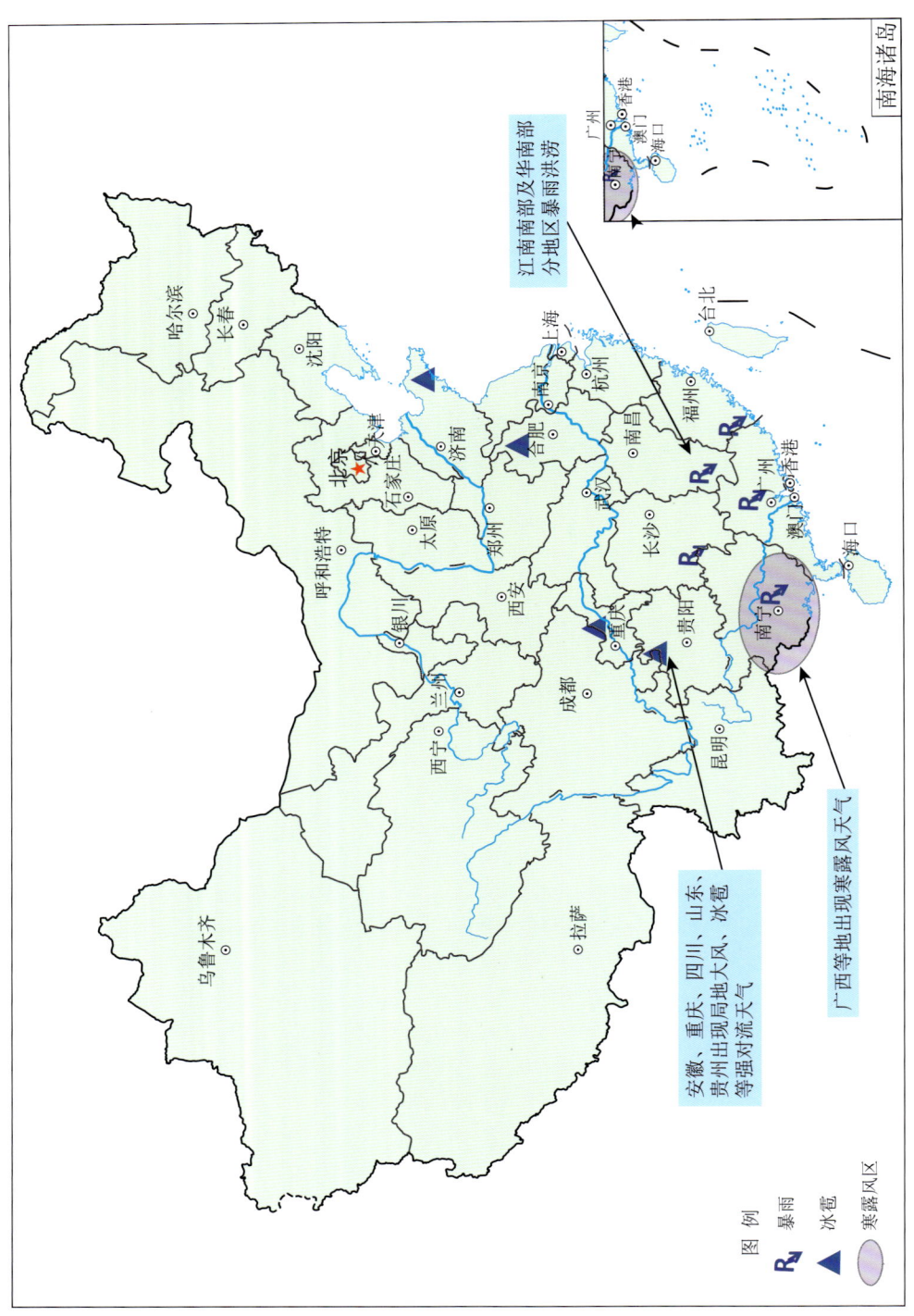

图 B.10 2002年10月全国主要气象灾害分布

Fig. B.10 The distribution of major meteorological disasters over China in October 2002

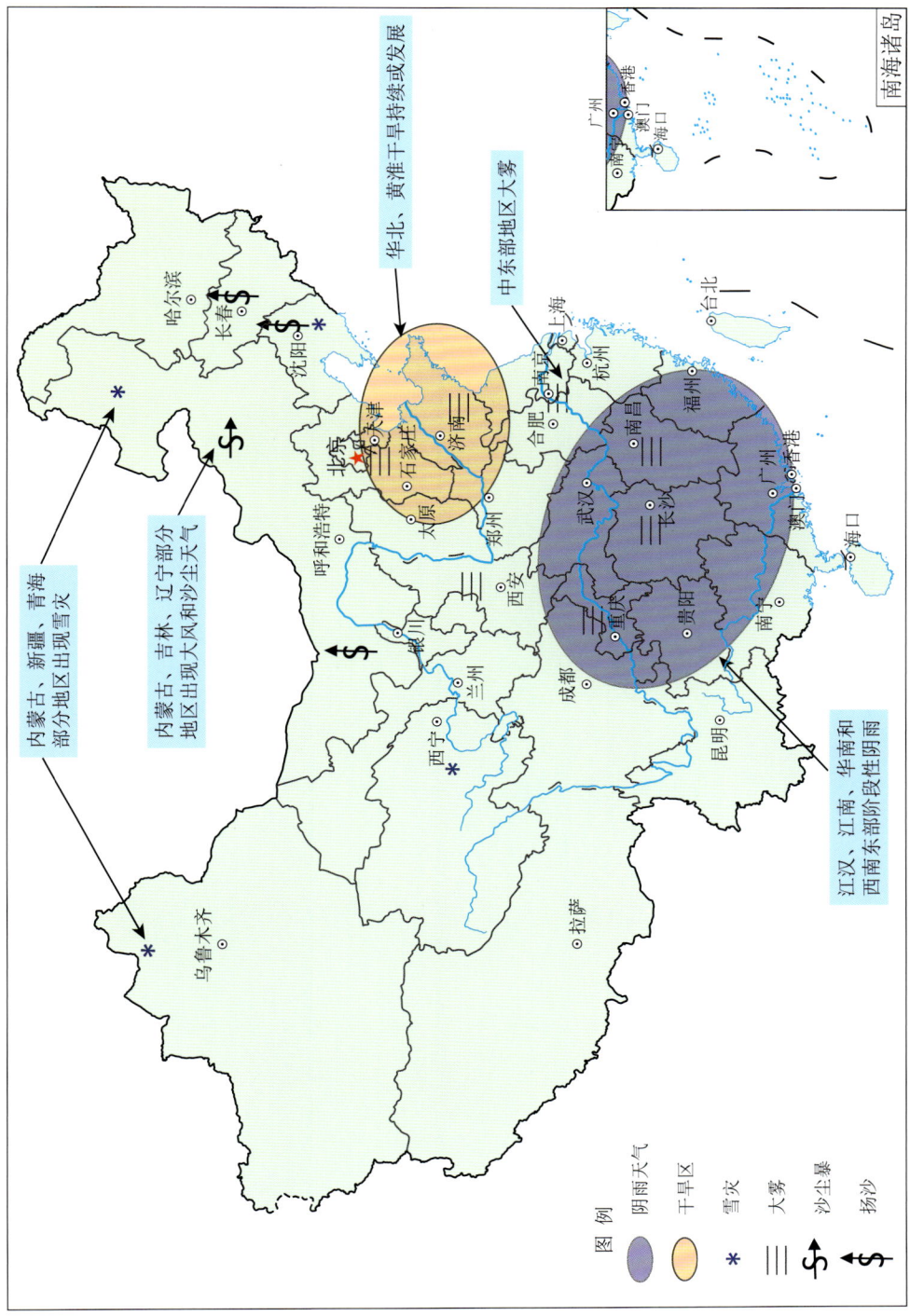

图 B.11 2002 年 11 月全国主要气象灾害分布

Fig. B.11 The distribution of major meteorological disasters over China in November 2002

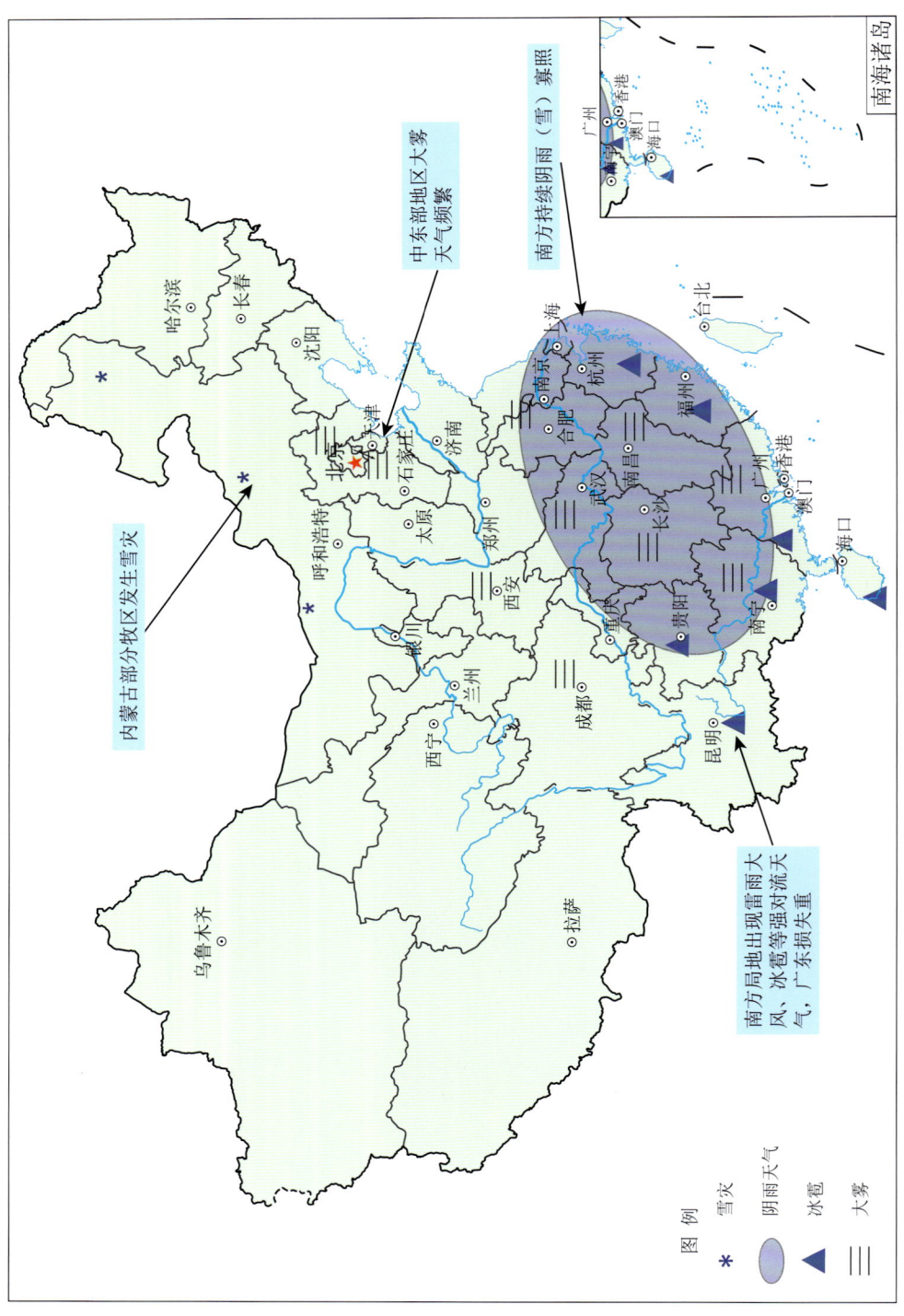

图 B.12 2002年12月全国主要气象灾害分布

Fig. B.12 The distribution of major meteorological disasters over China in December 2002

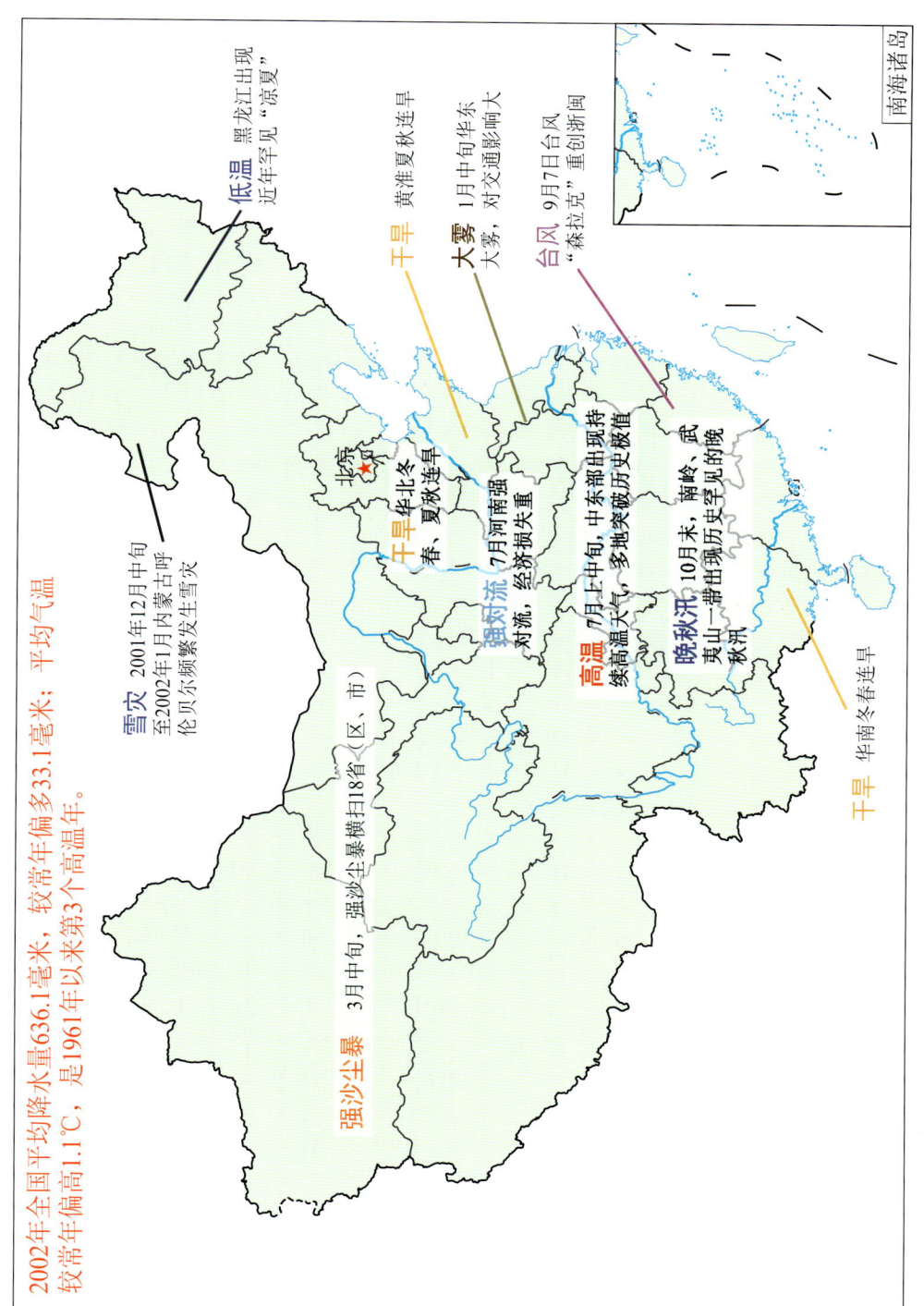

图 B.13　2002 年全国主要气象灾害分布

Fig. B.13　The distribution of major meteorological disasters over China in 2002

附录C 气温特征分布图

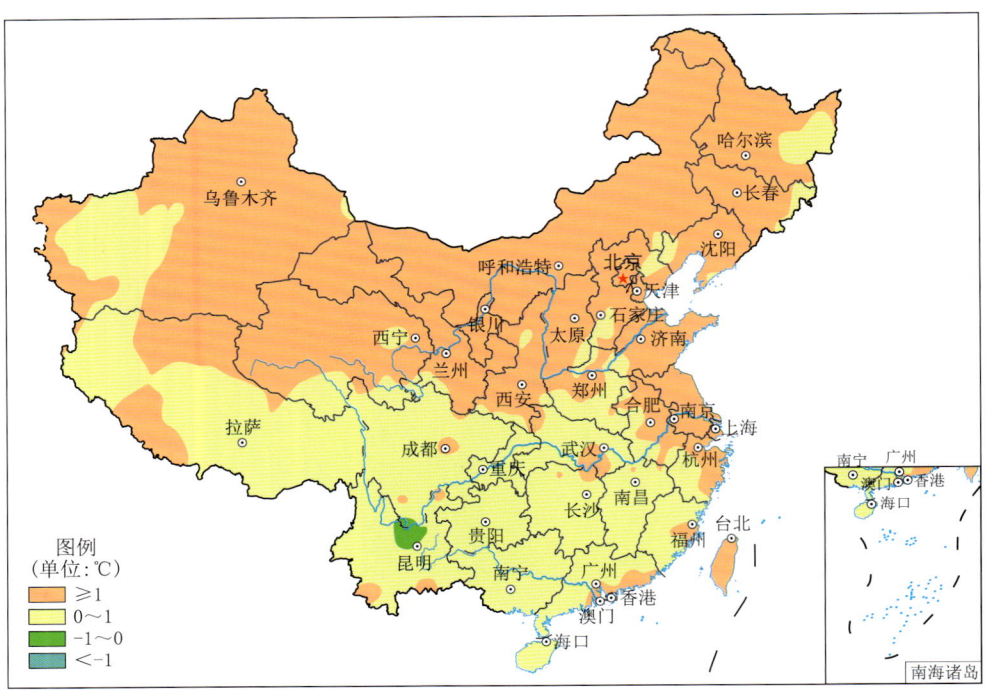

图 C.1　2002年全国年平均气温距平分布

Fig. C.1　Distribution of annual mean temperature anomalies over China in 2002(unit:℃)

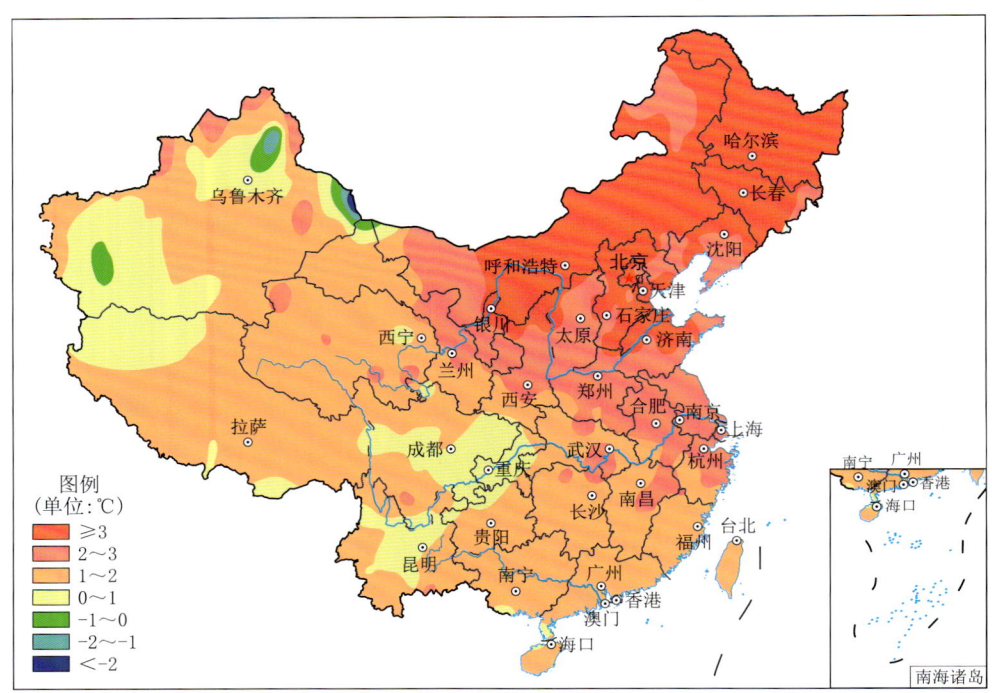

图 C.2　2002年全国冬季平均气温距平分布

Fig. C.2　Distribution of annual mean temperature anomalies over China in winter of 2002(unit:℃)

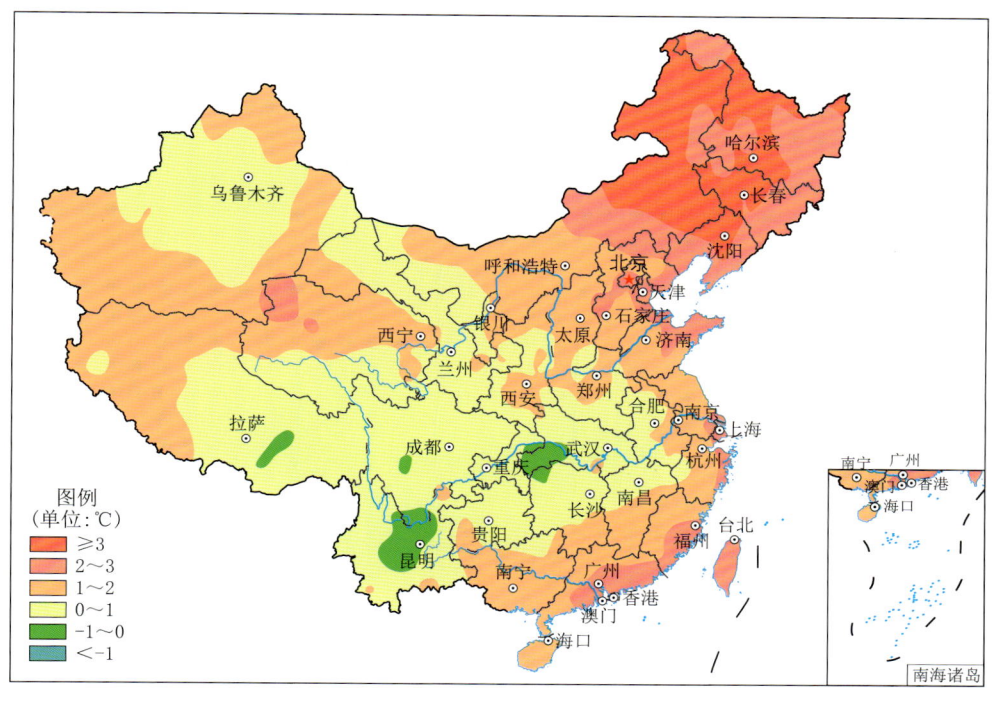

图 C.3　2002年全国春季平均气温距平分布
Fig. C.3　Distribution of annual mean temperature anomalies over China in spring of 2002(unit:℃)

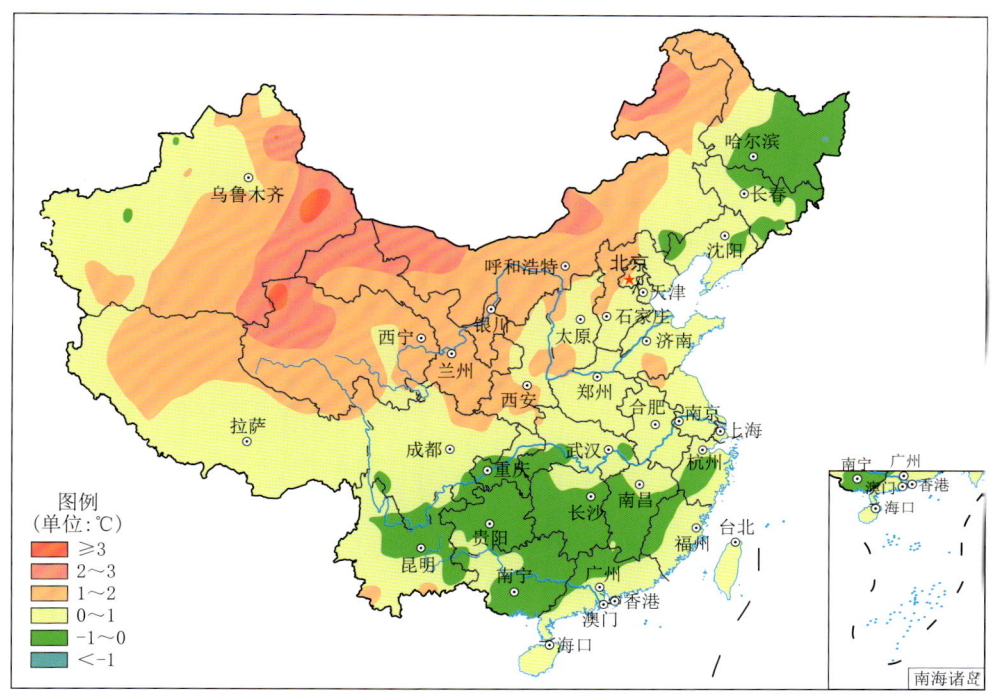

图 C.4　2002年全国夏季平均气温距平分布
Fig. C.4　Distribution of annual mean temperature anomalies over China in summer of 2002(unit:℃)

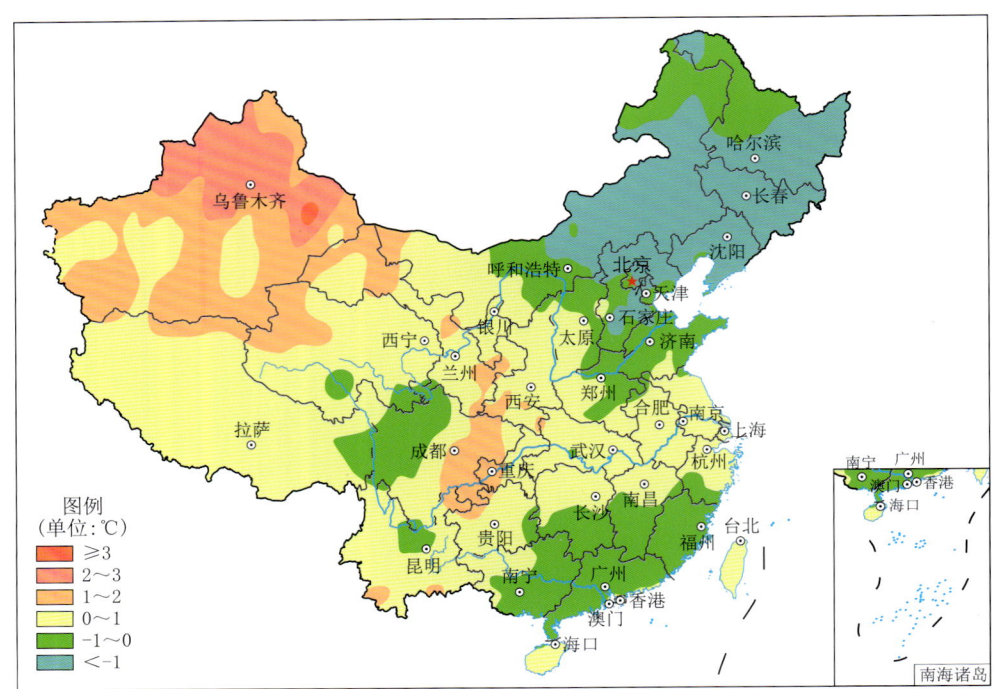

图 C.5　2002年全国秋季平均气温距平分布

Fig. C.5　Distribution of annual mean temperature anomalies over China in autumn of 2002(unit:℃)

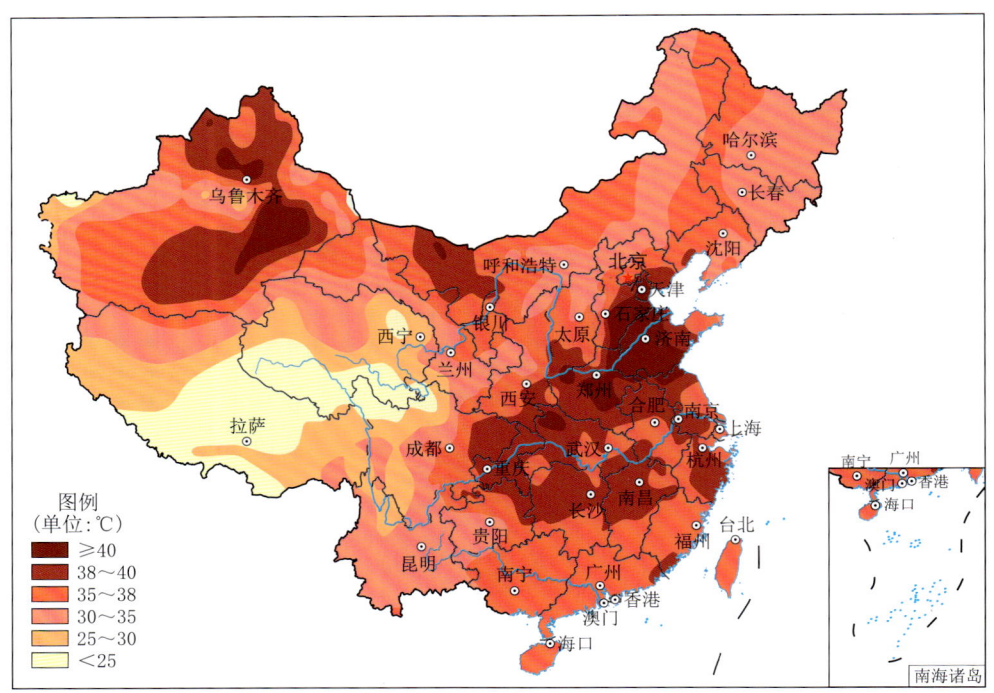

图 C.6　2002年全国极端最高气温分布

Fig. C.6　Distribution of annual extreme maximum temperature over China in 2002(unit:℃)

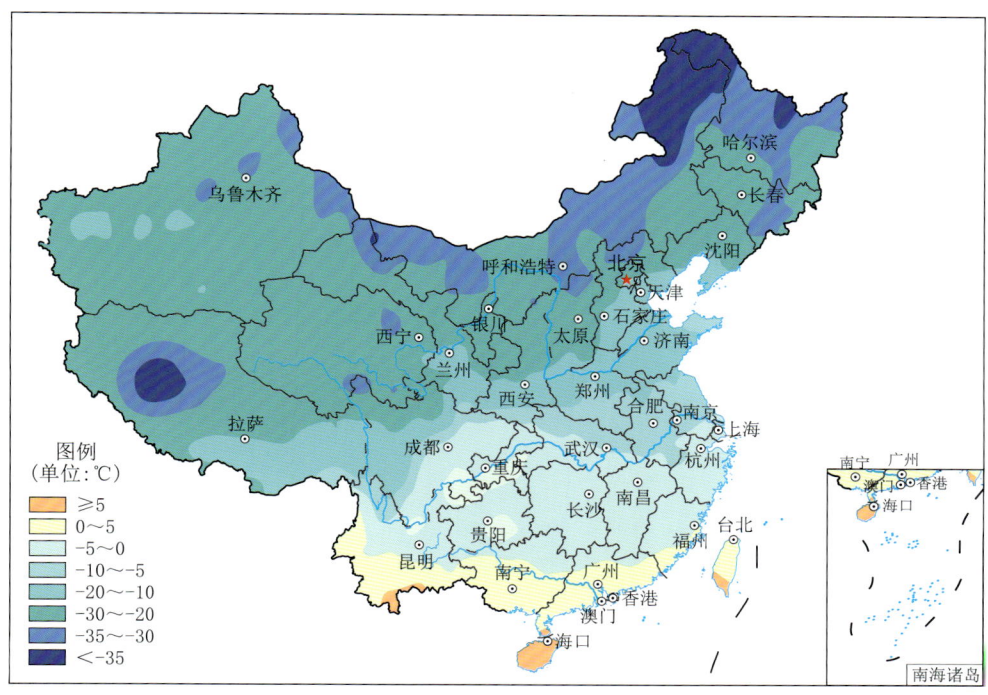

图 C.7　2002 年全国极端最低气温分布

Fig. C.7　Distribution of annual extreme minimum temperature over China in 2002（unit：℃）

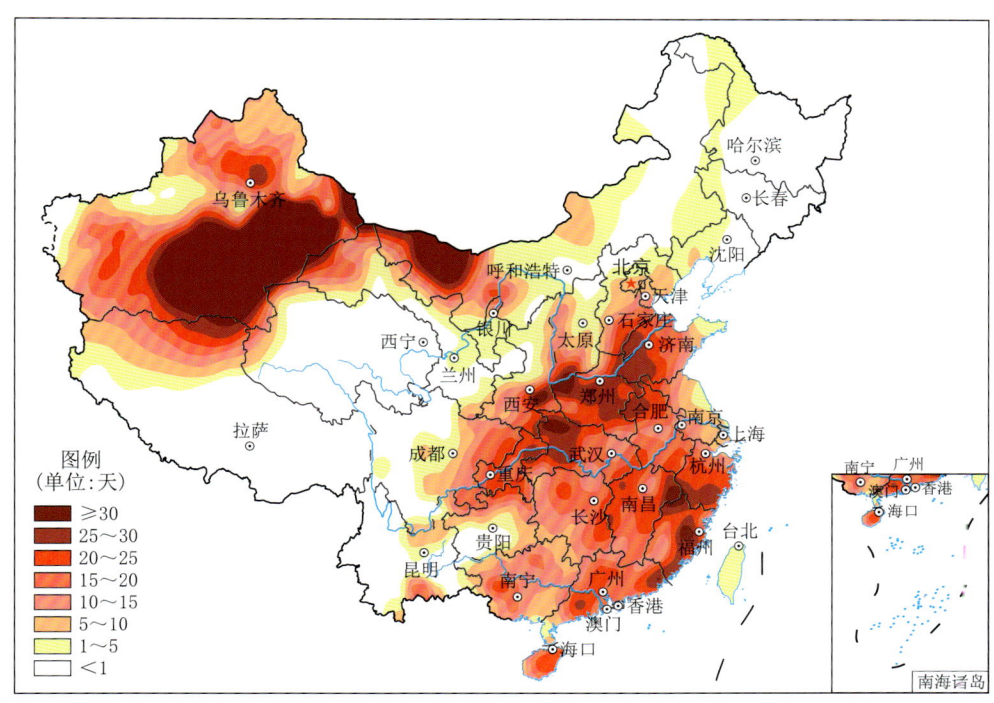

图 C.8　2002 年全国高温（日最高气温≥35 ℃）日数分布

Fig. C.8　Distribution of hot days（daily maximum temperature ≥35 ℃）over China in 2002（unit：d）

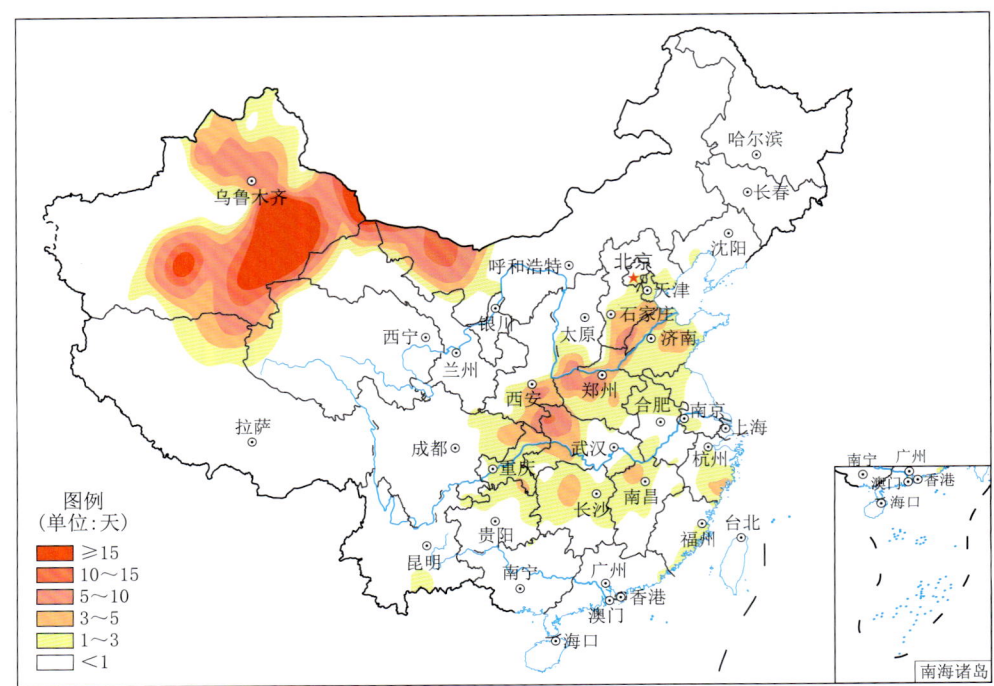

图 C.9　2002年全国高温（日最高气温≥38 ℃）日数分布

Fig. C.9　Distribution of hot days (daily maximum temperature ≥38 ℃) over China in 2002 (unit: d)

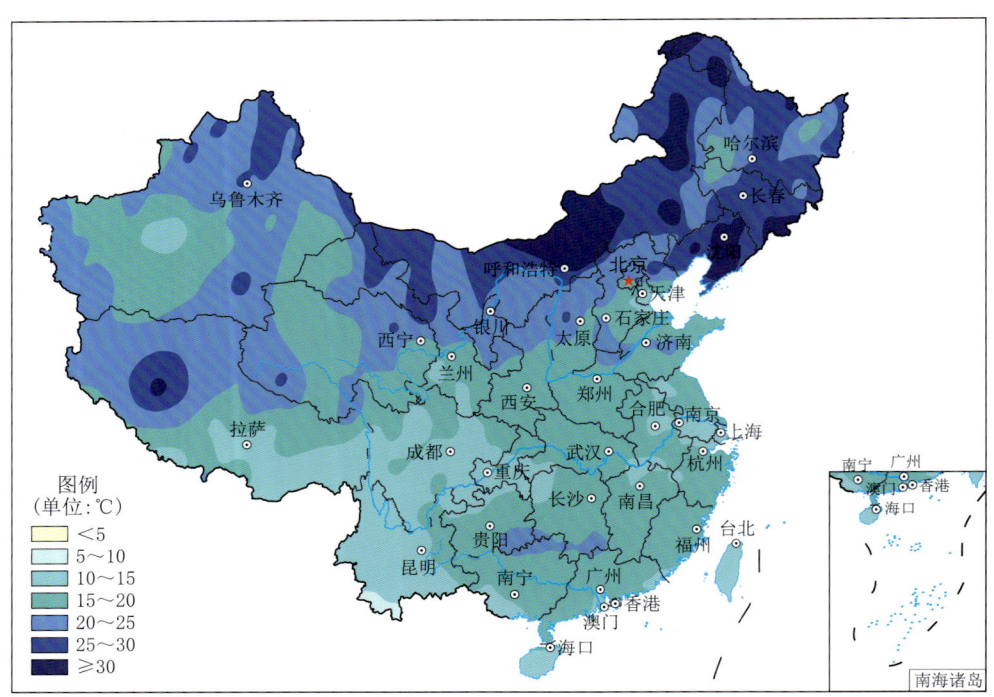

图 C.10　2002年全国最大过程降温幅度分布

Fig. C.10　Distribution of the maximum amplitude of temperature dropping over China in 2002 (unit: ℃)

附录 D 降水特征分布图

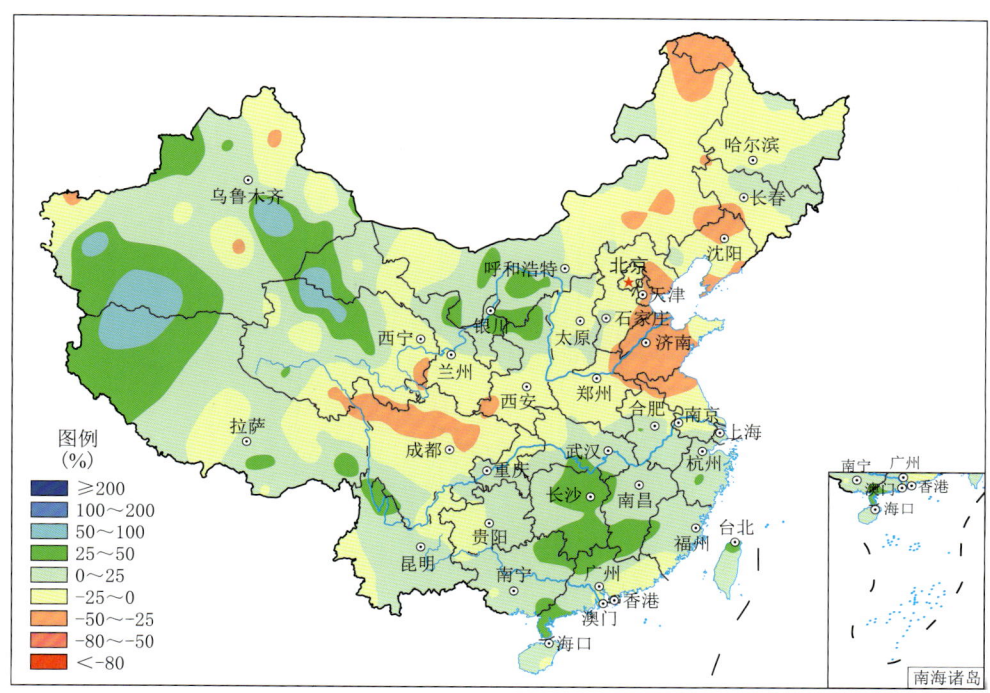

图 D.1 2002 年全国降水量距平百分率分布
Fig. D.1 Distribution of annual precipitation anomalies over China in 2002(％)

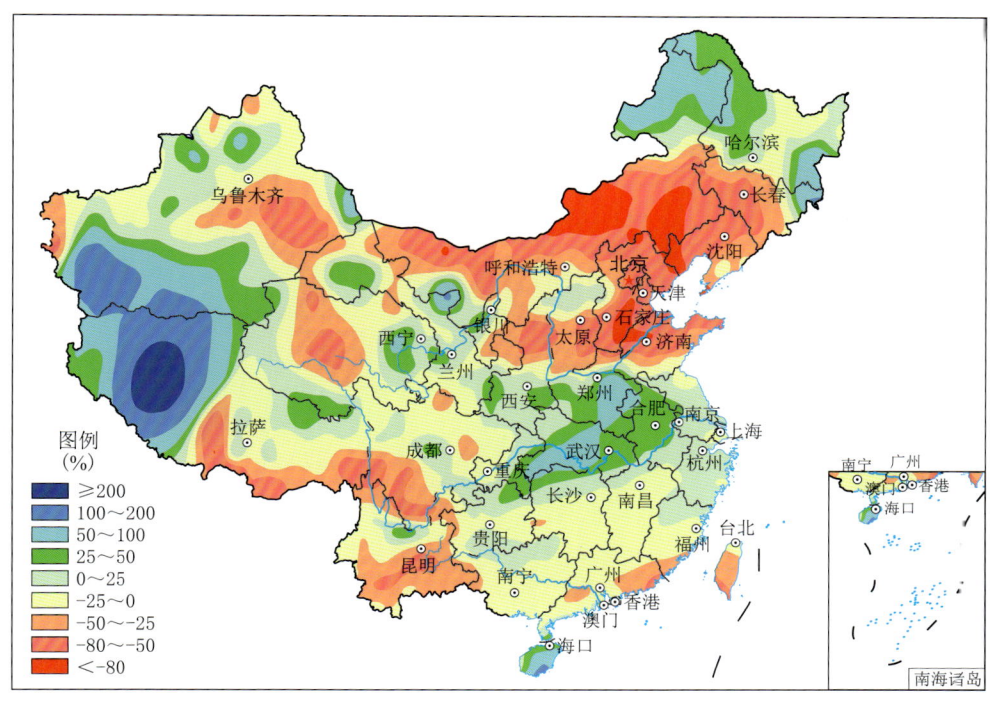

图 D.2 2002 年全国冬季降水量距平百分率分布
Fig. D.2 Distribution of precipitation anomalies over China in winter of 2002(％)

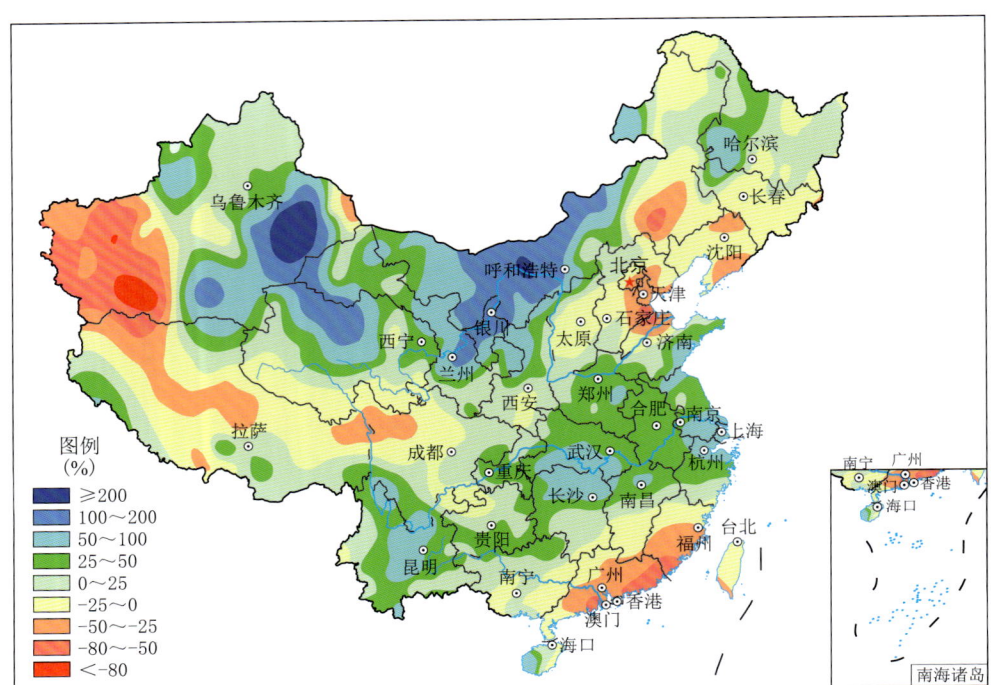

图 D.3　2002年全国春季降水量距平百分率分布

Fig. D.3　Distribution of precipitation anomalies over China in spring of 2002(%)

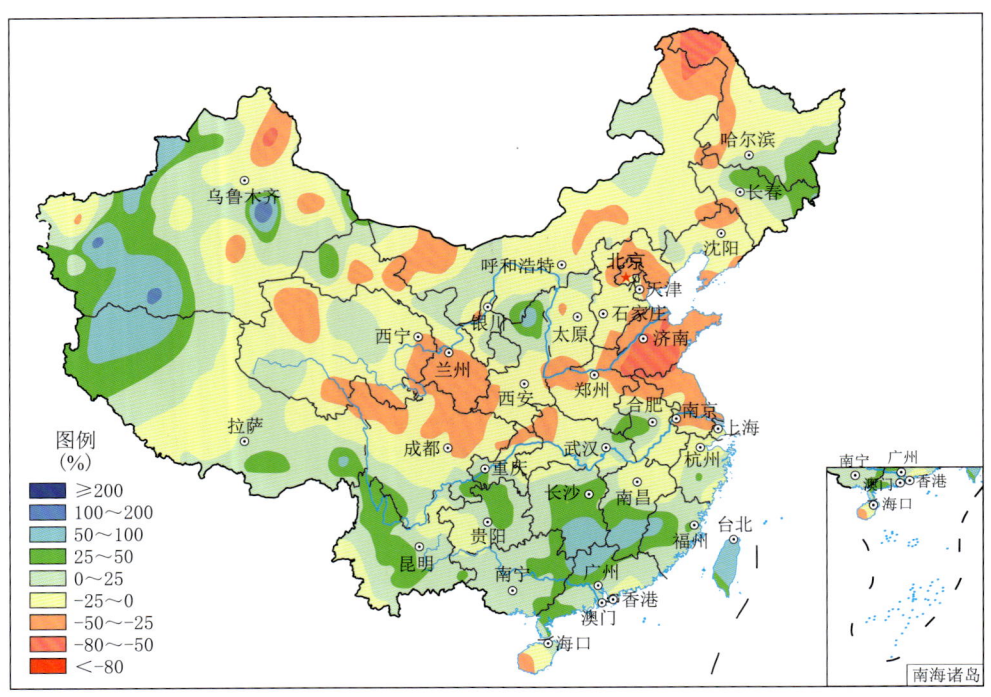

图 D.4　2002年全国夏季降水量距平百分率分布

Fig. D.4　Distribution of precipitation anomalies over China in summer of 2002(%)

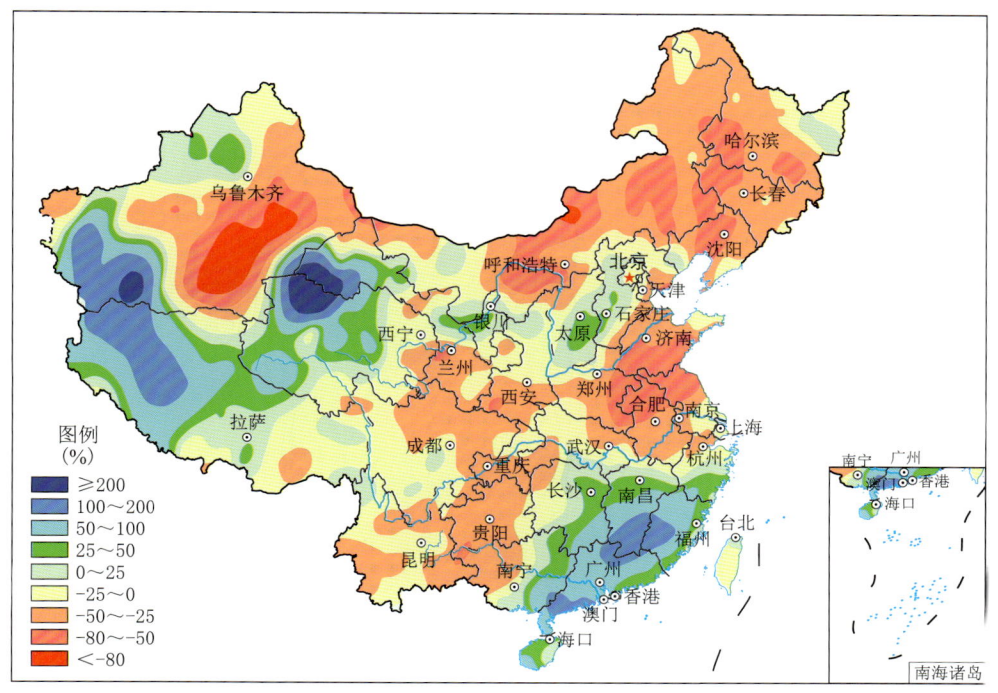

图 D.5　2002年全国秋季降水量距平百分率分布

Fig. D.5　Distribution of precipitation anomalies over China in autumn of 2002(%)

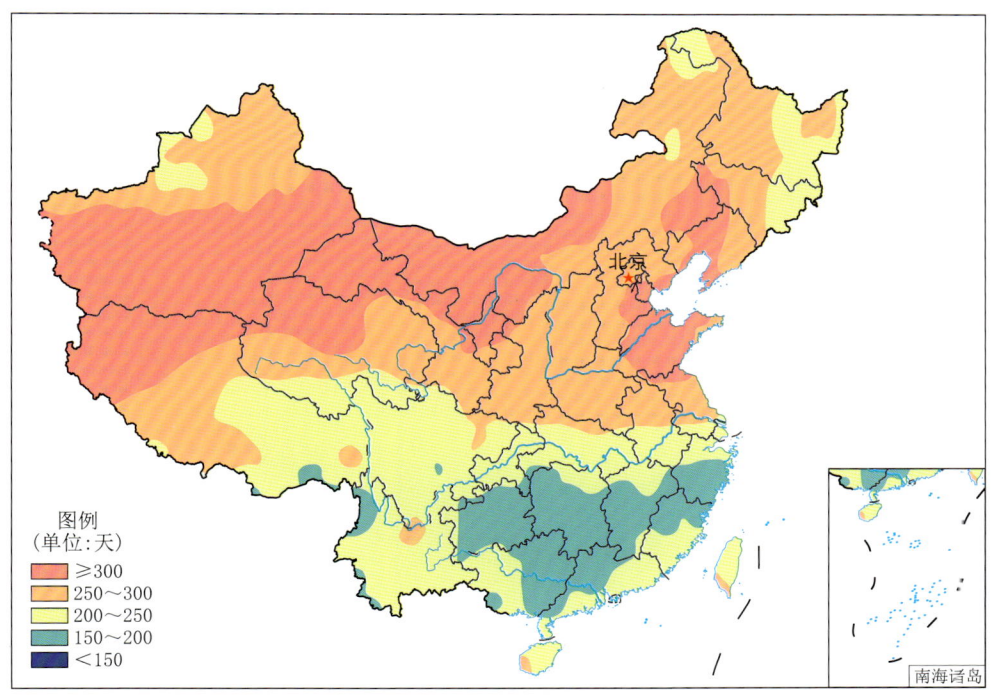

图 D.6　2002年全国无降水日数分布

Fig. D.6　Distribution of non-precipitation days over China in 2002(unit:d)

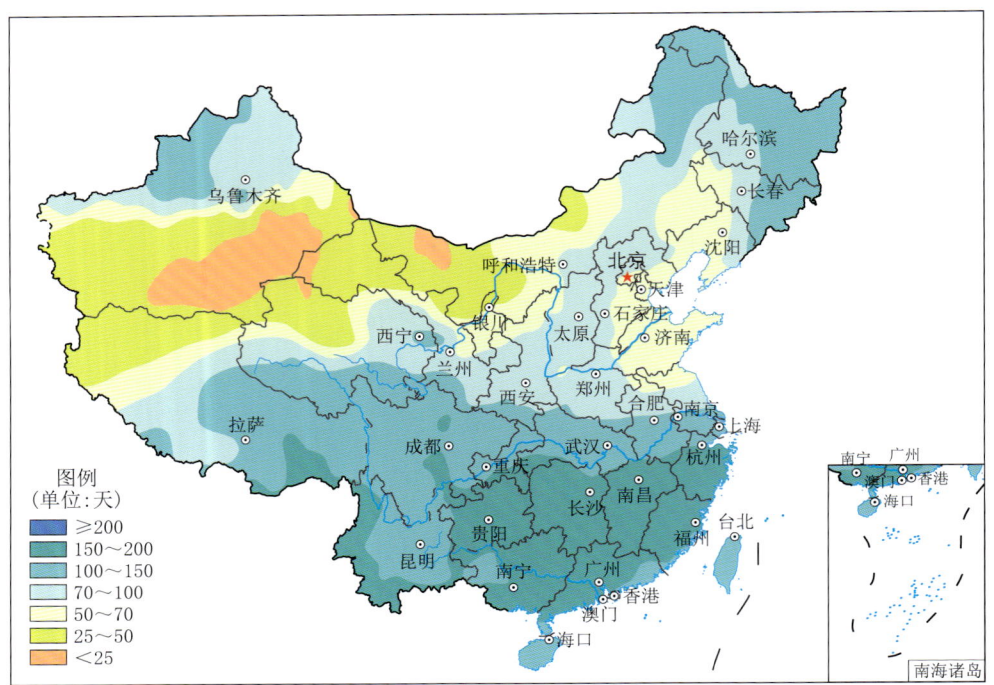

图 D.7　2002年全国降水（日降水量≥0.1毫米）日数分布

Fig. D.7　Distribution of the number of days with daily precipitation ≥0.1 mm over China in 2002（unit：d）

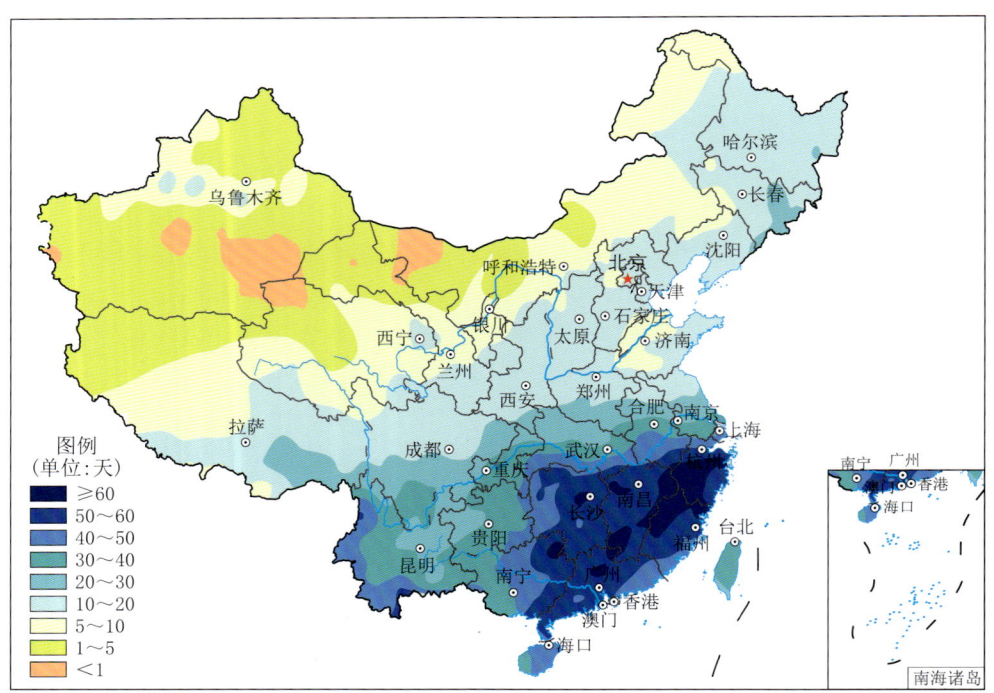

图 D.8　2002年全国降水（日降水量≥10.0毫米）日数分布

Fig. D.8　Distribution of the number of days with daily precipitation ≥10.0 mm over China in 2002（unit：d）

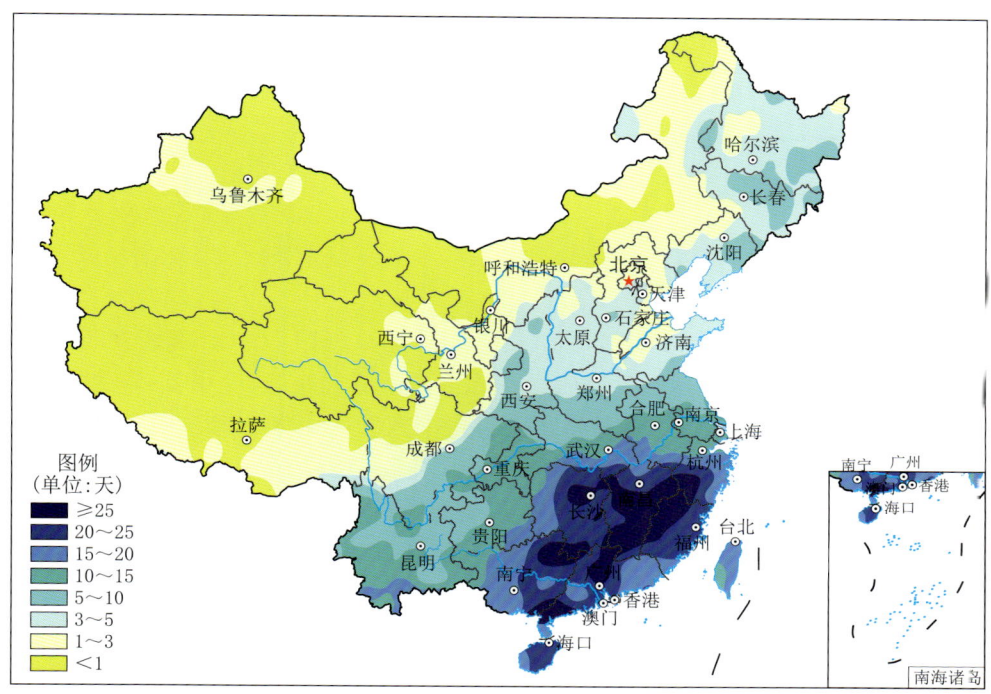

图 D.9　2002年全国降水（日降水量≥25.0毫米）日数分布
Fig. D.9　Distribution of the number of days with daily precipitation ≥25.0 mm over China in 2002（unit：d）

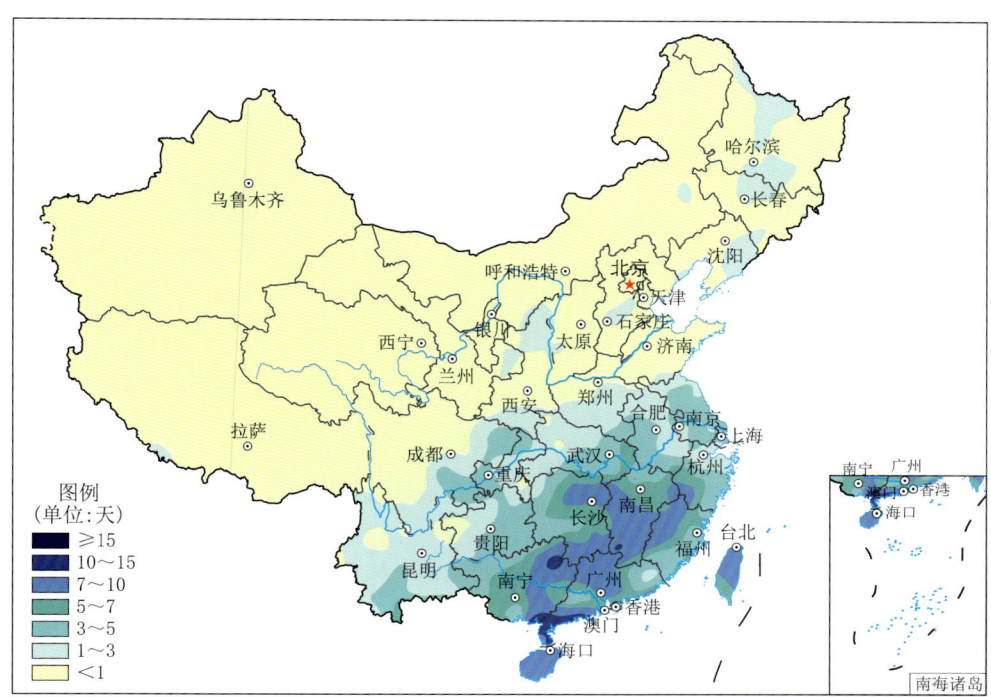

图 D.10　2002年全国降水（日降水量≥50.0毫米）日数分布
Fig. D.10　Distribution of the number of days with daily precipitation ≥50.0 mm over China in 2002（unit：d）

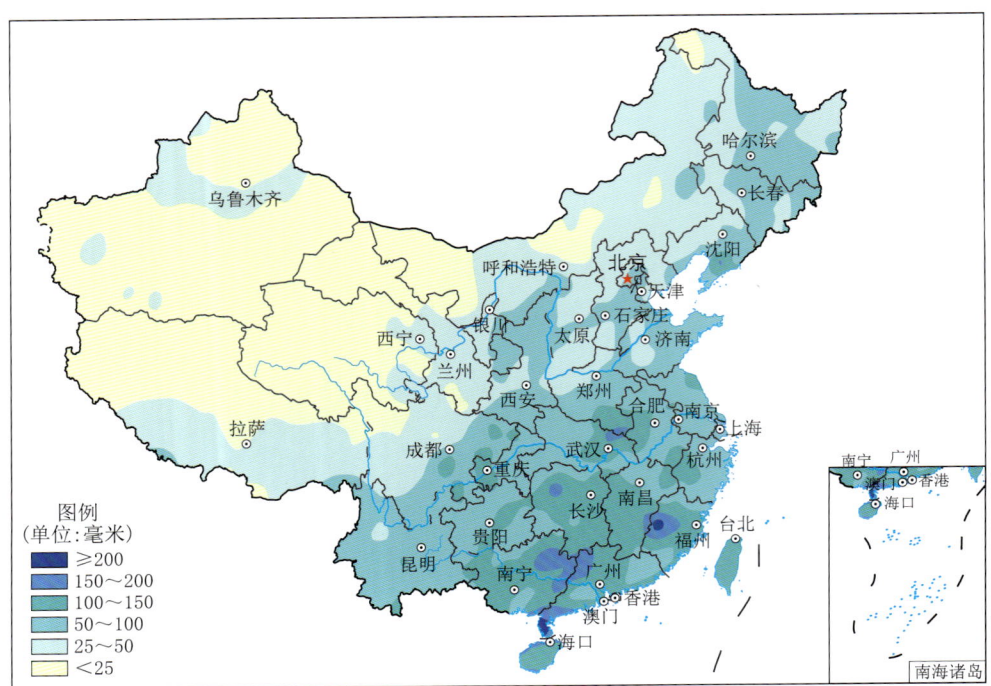

图 D.11　2002 年全国日最大降水量分布

Fig. D.11　Distribution of maximum daily precipitation amount over China in 2002(unit:mm)

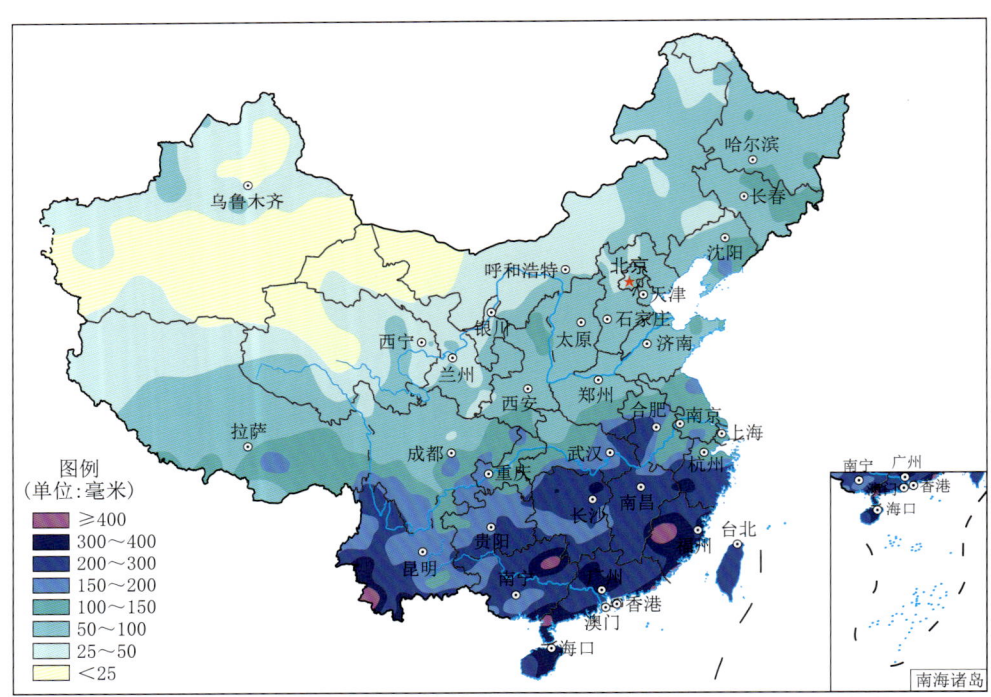

图 D.12　2002 年全国最大连续降水量分布

Fig. D.12　Distribution of maximum consecutive precipitation amount over China in 2002(unit:mm)

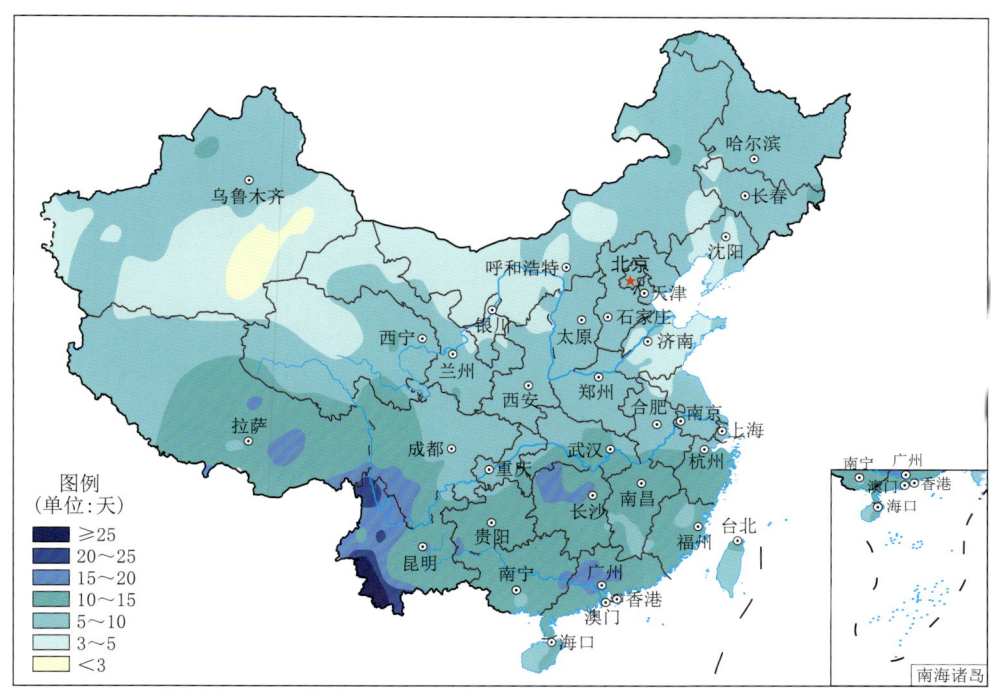

图 D.13　2002年全国最长连续降水日数分布

Fig. D.13　Distribution of the maximum consecutive precipitation days over China in 2002 (unit:d)

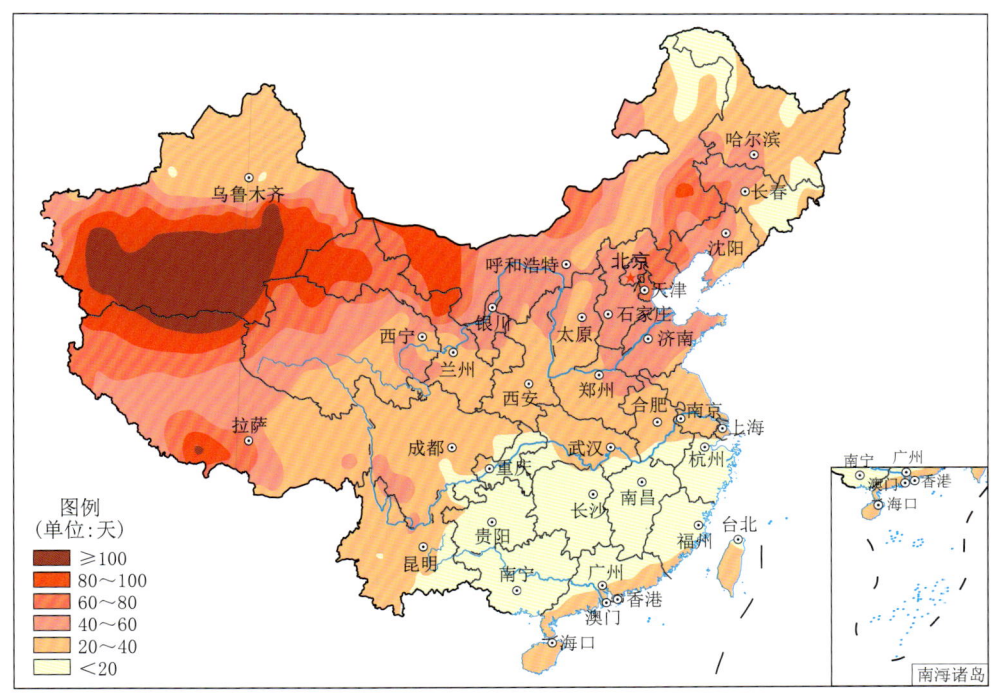

图 D.14　2002年全国最长连续无降水日数分布

Fig. D.14　Distribution of the maximum consecutive non-precipitation days over China in 2002 (unit:d)

附录 E 天气现象特征分布图

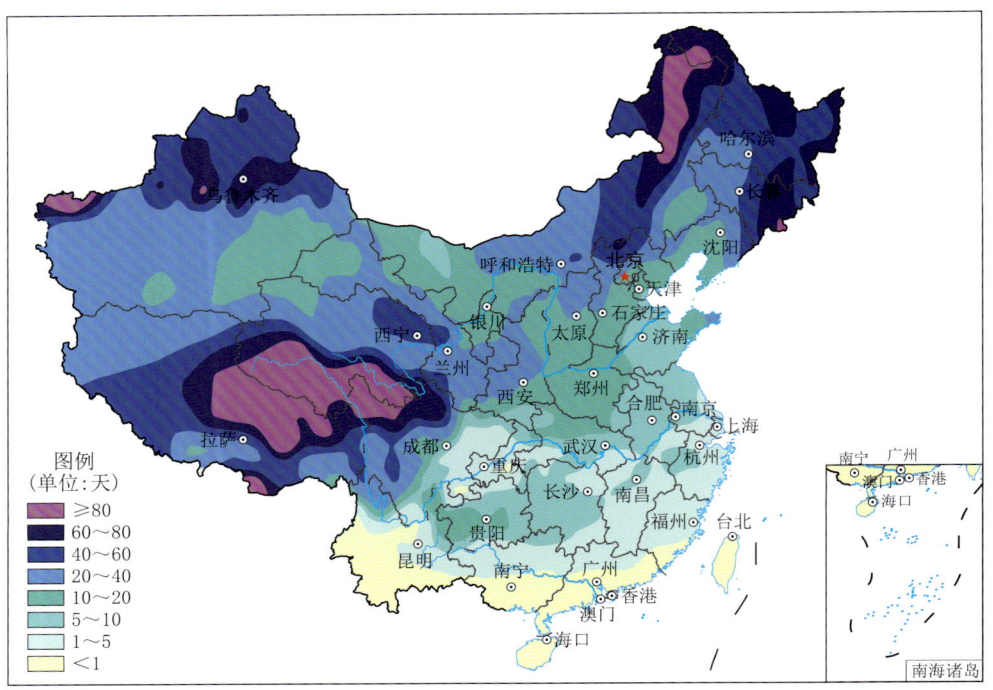

图 E.1 2002 年全国降雪日数分布

Fig. E.1 Distribution of snow days over China in 2002（unit：d）

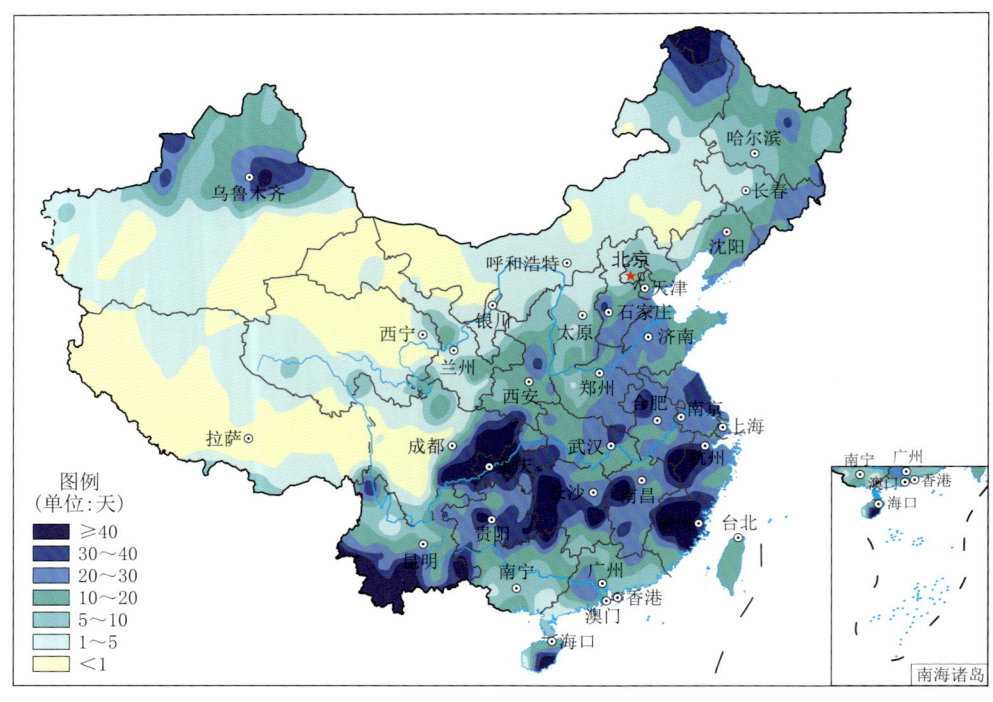

图 E.2 2002 年全国雾日数分布

Fig. E.2 Distribution of fog days over China in 2002（unit：d）

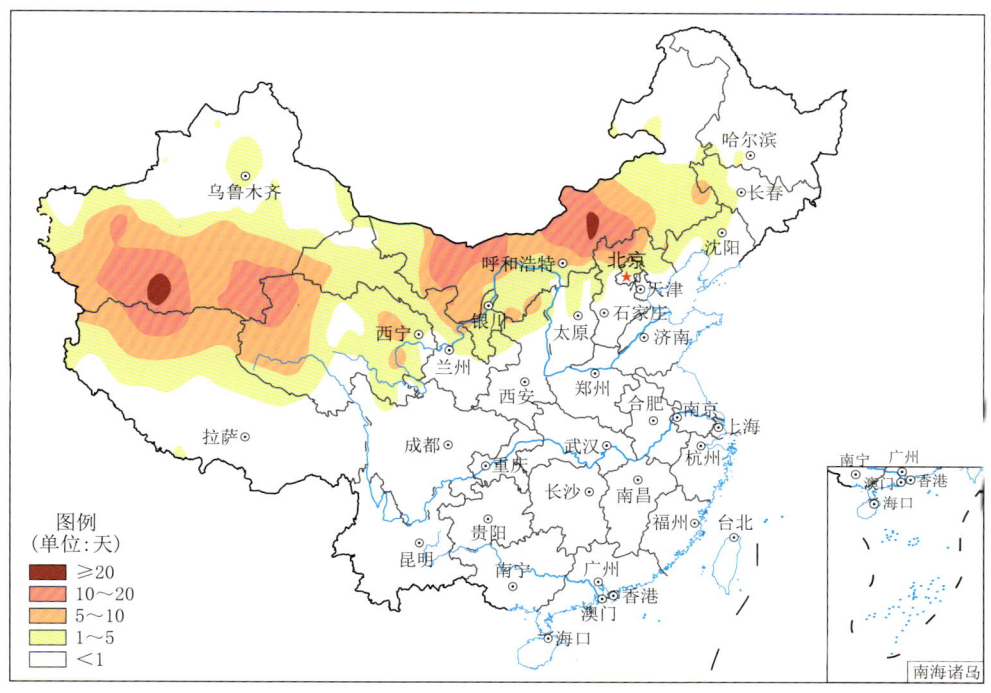

图 E.3 2002 年全国沙尘暴日数分布

Fig. E.3 Distribution of sand and dust storm days over China in 2002(unit:d)

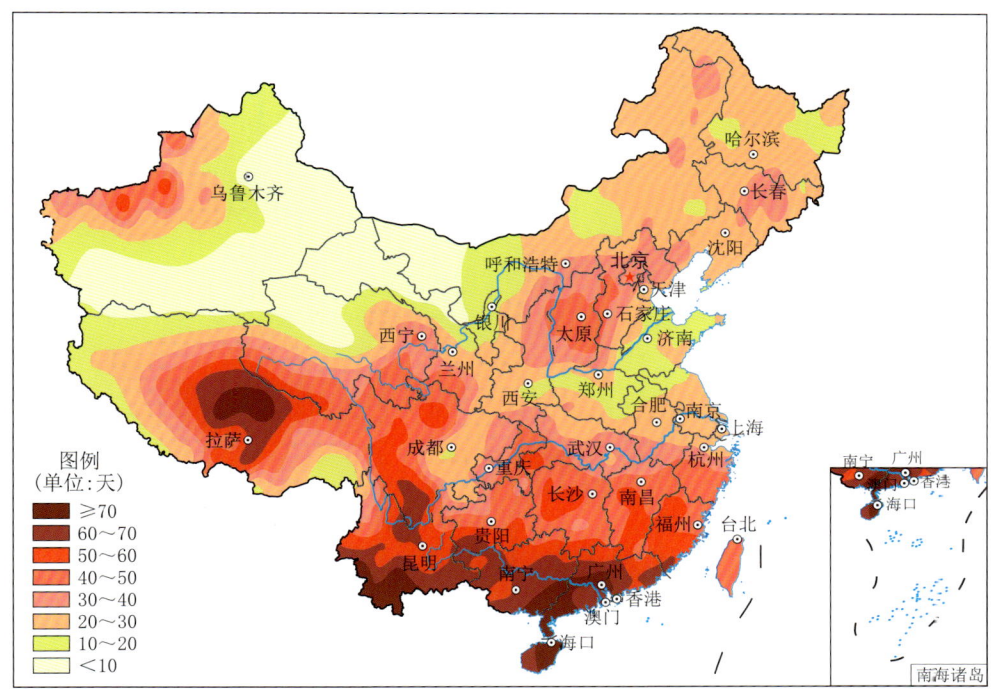

图 E.4 2002 年全国雷暴日数分布

Fig. E.4 Distribution of thunderstorm days over China in 2002(unit:d)

附录F 香港、澳门、台湾部分气象灾害选编

香港

● 2002年5月20日20时30分前后,香港赤鱲角出现龙卷,航膳东路附近的多个废纸箱被吹得东歪西倒,但未出现别的灾情。

● 6月下旬,香港出现持续高温天气,日最高气温达35℃,日最低气温也有29℃。6月25日,1名60岁左右的老人由于长时间在烈日下干活而中暑,经医院抢救无效死亡。

● 7月中旬,香港遭受热浪袭击。7月14日最高气温达33℃,香港"船王"之子、华光航业控股有限公司董事长赵世光在打高尔夫球时轻度中暑。

● 7月14日凌晨,香港国际机场西面出现雷雨天气。香港飞机工程公司有5名维修工人在停机坪上工作时疑遭雷击受伤。

● 8月10日,香港出现强降雨,其中港岛西部及西贡的雨势最大,部分地区雨量超过60毫米。一些地区发生水浸入屋、路陷及山泥倾泻等灾害,对一些路段的交通造成一定影响。

● 9月11日,受0218号台风"黑格比"影响,香港出现大雨和狂风,港九新界出现55宗树倒塌棚意外事故,造成1人死亡,32名市民受伤,188人入住特区政府民政事务总署所设的26个临时庇护中心。全港大部分公司和机构纷纷关门停止运作;教育署宣布所有学校停课;港交所、金银业贸易场和银行全面停市;所有法庭、审裁处、法院登记处及办事处暂停办公;医院除急诊外所有普通科及专科暂停开放;马会也取消夜马赛事。同时,香港海空交通大受影响,11日全天有超过211班航机受阻,其中94班延误,109班取消,8班备降其他机场;渡轮服务也一度全线停航。

● 12月26—27日,香港出现一次强降温天气过程。12月27日早上,市区最低气温为6.8℃,为入冬后最低气温,也是近3年来最低。由于降温剧烈,天气湿冷,平安夜、圣诞夜数十万港人狂欢的景象不再,大街上行人稀少,个别人甚至穿上了羽绒服。据报道,全港有5位患有心脏病、呼吸系统疾病的中老年人,因气温骤降而间接致死。港府民政事务总署12月27日在各区开放了12个临时避寒中心。

澳门

● 2002年7月中旬,澳门遭受热浪袭击,最高气温达到35℃。高温造成海滨人满为患,很多澳门家庭举家开车到离岛的黑沙滩、竹湾等地戏水。由于酷热,经营冷饮、凉茶和防暑用品的商家生意兴隆,一些超市的冷饮销售量比6月增加1成以上;街头现煮现卖的凉茶小铺前顾客比平日多几倍;一些内地生产的空调机成为热销产品,墨镜、泳装、遮阳伞也成了抢手货。炎热天气还造成澳门的用电量一路攀升。

● 9月11日,受0218号台风"黑格比"影响,澳门狂风大起,暴雨如注。受狂风暴雨及巨浪影响,往来港澳之间的快速船和直升机暂时停航;澳门各中、小学以及幼儿园下午停课;3座跨海大桥一度封闭;全澳银行停止营业半天。

台湾

● 2002年春季,台湾持续少雨出现严重旱灾。自从2001年9月多个台风带来超多的降水之后,台湾地区,特别是北部、西北部地区降雨一直偏少,出现多年来罕见的严重干旱。有关气象资料显示,2002年1月至4月中旬,台北的平均降雨量只有280毫米,为过去30年同期平均降雨量的46%。而南部的高雄,平均降雨量只有42毫米,仅为过去30年同期平均降雨量的27%。由于降水持续偏少,全岛67座水库面临缺水危机。4月25日台湾各主要水库蓄水量报告表显示,翡翠、石门、永和山、明德、兰潭、仁义潭、白河和南化水库的水位持续下降;供应大台北地区的翡翠水库水位降至136米左右,与往年同期相差20多米,足足少了1.5亿吨水量,距离严重下限水位不到20米;

供应桃竹和板新地区的石门水库蓄水量为正常的11.8%,水位降低至207米,蓄水量只剩2780万吨,放水量竟为进水量的3倍,可谓严重"失血";永和山、明德水库蓄水量只剩不到7%和14%;南部的白河和南化水库蓄水量只剩2成多;仁义潭、兰潭两水库有效蓄水量不到400万吨。在著名的风景区日月潭,因水位很低,平时只露出一角的湖中小岛全部显露出来。由于旱情不断加剧,5月3日凌晨起,全台停供生活次要用水,包括游泳池、喷水池、冲洗街道、水沟、路面、洗刷车辆、露水屋顶消暑放流等。用水最为紧张的台北市自5月8日起实施第二阶段限水措施,许多"公家机关"、大型事业单位都减量供水10%~20%,桑拿、游泳池、洗车业等则停止供水。台北县(市)、桃园及新竹县共有200万户500多万人日常生活用水受到影响。天旱不雨使农业受到很大影响。据报道,5月中旬初台中县农作物受灾达1944公顷,损失约1.72亿元新台币,其中受害最严重的为椪柑,受灾495公顷;其次为梨,受灾323公顷;南投县鹿谷乡驰名的冻顶乌龙茶区出现四五十年来最严重的干旱,近400公顷茶树枯死,损失达3亿多元新台币。旱灾也波及南部夏季果业。一些荔枝主产地因缺水灌溉,造成大片荔枝树落果,且早生种荔枝果实变小又成熟慢,预估将减产一半。除荔枝之外,已进入成熟期的芒果及正值开花的杨桃等果树也都难逃旱害,芒果果实普遍变小,且落果严重,而杨桃花则来不及结果就枯萎掉落。此外,由于长期干旱少雨,台湾饮料市场出现少有的旺市。在台北市,普通百姓纷纷囤水备荒,当地矿泉水和饮用水的产量比平时增加了20%,而且连节水器材的销售量都上升3成,甚至出现缺货现象。5月中下旬,台湾陆续出现降雨,尤其是中南部地区降雨明显,持续数月的旱情基本得到缓解。

● 7月3—4日,受0205号台风"威马逊"外围影响,台湾北部地区出现丰沛的降雨,石门水库累计降雨量逾400毫米,限水措施全部解除。与此同时,翡翠水库进水量也迅速回升,在一定程度上缓解了北部地区的旱情。但强风暴雨也使部分地区出现灾情,据统计,台北全市共有585棵路树被吹倒或断枝,3座广告招牌及1座工地脚手架倒塌;市内的大湖公园因雨势过大一度被淹;台北松山机场曾一度关闭,导致许多航班延误或取消。南投县一些乡村道路出现土石滑落险情,但没有人员伤亡。

● 7月10日05时前后,第8号热带风暴"娜基莉"在台湾台中市沿海登陆,登陆时中心附近最大风力有8级。受其影响,台湾全省各地普降大到暴雨,其中7月10日09—12时,台北县金山地区降雨量达到155毫米,阳明山鞍部降雨量达124毫米,嘉义县、台中县、桃园县、新竹市、苗栗县等地的部分地区降雨量有110~175毫米。这场雨增加了水库蓄水,缓解了台湾省北部长达数月的干旱,使农业受益,但一些地区也出现了灾情。据报道,台中县、云林县有2人落水溺死,南投县、桃园县山区局部区域发生泥石流和滑坡,台岛西部部分地区出现海水倒灌。在交通方面,台湾省中横公路、北横公路多处塌方,苏花公路一度中断;台中、嘉义、台东、澎湖等地机场一度关闭。澎湖、彰化、台中、台南停止上课、上班。另外,在"娜基莉"影响下,台湾各地蔬果价格普遍上涨。

● 9月7日,0216号台风"森拉克"在浙江沿海登陆。受其影响,台湾普遍降雨,其中雨量最多的宜兰县大同乡降雨量有387毫米,其他地区多在100~300毫米之间;岛内平均风力为6~7级。台风"森拉克"虽未给台湾造成严重灾情,但也造成了一定损失。据统计,由于两天的停运,仅"台铁"和航空公司的营运损失就将近2亿元新台币。另外,9月8日凌晨,花莲县七星潭1名女游客到海边观浪被海浪卷走。

Summary

Annual mean temperature over China is 10.0 ℃ in 2002, which is 1.1 ℃ warmer than the climatic normal (8.9 ℃) and 0.1 ℃ higher than that in 2001. It was the third warmest year since 1961 following 1998 and 1999 (Fig. 1). The temperature in winter and spring is relatively high, while in summer and autumn it was near the normal. Among them, the temperature in winter is only second to that in 1999, which was the second highest in history since 1961. The temperature in spring was the same as that in 1998, which was the highest in history since 1961. The annual precipitation over China was 653.7 mm, which was 4.7% higher than normal (624.2 mm) and 8.3% higher than in 2001 (Fig. 2). The precipitation in winter was relatively high, with spring, summer, and autumn all approaching the normal.

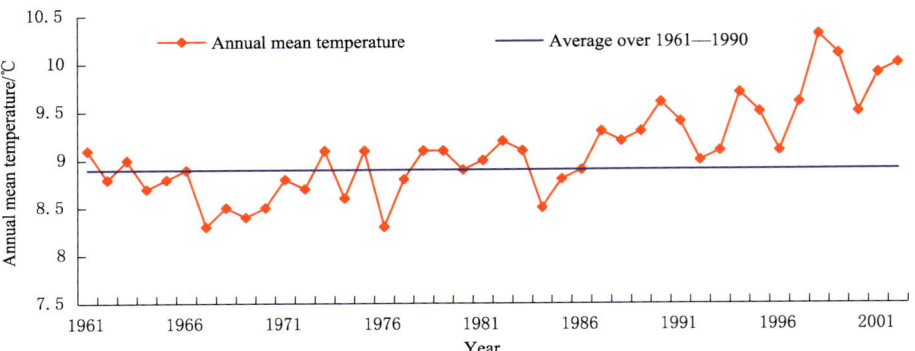

Fig. 1 Annual mean temperature over China during 1961—2002

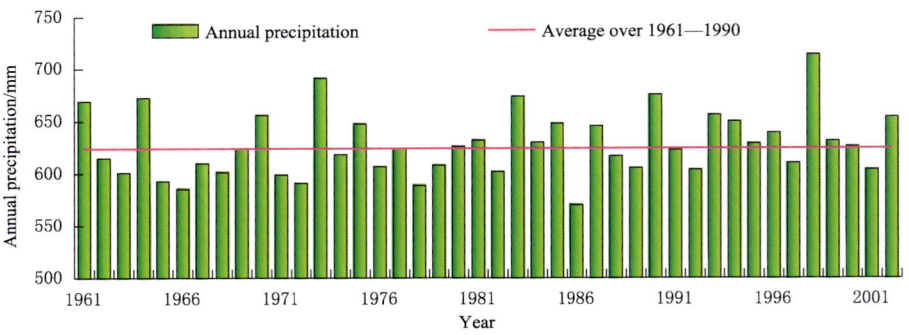

Fig. 2 Annual precipitation over China during 1961—2002

In 2002, a wide range of droughts attacked China, with significant regional and periodic droughts. There was no large-scale or continuous rainstorm weather process, but the precipitation in the flood season in the south is too much. Some areas suffered from rainstorm floods or local mountain torrents, debris flows, landslides and other disasters, and some areas suffered repeated disasters. The number of tropical cyclones landing in China was slightly less than normal, causing less damage than normal. The occurrence of sandstorm weather was concentrated, with a wide range of impacts and relatively strong intensity. Severe convective weather such as hail and tornadoes occurred early and frequently, resulting in heavier losses than normal. Multiple occurrences of low temperatures, continuous rain, and lack of illumination resulted in localized snow or freezing damage.

Statistics indicate that meteorological and the related disasters in 2002 affected more than 390 million people and caused 2684 death. Disasters also striked 47.119 million hm^2 crop lands, with 6.561 million hm^2 farmlands without harvest. And the direct economic loss (DEL) reached 171.78 billion RMB (Fig. 3). In general, the DEL caused by meteorological disasters in 2002 was close to the average level of the 1990—2001. The number of deaths or missing persons due to disasters was significantly lower than the average level of the 1990—2001, and the affected area was slightly lower than the average level of the 1990—2001. Overall, 2002 was a normal year for meteorological disasters.

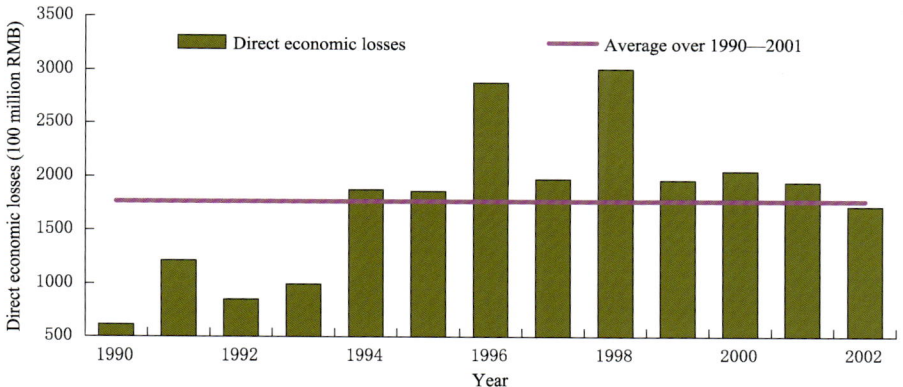

Fig. 3 Direct economic losses caused by meteorological disasters over China during 1990—2002

Figure 4 exhibits the relative proportions of loss indices for five major meteorological disasters over China in 2002. Regarding to death toll, collapsed houses, and the direct economic losses, rainstorm and flood disaster accounted for the highest percentage, which is 59.8%, 75.5% and 39.7%, respectively. Regarding to the affected population, the crop areas affected and the crop areas without harvest, the drought is the main causes and accounts for 39.5%, 47.0% and 39.1%, respectively.

General Review of Main Meteorological Disasters in 2002

Droughts In 2002, droughts affect areas of about 24.9 million hm^2, which was less than the 1990—2001 averaged level (Fig. 5). However, in 2002, there were significant regional and phased continuous droughts. Continuous droughts occurring throughout the four seasons in parts of North China and the Huanghuai region, winter to spring continuous droughts in South China, winter to spring continuous droughts and summer to autumn continuous droughts in the eastern northwest, and severe summer drought in the northern southwest China. In general, the drought in 2002 was near normal or slightly above.

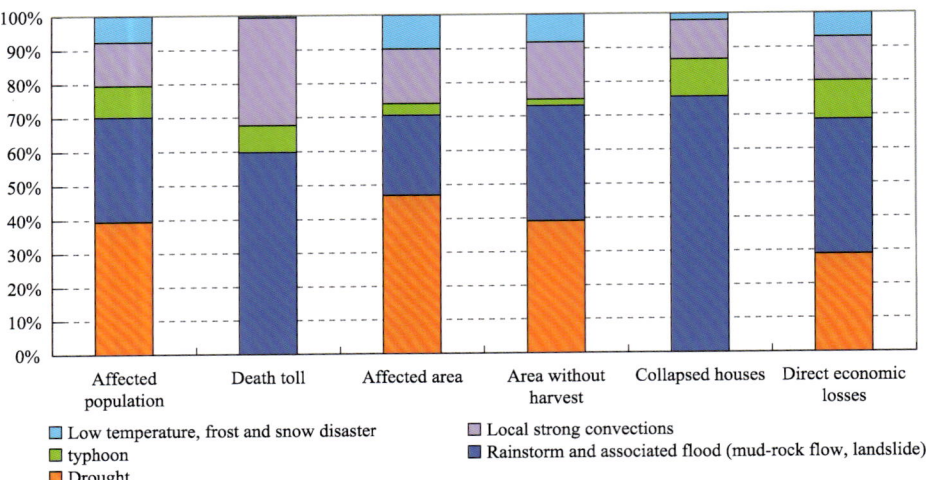

Fig. 4　Relative proportions of loss indices for five major meteorological disasters over China in 2002

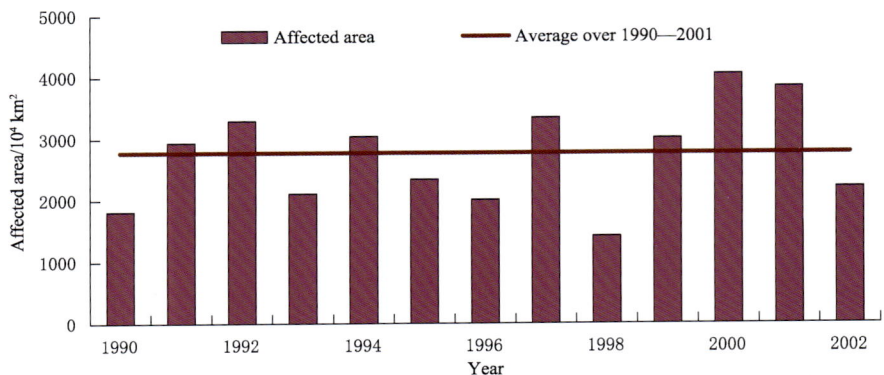

Fig. 5　Histogram of drought-affected areas over China during 1990—2002

Rainstorm and Associated Flood, Mud-rock Flow and Landslides　In 2002, there was no large-scale or continuous rainstorm in China. Except that the water level of some river sections in the main stream of the Yangtze River exceeded the warning water level, the water regime of the other six rivers was stable, and there was no basin-wide flood disaster. However, there were many rainstorm weather processes, and local floods and mountain torrents caused serious geological disasters. There are obvious spring floods in the middle and lower reaches of the Yangtze River. Local flooding occurred in the northern region in early summer. In the flood season, rainstorm and flood and mountain torrent geological disasters are frequent in the south; Late autumn flood occurred in the Nanling Mountain and Wuyi Mountains. The area of rainstorm and flood across the country was 11.061 million hm², with 1606 deaths and 68.18 billion RMB of direct economic losses. Compared with the average value from 1990 to 2001, the area of disaster was slightly smaller (Fig. 6). Overall, the losses caused by the floods in 2002 were less than the normal since the 1990s. In 2002, Hunan, Guangxi, Zhejiang, Jiangxi, Fujian and other provinces (autonomous regions) were hardest hit.

typhoons　In 2002, a total of 26 typhoons (with a maximum wind force of ≥8 near the center) were generated in the northwest Pacific and South China Sea, of which 6 made landfall in China,

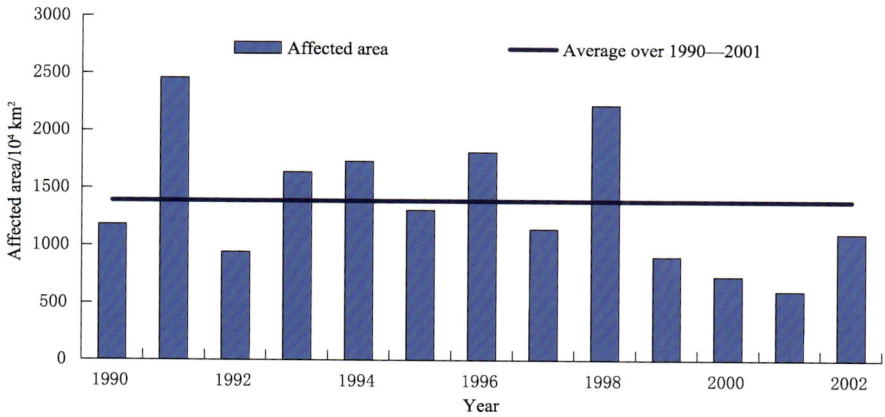

Fig. 6　Histogram of rainstorm and floods affected area over China during 1990—2002

with fewer occurrences and landings than the normal. The initial landing time is relatively late, and the final landing time is relatively early. There are no northward landfall typhoons, all concentrated in the southeast coastal area. typhoons caused 212 deaths and direct economic losses of 19 67 billion RMB throughout the year. Compared to previous years, the number of typhoon landings in 2002 was slightly lower, with less intensity and limited impact, resulting in less losses. Overall, the year 2002 is the relatively light year in terms of typhoon disasters (Fig. 7).

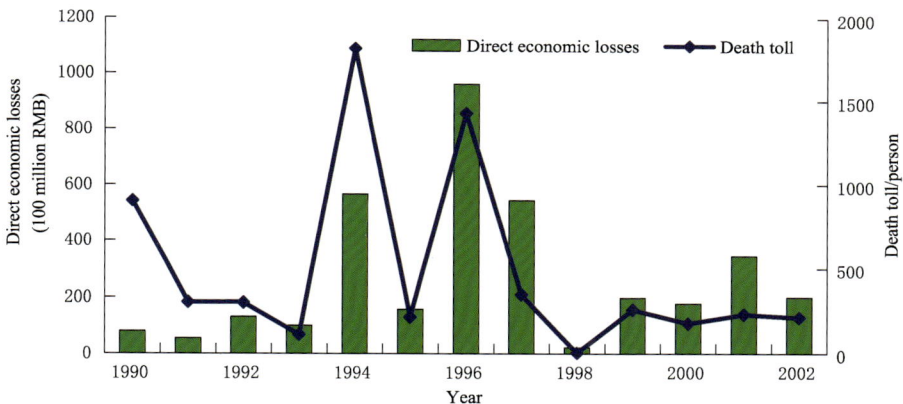

Fig. 7　Histogram of direct economic losses and death toll caused by typhoons over China during 1990—2002

Local strong convections(gale, hail, tornado, lightning stroke, etc)　In 2002, the average number of strong convective days in China was 45.6, which was slightly lower than usual and the third lowest in history since 1961. Throughout the year, a total of 7.582 million hectares of crops were affected by gale and hail disasters, resulting in 851 deaths (including 546 deaths from lightning) and a direct economic loss of 22.17 billion RMB. Overall, in 2002, the number of hailstorms in China was significantly higher than usual, and the economic losses caused by gale and hail were also heavier than usual.

Low Temperature, Frost Injury and Snow Disasters　In 2002, the low temperature, frost injury and snow disaster hit a total affected crop area of 4.67 million hm^2, and caused a direct economic loss of about 12.01 billion RMB. During the winter and autumn seasons of the year, snow disasters occurred in Northeast China, Inner Mongolia, Xinjiang, and other areas. Snow disasters severely affected local areas of Hulun Buir League in Inner Mongolia. In spring and summer, the central and eastern regions experienced periodic low temperatures with little sunlight or cloudy and rainy weather. Some regions in Heilongjiang, Jilin, Guizhou, Yunnan and other provinces suffered from low temperature and cold damage. In autumn, Northeast China, North China, Huanghuai region, Jiangnan, South China, and other regions cooled down early, and some areas in Jiangnan and South China experienced cold dew wind disaster.

Sand Storms There were 17 dust weather processes in 2002, of which 12 occurred in spring (concentrated from 1 March to 24 April). The number of sandstorm processes and sandstorm days in spring in the north was lower than the normal in previous years. During the 12 sandstorm weather events in spring, there were 11 times of sandstorms or strong sandstorms (including 4 times of strong sandstorms) and 1 time of blowing sand.